DEUTSCHE MOTORRÄDER

MARKEN UND MODELLE SEIT 1945

Motor
buch
Verlag

Einbandgestaltung: Luis dos Santos

Bildnachweis: Archiv Rönicke, BMW, wikimedia commons, Michael Liebig (Adler Motor Veteranen Club e.V.), Markus Nikot, Lothar Spurzem, Heinz Pirthauer, Bruno Schmück, Thomas Kurz (www.victoria-oldtimer.de), Jungle Key, Andreas Mehlhorn, Martin Schramm, Investment Bikes, Sheldons Emu, Stahlkocher, Palauenc05, Cherubino, Winni Scheibe, Handwerkermuseum Sittensen, Darrel Spinosi © bmwmca.org, Franz Krali, R. de Graaf, Konrad Hecker, Misslisa, Frila; Joachim Köhler, bike-urious, Forestgreen, Adler-Museum A. Strohmenger, Konrad Neumann, motorencyclopedie.nl, Priwo, Dietmar Grabher, Beemwej, Dirk 1981, Fahrzeugmuseum Suhl, Fahrzeugmuseum Staßfurt, MotoWallpapers.com, Lothar Kasper

ISBN: 978-3-613-04599-6

1. Auflage 2023

Sie finden uns im Internet unter www.motorbuch-verlag.de

Lektorat: Joachim Köster
Innengestaltung: tebitron gmbh, 70839 Gerlingen; GreenTomato GmbH, 70193 Stuttgart
Druck und Bindung: DZS GRAFIK d.o.o, 1210 Ljubljana, Slovenia
Printed in Slovenia

Inhalt

Vorwort

Deutschland war einst einer der führenden und wegweisenden Motorradhersteller der Welt. Das begann schon mit dem Laufrad von Drais, setzte sich mit Daimlers Reitwagen fort und führte schließlich 1894 zur Hildebrand & Wolfmüller, dem heute anerkanntermaßen ersten echten Motorrad der Welt. 1928 und 1929 war mit DKW erstmals eine deutsche Marke größter Motorradhersteller der Welt. Die Sachsen konnten das in den 1930er Jahren wiederholen, in den frühen 1950er Jahren übernahm NSU diese Rolle. Zahlreiche technische Innovationen gehen auf das Konto deutscher Motorradbauer, etwa die Teleskopfederelemente von BMW, die Zweitakt-Umkehrspülung von DKW oder die Aufladetechniken deutscher Rennmotoren. Letztere ließen deutsche Motorräder in den 1930er Jahren auf internationalen Rennstrecken von Sieg zu Sieg fahren. Und jahrzehntelang weltweit an jedem Motorrad zu finden: Der Tachometer im Lampengehäuse, eine Erfindung des deutschen Konstrukteurs Martin Stolle.

Die Motorradfertigung in Deutschland war von einem ständigen Auf und Ab geprägt. Im ersten Jahrzehnt des 20. Jahrhunderts erlebte die Welt den Siegeszug des motorisierten Fahrrades, der hierzulande unter anderem durch die Einführung von Steuern um 1908 herum jäh gestoppt wurde. Nach dem Ersten Weltkrieg versuchten sich hunderte Hersteller, vom großen Konzern bis zum kleinen Dorfschmied, in der Fertigung meist leichter Zweitakt-Motorräder. Viele von ihnen überlebten die Inflationszeit bis 1923 nicht. Danach ging es wieder einige Jahre lang steil bergauf, bis die Weltwirtschaftskrise 1929 auch Deutschland erfasste und einige namhafte Motorradhersteller in den Ruin trieb. Hitlers Konjunkturprogramm sorgte dann nach 1933 erneut für einen Aufschwung, sein Rüstungsprogramm in Verbindung mit Materialkontingentierungen setzte den Motorradbauern aber zum Ende der 1930er Jahre hin schon wieder Grenzen. Wie die Entwicklung im deutschen Motorradbau dann nach dem Zweiten Weltkrieg weiter ging und warum von rund 50 Herstellern um 1950 herum bis heute fast nur noch einer überlebte, das möchte dieses Buch auf den folgenden Seiten anhand sämtlicher in Deutschland nach 1945 gebauter Serienmotorräder mit mindestens 98 cm³ Hubraum zeigen.

Die Auswahl erhebt dabei keinen Anspruch auf Vollständigkeit. Einige Textinhalte basieren auf Recherchen in der Sekundärliteratur. Dabei muss immer mit der Möglichkeit gerechnet werden, dass fehlerhafte Darstellungen übernommen wurden. Verschiedene technische Daten einzelner Modelle weichen in unterschiedlichen Publikationen, selbst in firmeninternen, voneinander ab. Der Autor hat hier nach dem Wahrscheinlichkeitsprinzip versucht, die korrekten Daten zu erfassen. Für Marken, Modelle, Textinhalte und Daten gilt: Für Vollständigkeit und Richtigkeit kann keine Gewähr übernommen werden. Autor und Verlag sind für Hinweise, Korrekturen und Ergänzungen offen und dankbar.

Für die Unterstützung bei der Textgestaltung bedanke ich mich bei Michaela Hesslinger, Igersheim.

Frank Rönicke

Neuanfang mit Altbewährtem

1945–1950

Was nach der Währungsreform im Sommer 1948 und der Aufhebung der 60-cm³-Hubraumbegrenzung durch die Besatzungsmächte in der westdeutschen Motorradindustrie passierte, erinnerte ein wenig an den Motorradboom in Deutschland Mitte der zwanziger Jahre des vorigen Jahrhunderts. Wie damals waren es vor allem die sogenannten Konfektionäre – Hersteller, die Antriebseinheiten und oft auch Federelemente, Räder, Lenker und Armaturen aus der Zulieferindustrie bezogen – die wie Pilze aus dem Boden schossen. Viele von ihnen, meistens aus der Fahrradbranche kommend, hatten sich schon vor dem Zweiten Weltkrieg im zu jener Zeit stark aufkommenden Motorfahrradbau engagiert und starteten nun 1948/49 wieder mit den letzten, oft nur leicht überarbeiteten Vorkriegsmodellen.

Auch die renommierten Motorradbauer, von Ardie bis Zündapp, legten meist erst noch einmal die eine oder andere vor 1940 entwickelte Maschine auf, ehe dann sehr zügig die ersten Neukonstruktionen folgten. Die Kundschaft riss den Herstellern – um die 45 waren es 1949/50 – die Maschinen förmlich aus den Händen. Dabei hatten diese, kaum dass ihre Betriebsstätten nach mehr oder weniger heftigen Kriegsschäden wieder einigermaßen hergerichtet waren, Schwierigkeiten, die große Nachfrage zu bedienen; und auch im Westen lief die Zulieferindustrie nicht sofort auf vollen Touren. Trotzdem stiegen die Produktionszahlen rapide an – das Motorrad war als relativ preiswertes Transportmittel für Mensch und Gut äußerst beliebt und die Wenigsten dachten in der ganz jungen Bundesrepublik schon an ein Automobil. Über 200.000 motorisierte Zweiräder von 98 bis 598 cm³ wurden 1950 in Westdeutschland ausgeliefert!

Adler

Als Rüstungsproduzent waren auch die Frankfurter Adler-Werke im Zweiten Weltkrieg nicht von Zerstörungen verschont geblieben und hatten so noch lange nach Kriegsende mit Instandsetzungsarbeiten zu kämpfen. Etwa 85 % der Fabrikanlagen waren durch Bomben zerstört worden.

Während einerseits bald wieder Schreibmaschinen und Fahrräder angeboten werden konnten, hatte sich Generaldirektor Hagemeister andererseits dafür entschieden, die Automobil-Produktion nicht wieder aufzunehmen und dafür aber die Motorradfertigung zu forcieren.

Für 1949 wollte Adler ursprünglich eine von den Alliierten legitimierte 60-cm³-Maschine präsentieren. Als dann das Hubraumlimit aufgehoben worden war, schwenkte man bei Adler sofort um und präsentierte im Oktober des gleichen Jahres die M 100. Mit ihrer schönen, gestreckten Linienführung, dem im eigenen Haus entwickelten Zweitakt-Triebwerk und dem stabilen Doppelrohrrahmen hob sich diese 100er von der Masse ab und wurde sofort zum Erfolgsmodell. Im Laufe der Produktionszeit wurden drei verschiedene M 100-Modelle angeboten, die sich antriebs- und fahrgestellseitig deutlich voneinander unterschieden. 1955 erfuhr sie dann auch eine gründliche optische Überarbeitung mit neuen Schutzblechen und größerem Tank.

> **Im November 1949 lief in Ingolstadt die Fertigung der alten RT 125 wieder an. Im Frühjahr darauf konnte das erste Jubiläum gefeiert werden.**

Foto: Thomas Kurz www.victoria-oldtimer.de

> **Die Adler M 100 kostete anfangs 845 Mark. Insgesamt wurden 35.000 Stück gebaut.**

Adler M 100	1949–1957	
1-Zyl.-2-Takt	98 cm³	3,75 PS / 4800 U/min

Anker

Die 1876 in Bielefeld gegründete Nähmaschinenfabrik Carl Schmidt begann ab 1894 Fahrräder zu bauen und nannte sich ab dem kommenden Jahr »Bielefelder Nähmaschinen- und Fahrradfabrik AG«. Mit der Aufnahme der Fertigung von Registrierkassen um die Jahrhundertwende herum schuf sich die Firma ein wichtiges Standbein, das sie von der schwankenden Konjunktur auf dem Fahrrad- und Nähmaschinenmarkt unabhängig machte. Von 1902 bis 1903 gehörte die Firma, die sich ab 1906 »Anker-Werke AG« nannte, zu den Pionieren im Motorradbau. In eigene, leichte Fahrgestelle setzten die Bielefelder den 1,25-PS-Fafnir-Motor der Aachener Stahlwarenfabrik ein. Nach 27 Jahren Motor-Pause stieg man dann 1930 in den in Deutschland aufkommenden Markt für Motorfahrräder ein. In Damen- und Herrenfahrgestelle wurden bis 1940 Sachsmotoren mit erst 74, dann 98 cm³ Hubraum eingebaut und in durchaus nennenswerten Stückzahlen verkauft. Die letzten Modellentwicklungen vor dem Zweiten Weltkrieg bildeten hier die Basis für die ersten Nachkriegsfahrzeuge.

Noch 1945 begann Anker wieder Fahrräder zu fertigen und wenig später folgten die Näh- und Büromaschinen. Allein mit Letzteren stieß man schnell an räumliche Grenzen und entschied, die Produktion von Zweirädern, inklusive der motorisierten, auszulagern. Dafür wurde ein Grundstück mit Industriegebäuden auf dem ehemaligen Paderborner Fliegerhorst gekauft und 1950 die »PAMAG – Paderborner Maschinenbau AG« gegründet. Weiterhin unter dem Markennamen »Anker« hatte dort schon 1949 zunächst die Montage der altbewährten Motorfahrräder begonnen. Das erste richtige Motorrad wurde ebenfalls noch im Jahre 1949 fertiggestellt. Die Anker 661 besaß den 123-cm³-Ilo-Motor, eine Parallelogramm-Gabel und einen Starrrahmen ohne Hinterradfederung. Schon im zweiten Fertigungsjahr änderte sich das Fahrwerk und die 661 erhielt eine Telegabel und eine Geradweg-Hinterradfederung mit Steckachse für das Rad, das dank hochklappbarer Bügelstreben leicht herauszunehmen war.

> **Die Anker Typ 661 mit dem 123-cm³-Ilo-Sportmotor kostete 1.171 Mark.**

Anker 661	1949–1952	
1-Zyl.-2-Takt	123 cm³	6 PS / 5500 U/min

Ardie

Für den großen deutschen Motorrad-Hersteller Ardie war die frühe Nachkriegszeit ein Kampf ums nackte Überleben. Mit der Herstellung von Kreissägen und Kartoffelpressen sowie Reparaturaufträgen der Deutschen Reichsbahn versuchte sich die Firma, die ab Ende 1945 wegen ihrer Rüstungsbeteiligung unter Treuhand gestellt wurde, über Wasser zu halten. Zwar hatten die Nürnberger die Erlaubnis der amerikanischen Besatzer, für deren Behörden das letzte Vorkriegsmodell VF 125 zu bauen, doch kam man wegen fehlender Teile nicht über 20 Motorräder, die noch aus Restteilen aufgebaut werden konnten, hinaus.

Dennoch lebte die erfolgreiche 125er mit dem interessanten Zweitaktmotor mit Kreuzstromspülung noch einmal richtig auf: Ab Mitte 1948 begann bei Ardie wieder die Motorrad-Fertigung und zwar, wie anderswo auch, zunächst mit dem letzten Vorkriegsmodell. Das Fahrzeug blieb nahezu unverändert, allerdings drehten die Ingenieure den Zylinder der kleinen Maschine um 180 Grad, so dass die Auspuffkrümmer jetzt nach vorn zeigten, und nannten das Ganze dann NE 125. Die beiden Buchstaben standen für »Neuausführung Edelmann«, dem Namen des gerade aktuellen Treuhänders.

Mit der Entwicklung eines auf dem 125er Motor basierenden 250er Zweitakt-Einzylinders hatten die Konstrukteure längst begonnen. An der aus Ardie-Sicht bewährten Kreuzstromspülung hatte man ebenso festgehalten wie an der Zylinderform. Abgesehen von der Größe unterschied sich der Triebwerksblock durch einen kräftig profilierten linken Seitendeckel, der den Primärtrieb abdeckte. Die ersten B 250 wurden noch 1949 ausgeliefert. Während der Rahmen schon die geschraubten doppelten Unterzüge aufwies, musste das Fahrgestell zunächst noch mit der alten Trapezgabel auskommen. Erst im Frühjahr 1950 konnte eine Magura-Telegabel eingesetzt werden. Eine Hinterradfederung gab es nicht, was aber der Beliebtheit der 250er Ardie keinen Abbruch tat; nur wenige Anbieter konnten 1950 schon mit einer neuen 250er Maschine aufwarten.

> **Anfangs wurde die Ardie B 250 noch mit einer Trapezfedergabel ausgerüstet, später folgte eine Telegabel. Die Maschine kostete 1.395 Mark.**

Ardie NE 125	1948–1949	
1-Zyl.-2-Takt	122 cm³	5 PS / 5100 U/min
Ardie B 250	**1949–1951**	
1-Zyl.-2-Takt	246 cm³	10,5 PS / 5000 U/min

> **6318 Exemplare wurden von der Ardie NE 125 gebaut. Die Maschine kostete 785 Mark.**

AWD

AWD stand seit 1921 für August Wurring Düsseldorf, wenngleich der quirlige Motorradbauer seine Fahrgestell-Schmiede in Breitscheid, unweit von Düsseldorf, eingerichtet hatte. Mehr als Kleinserien produzierte Wurring nie; in seine selbstgebauten Fahrgestelle setzte er Motoren u. a. von DKW, Columbus, Bark, Küchen oder von Villiers aus England. Bekannt wurde AWD vor dem Zweiten Weltkrieg aber vor allem durch seine Rennmaschinenfahrgestelle.
Für Wurring war klar, dass er seine bescheidene Motorrad-Fertigung (scherzhaft nannte er selbst seine Firma »die kleinste Motorrad-Fabrik der Welt«) nach dem Krieg fortführen würde; er musste sich aber zunächst unter anderem mit Reparaturaufträgen für die britischen Besatzer über Wasser halten. Ende 1948 konnte AWD das erste Motorrad SZ 125 mit Ilo-Motor ausliefern. 1949 waren es dann 20 und 1950 30 125er, jetzt mit Teleskop-Gabel anstelle der bis dahin noch verwendeten Trapez-Gabel. Auch eine 100er mit dem 98er Sachs-Motor war zu dieser Zeit im Angebot. Klein aber fein hieß es stets bei August Wurring, bei dem es übrigens zum Standard gehörte, auf die bei ihm gefertigten Rahmen unbegrenzt Garantie zu geben. Ab September 1951 hatten die Maschinen eine Hinterrad-Federung von Jurisch.

> Die AWD SZ 125 kostete anfangs 998 Mark, zuletzt, mit der später eingeführten Geradweg-Teleskopfederung waren es 1.245 Mark.

AWD SZ 125	1948–1953	
1-Zyl.-2-Takt	122 cm³	6 PS / 5500 U/min
AWD SZ 100	**1949–1951**	
1-Zyl.-2-Takt	98 cm³	3 PS / 4500 U/min

Bastert

Neben München, Nürnberg und Berlin war Bielefeld bis weit in die 1950er Jahre hinein eine Hochburg des deutschen Motorradbaus. Seit 1935 gehörte auch die Firma Bastert zu den mehr als 70 Marken, die sich im Laufe der Jahrzehnte in diesem Metier in und um Bielefeld tummelten. 1914 als Fahrrad- und Nähmaschinengeschäft gegründet, begann man 1918 mit einer bescheidenen Fertigung eigener Fahrradmodelle. Mit der Übernahme des Zubehörlieferanten Puls avan-

> Bei der B/FM 100 K stand der letzte Buchstabe für Kickstarter, der dieses Modell von den Bastert-Motorfahrrädern unterschied.

> Bastert B/MG 125 E mit Ilo-Motor. Das Modell kostete bei seiner Einführung 995, später 1.185 Mark.

cierten die Bastert-Werke, die sich jetzt in Heepen niedergelassen hatten, zu einem namhaften Fahrradhersteller in Deutschland. Und als solcher musste man sich natürlich auch mit der Fertigung von Motorfahrrädern befassen, die in den 30er Jahren des vorigen Jahrhunderts stark in Mode kamen. Bis 1940 entstand eine Vielzahl von Modellen in Damen- und Herrenausführung, bestückt mit Ilo-Motoren von 60 bis 118 cm³.

1948 stieg Bastert wieder in dieses Geschäft ein. B/FM 100 nannten die Bielefelder ihr erstes Modell, das, wie alle Vorkriegs-Mofas, von einem Ilo-Motor angetrieben wurde. Schnell entwickelte sich eine Mofa-Familie, zu der neben der B/FM 100 noch die B/FS 100 mit 98er Sachs-Motor und die B/FM 120 mit dem 118-cm³-Ilo-Motor gehörten. Die beiden kleineren Mofas konnten anfangs wieder mit Damen- oder Herrenrahmen geliefert werden.

Ab 1949 verbaute man die beiden Ilo-Motoren mit 98 und 118 cm³ auch in der Kickstarter-Variante mit entsprechend geänderten Fahrgestellen. Die daraus entstandenen Leichtmotorräder B/FM 100 K und B/FM 120 K waren ein wenig üppiger ausgestattet als die Mofas, und statt ihrer serienmäßigen Parallelogramm-Gabeln konnten gegen Aufpreis auch Teleskopgabeln geordert werden.

Das dritte Bastert-Motorrad, das noch 1949 auf den Markt kam, war die B/MG 125 E mit Ilo-Doppelport-Motor und in eigener Entwicklung entstandener Telegabel. Als »echtes« Motorrad mobilisierte diese 125er 5 PS, die für 75 km/h reichten.

Bastert B/FM 100 K	**1949–1952**	
1-Zyl.-2-Takt	98 cm³	2,8 PS / 4000 U/min
Bastert B/FM 120 K	**1949–1950**	
1-Zyl.-2-Takt	118 cm³	4 PS / 4500 U/min
Bastert B/MG 125 E	**1949–1952**	
1-Zyl.-2-Takt	123 cm³	5,5 PS / 4500 U/min

Bismarck

Wie die Firma Bauer gehörte auch Bismarck in Bergerhof bei Radeformwald im Rheinland zu den bedeutendsten deutschen Fahrradherstellern. Und tatsächlich hatte die 1896 von den Kaufleuten Böhme, Frowein, Guhl und Halbuch gegründete Fahrradfabrik vom Reichskanzler

Foto: Lothar Kasper

> Die Bismarck-Modelle LM 100 K (Foto) und LM 98 K unterschieden sich nur durch die Einbaumotoren von Ilo oder Sachs.

Bismarck persönlich die Genehmigung erhalten, dessen Namen als eigene Marke zu führen. Der Versuch, sich zu Beginn des 20. Jahrhunderts als Motorradhersteller zu etablieren, war wenig erfolgreich, umso besser lief es bei den Fahrrädern. Bismarck expandierte und richtete Zweigwerke bis nach Schlesien ein.

Auch Bismarck war in den Jahren vor dem Zweiten Weltkrieg in die Mofaproduktion eingestiegen, zunächst wenig erfolgreich mit dem 74-cm³-Sachs-Motor. Ab 1936 – mit den neuen 98er Motoren – lief es dann besser. Mit Ilo- oder Sachs-Motoren bestückt, verließen bis 1941 sechs verschiedene Mofa-Modelle die Werkhallen. Sie bildeten die Grundlage für die Motorradfertigung nach dem Zweiten Weltkrieg.

Auch bei Bismarck entschied man sich, mit den von Ilo und Fichtel & Sachs lieferbaren Zweitakt-Einbaumotoren in die Motorradfertigung einzusteigen. Der Fahrradhersteller brachte also schon ab 1949 in schneller Folge Zweiräder von 98 bis 173 cm³ heraus. Dabei gab es mit der LM 100 K und der LM 98 K gleich zwei 100er, mit Ilo- oder Sachs-Motor. Nur wenige Exemplare wurden von der mit dem 118 cm³ großen Ilo-Motor angetriebenen LM 120 gebaut. Der 118-cm³-Zweitakter von Ilo war eine Vorkriegsentwicklung und wurde auch nach 1945 noch von einigen Herstellern eingesetzt.

Bismarck LM 100 K	**1949–1952**	
1-Zyl.-2-Takt	98 cm³	3,3 PS / 4500 U/min
Bastert LM 98 K	**1950–1955**	
1-Zyl.-2-Takt	98 cm³	3 PS / 4500 U/min
Bastert LM 120	**1949–1950**	
1-Zyl.-2-Takt	118 cm³	4 PS / 4500 U/min

BMW

Der Münchner Motorradbauer hatte nach dem Ende des Zweiten Weltkrieges nicht zuletzt deshalb Probleme, wieder auf die Beine zu kommen, weil die meisten Werkzeugmaschinen und Ersatzteile noch während des Krieges in das für sicherer gehaltene Zweigwerk nach Eisenach transportiert worden waren. Das lag nun in der sowjetischen Besatzungszone und war daher so unerreichbar wie der Mars. Die Gelder des Marshall-Planes waren es, die das traditionsreiche Unternehmen retteten und nach der Herstellung diverser Artikel für den Bevölkerungsbedarf, wie Kochtöpfe und Beschläge, ab 1948 wieder an das Bauen von Motorrädern denken ließen.

Im August 1946 wurde bei BMW in München die Produktion von Konsumgütern aufgenommen und sofort ging man auch daran, wieder

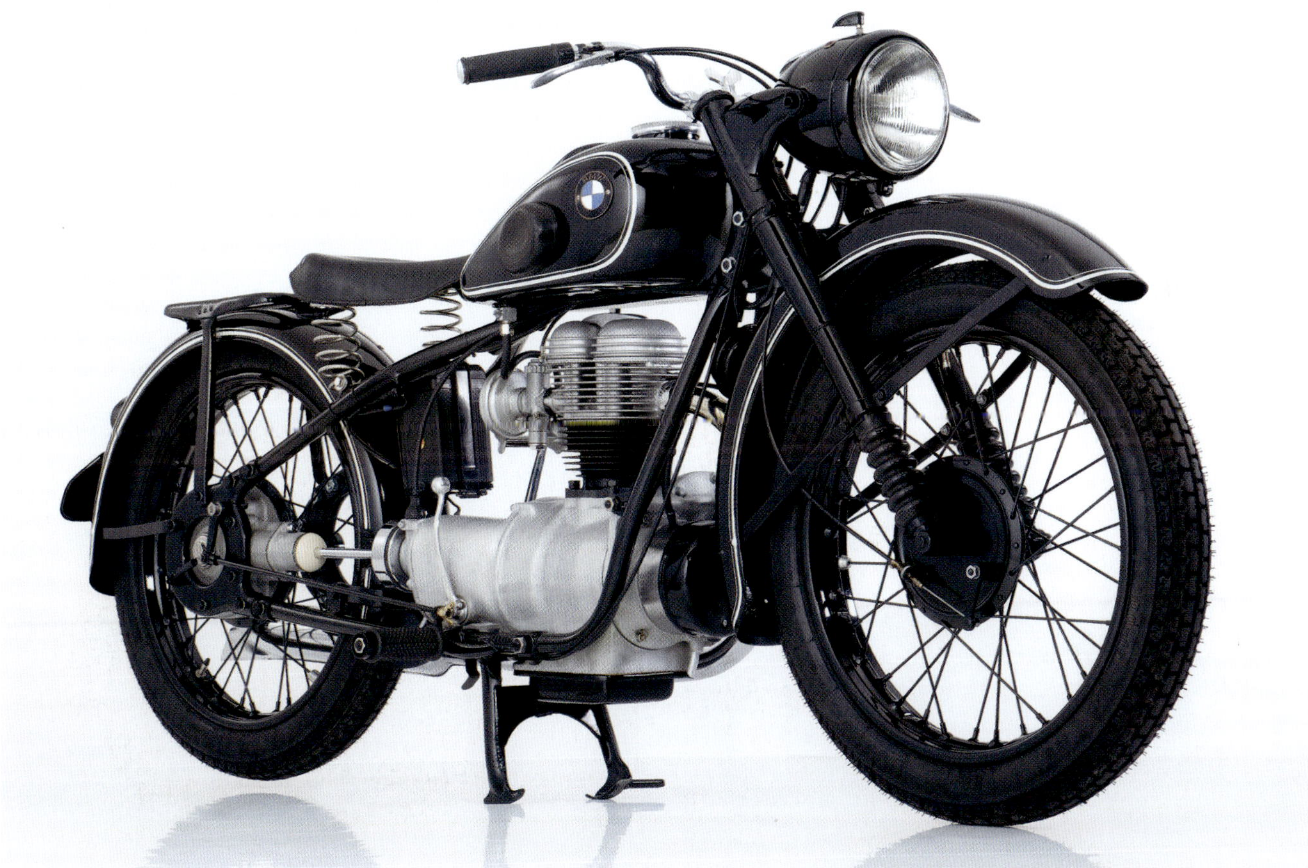

> Auf der Basis der 1938 erschienenen R 23 kam BMW zehn Jahre später mit der weiterentwickelten R 24 auf den Motorradmarkt zurück.

Motorräder zu konstruieren. Dabei hielt man sich zunächst an Bewährtes, das zeitgemäß weiterentwickelt wurde. Die Motoren der neuen Einzylindermodelle basierten auf den bekannten Zweizylinder-Boxern; diese wurden, einfach gesagt, halbiert und um 90 Grad nach oben gedreht. Den Anfang machte die im Oktober 1948 präsentierte R 24. Diese 250er stammte von der R 23 ab, dem letzten BMW-Einzylinder-Motorrad, das bis 1941 gebaut worden war. Während das Fahrwerk nahezu unverändert geblieben war, gab sich das Triebwerk etwas moderner: neuer Zylinderkopf mit eingegossenem Stoßstangen-Tunnel, Unterbrecher mit automatischer Zündzeitpunktverstellung am Kurbelwellenzapfen und ein neues Viergang-Getriebe mit Ankerschaltung.

BMW R 24	**1948–1950**	
1-Zyl.-4-Takt	247 cm³	12 PS / 5600 U/min

Bücker

Die kleine Firma Franz Bücker Fahrzeugbau in Oberursel/Taunus war 1922 gegründet worden und galt als exklusive Adresse für Konfektionsware in Sachen Motorräder. Mit Einbaumotoren von 98 bis 1000 cm³ Hubraum diverser Hersteller wie Blackburne, MAG, JAP oder Columbus fertigte Bücker qualitativ sehr hochwertige Motorräder für die normale Straße, aber auch für die Rennstrecke. Nach dem Krieg kamen ausschließlich Zweitaktmotoren von Ilo zur Verwendung. Bücker war stets ein Kleinserien-Hersteller geblieben, dessen sehr gute Fahrwerke aber weithin bekannt waren. Nicht zuletzt durch den Gewinn der Deutschen Meisterschaft 1949 in der 250-cm³-Klasse durch Friedel Schön, der ein Bücker-Fahrgestell fuhr, in das er einen umgebauten JAP-Motor eingebaut hatte.
Eine gute Grundlage für den Neustart der Motorrad-Fertigung, die bei Bücker mit einer 125er Zweitakt-Maschine mit Ilo-Motor begann. Die TZ 125 hatte anfangs noch eine Pressstahl-Trapezgabel, ehe, wie bei vielen anderen Herstellern auch, auf die Telegabel umgestellt werden konnte. Lieferant für beide Ausführungen war die Firma Brüsselbach. Eine Jurisch-Hinterradfederung konnte gegen Aufpreis geordert werden.

Foto: Bruno Schmück

> **Eine Bücker TZ 125 in der zweiten Ausführung mit Telegabel und Hinterradfederung.**

Bücker TZ 125	**1949–1952**	
1-Zyl.-2-Takt	123 cm³	5,4 PS / 5500 U/min

DKW

Schon im Juni 1945 gründeten ehemalige Chemnitzer Auto Union-Leute die »Zentraldepot für Auto Union-Ersatzteile GmbH« in Ingolstadt mit dem vorrangigen Ziel, die Ersatzteilversorgung für die übrig gebliebenen Fahrzeuge des Konzerns zu sichern. Unter der Führung der ehemaligen Auto Union-Vorstände Dr. Richard Bruhn und Dr. Carl Hahn entstand dann 1949 in Ingolstadt die »Auto Union GmbH« mit der jetzt klaren Vorgabe, den Fahrzeugbau wieder aufzunehmen. Die Auto Union AG in Chemnitz war aus dem Handelsregister gelöscht worden.
Wie in Zschopau, jetzt volkseigener Betrieb, startete fast zur gleichen Zeit in Ingolstadt die Montage der RT 125. Während sie im Osten schon über Neuerungen wie Telegabel und Hinterradfederung verfügte, blieb die DKW RT 125 w (w stand für West) im Vergleich zum Urmodell zunächst nahezu unverändert. Und das war für den neuen Chefkonstrukteur Nikolaus Dörner, der schon in Chemnitz für die Auto Union tätig gewesen war, durchaus ein Erfolg. Denn sämtliche Konstruktionsunterlagen mussten nach Vermessung einer nagelneuen RT 125, die den Krieg völlig unversehrt überstanden hatte, neu gezeichnet und die Herstellung sämtlicher Teile bei Zulieferfirmen in Auftrag gegeben werden.
Es dauerte geraume Zeit, ehe man in Ingolstadt selbst in der Lage war, die wichtigsten Teile eines Motorrades wie Rahmen, Blechteile, Motoren und Getriebe selbst zu fertigen. Folglich konnten auch nur ein paar hundert Maschinen noch 1949 ausgeliefert werden. Aber schon zwei Jahre später liefen rund 30.000 125er vom Band. Bis auf ein abschließbares Werkzeugfach im vergrößerten Tank unterschied sich die RT 125 w nicht von dem vor dem Krieg entwickelten Motorrad.

DKW RT 125 W	**1949–1950**	
1-Zyl.-2-Takt	123 cm³	4,75 PS / 5000 U/min

Dürkopp

Seit 1886 baute die von Nikolaus Dürkopp mitgegründete Firma »Bielefelder Nähmaschinenfabrik Dürkopp & Co« Fahrräder, seit 1897 Automobile und 1901 wurden schließlich auch Motorräder in das umfangreiche Fertigungsprogramm aufgenommen. Wie bei vielen anderen Herstellern endete auch bei Dürkopp die Fertigung motorisierter Zweiräder schon bald wieder, und zwar 1908, ehe mit dem Aufkommen der Motorfahrräder zu Beginn der 1930er Jahre erneut damit begonnen wurde.
Das 1936er Modell des Dürkopp-Motorfahrrades M 10 war 1948 der Wiedereinstieg der

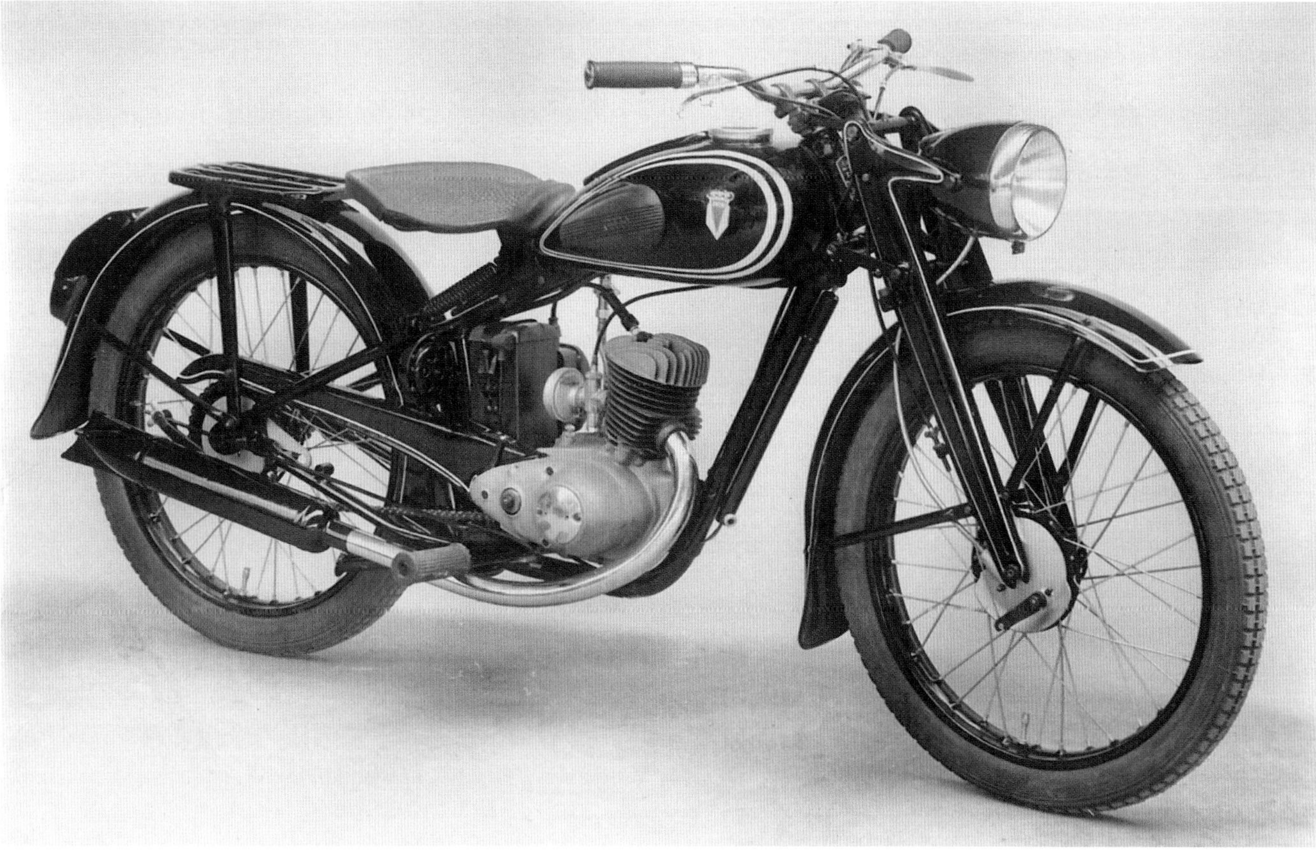

> Eine DKW RT 125 W unterschied sich nur durch den Werkzeugkasten im Tank vom Vorkriegsmodell.

> Kickstarter und Fußrasten machten Ende der 1940er Jahre aus so manchem Mofa ein Motorrad – wie es auch die Dürkopp M 100 zeigt.

kleinen Bielefelder Firma in die Produktion motorisierter Zweiräder. Das M 10 hatte noch den alten 98er Sachs-Motor und natürlich eine Trapez-Gabel. Mit neuem Rahmen und als erstes Leichtmotorrad mit Kickstarter und dem Ilo-Motor FM 100 K erschien 1949 die M 100.

Dürkopp M 100	1949–1950	
1-Zyl.-2-Takt	98 cm³	2,8 PS / 4000 U/min

Geier

Wie viele oben bereits beschriebene Motorradhersteller hatten auch die Geier-Werke ihren Ursprung im Fahrradbau. Der gelernte Schlosser Ernst Upmeier, Gründer der Geier-Werke in Lengerich, begann 1910 mit einer kleiner Fahrradhandlung, gliederte diesem Betrieb die Fabrikation von Fahrradteilen an und Mitte der 1930er Jahre folgten bereits die ersten Motorfahrräder mit Sachs- und ILO-Motoren. Im Programm fanden sich auch Lasten- und Personendreiräder.
Mit Ausbruch des Zweiten Weltkrieges mussten die Geier-Werke Handgranaten herstellen und begannen nach dem Krieg und dem Wiederaufbau des schwer zerstörten Werkes erneut mit der Herstellung von Motorfahrrädern und Lastendreirädern. So wurden schon 1948 die ersten 155 Motorfahrräder des Vorkriegstyps FM 100 mit Ilo-Motor montiert und ausgeliefert. Trotz Dumpingpreises konnte sich das Mofa kaum auf dem Markt durchsetzen – wie das im Übrigen auch die in der Folge gebauten Motorräder nicht schafften.
Hier wurde zunächst dem Mofa der Ilo-Motor mit Kickstarter eingesetzt und das nun entstandene Leichtmotorrad als Geier K 100 verkauft (die K 100 konnte auf Wunsch auch mit Sachs-Motor geliefert werden). Mit dem 123-cm³-Ilo-Doppelportmotor kam ebenfalls 1949 die LK 125 mit einer Telegabel auf den Markt. Eine Hinterradfederung gab es noch nicht. Bis auf den bei Geier entwickelten Rahmen, eine Kombination aus Rohr und Pressstahl, kamen so ziemlich alle Bauteile aus der sich schnell entwickelnden Zubehör-Industrie.

Geier K 100	1949–1950	
1-Zyl.-2-Takt	98 cm³	2,8 PS / 4000 U/min
Geier LK 125	**1949–1953**	
1-Zyl.-2-Takt	123 cm³	5,4 PS / 5000 U/min

> **Die Geier K 100 für 990 Mark sollte für die Lengericher der Einstieg ins Motorradgeschäft werden.**

> **Die Geier LK 125 erschien noch 1949 und wurde immerhin bis 1953 – allerdings in geringen Stückzahlen – gebaut. Sie kostete anfangs 1.020 Mark.**

Hecker

In der deutschen Motorradhochburg Nürnberg begann Hans Hecker 1922 ebenfalls Motorräder zu bauen, die er zunächst ohne Motor auslieferte und ab 1923 dann komplett mit Viertakt-Motoren der Nürnberger Firma Scharrer & Groß, später vom englischen Lieferanten JAP, anbot. Die Maschinen mit 200 und 350 cm³ Hubraum wurden bald über die fränkische Metropole hinaus bekannt, vor allem, weil sie ab 1924 zahlreiche sportliche Erfolge einfahren konnten.
Bis 1930 folgten fortwährend weitere Modelle, zuletzt auch mit Zweizylinder-Motoren bis 740 cm³ Hubraum. Während der Weltwirtschaftskrise verkleinerte Hecker seine Produktpalette immer weiter. Mofas und Leichtmotorräder mit Fichtel & Sachs-Motoren bestimmten das Programm, ehe 1939, kurz vor Kriegsbeginn, mit dem Einsatz des neuen 123-cm³-Ilo-Motors, die Hecker K 125 wieder als »richtiges« Motorrad auf den Markt kam.

Foto: Heinz Pirthauer

> **Die Hecker K 125 kostete 1.130 Mark (1951), die Zweivergaser-Sportversion war erheblich teurer.**

Hecker K 125	1949–1950	
1-Zyl.-2-Takt	123 cm³	5,2 PS / 5000 U/min
Hecker K 125 Sport	**1949**	
1-Zyl.-2-Takt	123 cm³	7,8 PS / 6500 U/min

Mit dieser 125er schaffte Hecker schon 1948 den Wiedereinstieg ins deutsche Motorradgeschäft. Zunächst nahezu unverändert gebaut, bekam das Motorrad 1949 eine Kronprinz-Telegabel und 1951 eine Jurisch-Hinterradfederung. Nur für das Jahr 1949 stand die 125er als Sport-Version mit dem 7,8 PS starken Ilo-Zweivergaser-Motor im Programm.

Heidemann / HWE

Die Heidemann-Werke – Markenzeichen »HWE« – gehen auf die 1901 von Karl Heidemann in Bielefeld gegründete Fahrradfabrik zurück, die nach dem Ersten Weltkrieg zu einer der bekanntesten in Deutschland wurde. Ab 1923 firmierte man noch in Bielefeld als »Baronia-Fahrzeugfabrik« und 1936 zog die Firma – jetzt als »Heidemann-Werke« – nach Einbeck auf das Firmengelände des ehemaligen Versandhauses Stukenbrock um, das während des Zweiten Weltkrieges stark in Mitleidenschaft gezogen wurde. Als bekannte Marke war Heidemann einer der wenigen Fahrradhersteller, der sich nicht am Mofaboom der 1930er Jahre beteiligt hatte. Ab 1949 versuchte sich dann auch Heidemann im Bau von Motorfahrrädern, aber ohne dies im großen Stil zu forcieren. Es gab auch den Versuch, mit dem 125er Ilo-Motor in dieser Klasse bei den »echten« Motorrädern mitzumischen. Parallel zu den Mofas waren schon 1949 die ersten 125er unter der Bezeichnung KR 125 verkauft worden, zunächst noch mit der klassischen Parallelogramm-Federgabel, im Laufe des Jahres 1950 dann mit einer Telegabel ausgerüstet. Eine Hinterradfederung gab es nicht. Gleichzeitig lief die Fertigung der wenigen Kickstartermodelle mit dem Sachs-Motor M 50 K und der Bezeichnung »Diplomat« aus. Bei Heidemann konzentrierte man sich künftig wieder sehr erfolgreich auf das Fahrradgeschäft.

> Anfangs war die Heidemann KR 125 für 970 Mark mit einer Trapezfedergabel ausgerüstet, im Laufe des Jahres 1950 konnte dann eine Telegabel montiert werden.

Heidemann KR 125	1949–1951	
1-Zyl.-2-Takt	123 cm³	5,2 PS / 5000 U/min
Heidemann Diplomat	**1950–1951**	
1-Zyl.-2-Takt	98 cm³	3 PS / 4000 U/min

Hercules

Die Nürnberger Hercules GmbH war während des Zweiten Weltkrieges zu mehr als zwei Drittel zerstört worden und hielt sich in den ersten Nachkriegsjahren unter anderem mit Molkereitechnik und Fahrradbau über Wasser. 1948 begann man, wenn auch zunächst zaghaft, wieder mit der Fertigung motorisierter Zweiräder und entwickelte sich in den Folgejahren – dank hervorragender Qualität und dichtem Händlernetz – zu einem der führenden Hersteller von Konfektionsmotorrädern in Deutschland.

Der 1939 entwickelte Rahmen für das Mofa MF 2 war damals auch für 125er Motoren vorgesehen, zu deren Einsatz es aber nur in geringen Stückzahlen mit einem Sachs-Motor (S 125) kam. Nun bot Hercules parallel zum ersten Mofa nach dem Krieg mit diesem Fahrwerk auch eine 125er mit dem Ilo-Motor MG 125E als Modell H 125 an. Die Verkaufserfolge blieben auf Grund des wenig modernen Fahrwerks und Designs bescheiden und modernere Nachfolger standen schon in den Startlöchern.

> Diese Hercules S 125 aus den ersten Kriegsjahren wurde 1949 mit dem Ilo-Motor zum Modell H 125 weiterentwickelt und kostete 990 Mark.

Hercules H 125	1949	
1-Zyl.-2-Takt	123 cm³	5 PS / 5000 U/min

Hoffmann

Mit 38 Jahren gründete Jakob Oswald Hoffmann, zusammen mit einem Teilhaber, 1934 in Solingen eine Fahrradfabrik (ohne in den Bau von Motorfahrrädern einzusteigen), die während des Zweiten Weltkrieges völlig zerstört wurde.

Nach dem Krieg übernahm Oswald Hoffmann noch 1945 ein Gelände der Mannesmann-Röhrenwerke in Lintorf und begann wenig später

> Das Hoffmann-Modell HWL 125 wurde zuvor auch unter den Typenbezeichnungen MO 125/7 und MR 125/2 verkauft.

> Prospekt-Werbung von Hoffmann mit dem Modell MIK 100/3.

Hoffmann MIK 100/3	1949–1950	
1-Zyl.-2-Takt	98 cm³	2,8 PS / 4000 U/min
Hoffmann MR 100/5	**1949–1950**	
1-Zyl.-2-Takt	98 cm³	2,8 PS / 4000 U/min
Hoffmann MO 125/7	**1949–1952**	
1-Zyl.-2-Takt	123 cm³	5,2 PS / 5000 U/min
Hoffmann MR 125/8	**1949–1950**	
1-Zyl.-2-Takt	123 cm³	7,5 PS / 6500 U/min

wieder Fahrräder zu bauen. Im Auftrag der Auto Union fertigte Hoffmann die ersten 10.000 Rahmen für deren DKW RT 125 und fand so den Einstieg – zunächst als reiner Konfektionär – in die Motorradfertigung.

Schon 1949 war die Angebotspalette reichhaltig: Das Mofa MF 10/98, zunächst mit Sachs- später auch mit Ilo-Motor angeboten und das dazugehörende Kickstarter-Modell MIK 100/3 wiesen noch die Parallelogramm-Federgabel aus Pressstahl mit nachstellbaren Stoßdämpfern auf. Eine Teleskopgabel besaß dagegen die MR 100/5, ebenfalls mit Kickstarter, aber mit 98-cm³-Villiers-Zweitakt-Motor. Zweifellos eine Besonderheit in der damaligen Zeit, die sich aber kaum verkaufte. Außerdem seit 1949 und weitere Jahre danach im Programm waren eine Vielzahl von 125ern von Anfang an mit Teleskopgabeln ausgerüstet.

Die MO 125/7 (spätere Bezeichnungen waren MR 125/2 und HWL 125) mit dem Ilo-Motor MG 125 E konnte wahlweise mit einer Hinterradfederung geliefert werden. Serienmäßig wurde damit die Top-125er MR

> Die Hoffmann »Olympia Sport« mit Ilo-Zweivergaser-Motor.

125/8, die mit der Zusatzbezeichnung »Olympia Sport« den 7,5 PS leistenden Ilo-Sport-Motor mit zwei Vergasern in einem breiten Doppelschleifen-Rahmen trug, ausgerüstet. Diese Maschine gab es allerdings nur für eine Saison.

Horex

Die 1923 von Fritz Kleemann gegründete Horex Fahrzeugbau AG in Bad Homburg war während des Krieges von Zerstörungen verschont geblieben. Dennoch durften natürlich nicht einfach weiter Motorräder gebaut werden; wie bei vielen anderen Motorradproduzenten auch, hielt man sich mit diversen Ersatzleistungen über Wasser; bei Horex war das überwiegend die Fertigung von Ersatzteilen für die Eisenbahn. Nach der Währungsreform und der Genehmigung durch die Alliierten konnte Horex als erster deutscher Hersteller wieder Mittelklasse-Motorräder mit Viertaktmotoren anbieten.

Zunächst wurden ab 1948 über 1000 Stück des Vorkriegsmodells SB 35 mit der alten Parallelogrammgabel und ohne Hinterradfederung gefertigt. Das 350-cm^3-Viertaktmodell hatte sich jetzt gegenüber den bis 1940 gelieferten Modellen lediglich am Tank, Tankdeckel, Tachometer, Kettenkasten und Sattel geringfügig verändert.

Der 1938 mit der SB 35 eingeführte langhubige Blockmotor war für die 1949 erstmals vorgestellte neue Horex »Regina« nahezu unverändert beibehalten worden, lediglich die Schaltung wanderte auf die rechte Seite. Unverkennbar für eines der beliebtesten deutschen Mittelklasse-Motorräder nach 1945 war die sehr schräg gestellte, weit nach vorn ausladende Teleskopgabel, die der Regina eine Gesamtlänge von 2,17 m bescherte. Hinten gab es jetzt eine ungedämpfte Geradwegfederung mit geschmiedeten Aluminium-Achsaufnahmen. Die Hirafe blieb so bis zuletzt allen Reginas erhalten. Da Tank und Schutzbleche von der SB 35 übernommen wurden, optional die Doppelport-Auspuffanlage auch hochgezogen erhältlich war, unterschieden sich die beiden Motorräder letztlich gar nicht so sehr voneinander.

Horex SB 35	**1948–1950**	
1-Zyl.-4-Takt	342 cm^3	18 PS / 5000 U/min
Horex Regina	**1949–1952**	
1-Zyl.-4-Takt	342 cm^3	18 PS / 5000 U/min

Foto: Winni Scheibe

> Die Horex SB 35 war schon 1938 erschienen und erfuhr zehn Jahre später mit geringfügigen Änderungen ihre Wiederauferstehung.

Foto: Winni Scheibe

> Von der SB 35 hatte die erste Horex Regina unter anderem noch die Schutzbleche und den Tank geerbt.

Imme (Riedel)

Norbert Riedel hatte sich als junger Konstrukteur vor dem Zweiten Weltkrieg schon bei Ardie und Victoria seine ersten Sporen verdient. Ein Anlasser für Flugturbinentriebwerke, der beim Reichsluftfahrtministerium großen Anklang fand, sicherte ihm die Ausgangsbasis für seine spätere Motorradfabrik. Der Anlasser, den er unter anderem mit Victor Söllner und Otto Linder entwickelt hatte, sollte in einer Versuchsanstalt in Muggendorf (fränkische Schweiz) erprobt und serientauglich gemacht werden. Dies gelang auch und die Fertigung des Aggregates wurde an NSU und Junkers gegeben. Dennoch erhielt Riedel nach Kriegsende von den Amerikanern den Auftrag zum Bau von zehn dieser Anlassermotoren, was der kleinen Fabrik wiederum eine technische Basis für weitere Ideen lieferte, wie zum Beispiel die der Fertigung eines kleinen 100-cm³-Motorrades.

Im Sommer 1947 konnte die Fahrwerkskonstruktion abgeschlossen werden, am Ende des Jahres lief auch der erste Motor, dessen Entwicklung als Anlassmotor für MAN-Diesel-Schlepper getarnt war. Der Zweitakter umging mit einer Dreikanal-Steilstromspülung das geltende Schnürle-Patent und war mit dem grob verrippten Aluminiumzylinder unverwechselbar. Dies galt noch mehr für das Fahrwerk. Der Zentralrohr-Rückgratrahmen war damals genauso ungewöhnlich wie die Hinterrad-Zentralschwinge, deren einseitiges Schwingenrohr den Motor trug und auch noch als Auspuffrohr diente! Also eine Triebsatzschwinge, die von einer Zentralfeder gegen das Rahmenrohr abgestützt wurde. »Cantilever« nannte man das Jahrzehnte später. Nicht weniger spektakulär war die Vorderradaufhängung an einem einseitigen Parallelogrammträger.

Für die Serienproduktion zog Riedel nach Immenstadt im Allgäu, gründete die Riedel AG und benannte seine kleinen Motorräder nach deren neuen Heimat »Imme«. Im Frühjahr 1949 begannen 370 Mitarbeiter eine Monatsproduktion von 500 Einheiten. Und der Absatz der konkurrenzlos billigen Hunderter (DM 775) war, nicht zuletzt durch Mithilfe einer erstaunten Fachpresse, schon in den ersten Monaten immens. Ende August 1950 hatten bereits 10.000 (!) Immen das Werk verlassen. Das Fahrzeug wurde mit Batterie, Standlicht, Hupe und Sonderlackierung auch schnell zum Exportschlager, konnte in dieser Ausführung aber auch in Deutschland für DM 850 geordert werden.

Schon Ende 1950 erreichte die Imme ihren Produktionshöhepunkt und dem rasanten Aufstieg folgte eine ebensolche Talfahrt. Zum einen waren z. B. mit der NSU Fox oder der Adler M 100 gefragte Konkurrenten entstanden, zum anderen ließ die Nachfrage nach 100-cm³-Maschinen allgemein nach.

Ab dem Frühjahr 1951 wurde die Kurbelwelle der Imme doppelt gelagert, was der Imme R 100 die Zusatzbezeichnung »D« eintrug.

War die Riedel AG im Oktober 1950 durch Fehlkalkulationen schon einmal knapp dem Konkurs entgangen, stellte die Bayrische Hypotheken- und Wechselbank im Herbst 1951 ihre Zahlungen ein und zwang die Riedel AG

RIEDEL Imme

> Die Imme R 100 war eine unkonventionelle Konstruktion. Die Maschine kostete zwischen 775 und 850 (Luxusversion) Mark.

im November 1951 zur Aufgabe. Eine kurz vor der Serienfertigung stehende 150-cm³-Zweizylindermaschine konnte nicht mehr realisiert werden. Immerhin baute später die aus der Konkursmasse entstandene Firma ZMG, Zweirad-Motoren-Getriebe GmbH, etwa 25 der auf 175 cm³ gebrachten Zweizylinder-Motoren in Imme-Fahrgestelle ein.

Imme 100	1949–1951	
1-Zyl.-2-Takt	99 cm³	4,5 PS / 5800 U/min
Imme 100 D	**1951**	
1-Zyl.-2-Takt	99 cm³	4,5 PS / 5800 U/min

> Etwa 12.000 Immen entstanden, 25 davon sind später von der Firma ZMG mit dem 175 cm³ großen Zweizylindermotor bestückt worden.

Maico

Das neue Maico-Werk in Pfäffingen bei Tübingen, das erst 1939 bezogen worden war, wurde während des Krieges stark in Mitleidenschaft gezogen und befand sich nach 1945 in der französischen Besatzungszone. Neben der Reparatur französischer Kraftfahrzeuge hielt man sich zunächst mit der Herstellung von Spielzeugen und Fahrradteilen über Wasser. Die Brüder Maisch (der Markenname setzte sich aus Maisch & Co zusammen) waren sich darin einig, wieder eine Motorradproduktion aufziehen zu wollen.

Und so bauten sie im nicht weit entfernten, aber dafür in der vermeintlich angenehmeren amerikanischen Zone liegenden Herrenberg ein Motorenwerk auf. Ende 1948 konnten dann in Pfäffingen die ersten Motorräder nach dem Krieg montiert werden. Es lag natürlich nahe, zunächst die Motorfahrrad-Produktion wieder aufzunehmen; und so entstanden bis 1950 noch einmal 672 Mofas vom Typ F 100 mit dem 2,25 PS leistenden Sachs-Motor. Die Perspektiven von Maico lagen aber klar bei den größeren Hubraumklassen, mit eigenen Motoren bestückt.

Gleich als echte Neukonstruktion erschien noch 1948 die M 125 mit eigenem, schönem Zweitaktmotor mit Doppelport-Auspuffanlage. Zunächst mit der klassischen Trapez-Federgabel ausgerüstet, bot Maico sein Einstiegsmodell ab 1950 mit einer Telegabel und dem Pagusa-Schwingsattel an.

Maico M 125	1948–1951	
1-Zyl.-2-Takt	123 cm³	5,5 PS / 5200 U/min

> Die Maico M 125 in der ersten Ausführung mit Parallelogramm-Federgabel kostete 1948 nur 690 Mark.

> Die Phänomen Ahoi trägt den normalen 125er Ilo-Motor mit 5,5 PS. Als Meister M 55 J Sport gab es das Modell auch mit dem 7,5 PS-Zweivergaser-Motor.

Meister / Mammut / Phänomen

Die Meister-Fahrradwerke, 1921 in Bielefeld gegründet, stiegen 1930 mit der Meister-Sachs in die Fertigung motorisierter Zweiräder ein und entwickelten bis Kriegsbeginn eine rege Vielfalt auf dem Mofa-Sektor. Erhard Doppelt, von Fichtel & Sachs kommend und die Firma seit 1936 allein führend, sicherte sich nach dem Zweiten Weltkrieg, in dem Dreiviertel des Meister-Werkes zerstört worden waren, die Markenrechte der vormals Zittauer Firma Phänomen und der Marke Mammut, die es sowohl in Bielefeld wie auch in Nürnberg gegeben hatte. Zusammen mit der von Doppelt 1950 gegründeten Mammut-Vertriebs-GmbH und Phänomen-Vertriebs-GmbH konnte Meister bis Mitte der fünfziger Jahre eine riesige Typenvielfalt anbieten. Dabei unterschieden sich die Fahrzeuge tatsächlich meistens nur durch den Markennamen.

Den Anfang machten 1949 die Motorfahrräder M 47 S (Herren) und M 48 S (Damen) mit Sachs-Motor, die als M 47 J und M 48 J, aber auch mit dem 98er Ilo-Motor bestellt werden konnten. Als M 49 S gab es diese Maschine so ausgestattet auch mit einem Kickstarter versehen (wurde auch als Phänomen 72 und Mammut 98 verkauft).

Meister M 49 S	1951–1952	
1-Zyl.-2-Takt	98 cm³	3 PS / 4000 U/min
Meister M 53 J	**1949–1952**	
1-Zyl.-2-Takt	118 cm³	4 PS / 4500 U/min
Meister M 55 J	**1949–1952**	
1-Zyl.-2-Takt	123 cm³	5,5 PS / 4500 U/min

> Die Mammut 98 konnte auch eine Meister M 49 S oder eine Phänomen 72 sein.

Kickstarter-Modelle hatte es aber schon vorher bei Meister gegeben: Die M 53 J mit dem 118-cm³-Ilo-Motor und die M 55 J als 125er, ebenfalls mit Ilo-Motor und auch als Phänomen Ahoi 71 und Mammut 125 angeboten, waren schon 1949 erschienen. Letztere erhielt 1951 ebenfalls eine Telegabel. Auch bei Meister nutzte man den Zweivergaser-Sportmotor von Ilo, der 1949/50 die M 55 J Sport auf 82 km/h Höchstgeschwindigkeit brachte.

NSU

Die 1900 gegründete Firma NSU, eine der ältesten Motorradfabriken der Welt, wurde im Zweiten Weltkrieg durch Bomben zu 60% zerstört. Vorher war sie 1939 vermittels ihrer Motorfahrräder noch zur größten Motorradschmiede der Welt aufgestiegen. Das wird die amerikanischen Besatzer aber weniger beeindruckt haben als das NSU-Kettenrad, das in 10.000 Exemplaren für die Wehrmacht entstanden war und für das NSU von den Amerikanern noch 1945 den Auftrag zum Bau von 200 Stück erhielt, wie auch zur Montage von NSU 251 OS Wh aus Materialrestbeständen. Aus dieser Konstellation heraus war man in Neckarsulm in der glücklichen Lage, schon 1945 wieder Fahrräder und Motorfahr-

Foto: Jungle Key

> 1947 produzierte NSU die ersten Modelle der 125 ZDB, die schon sechs Jahre zuvor serienreif war, kriegsbedingt aber nicht mehr produziert werden konnte.

> Im Gegensatz zum Vorkriegsmodell hatte die NSU OSL 251 ab 1947 Innenzughebel, einen Schwingsattel und ein neues Rücklicht.

räder bauen und ab 1947 auch richtige Motorräder vom Band rollen lassen zu können.
1941 war bei NSU die erste 125er mit Zweitaktmotor serientauglich geworden. Dessen Leistung konnten die NSU-Techniker 1947 von 4 auf standesgemäße 5 PS steigern, womit die NSU 125 ZDB im selben Jahr in Serie ging. Einen Schwingsattel hatten die meisten deutschen Motorräder noch längst nicht aufzuweisen und mit dem neu gestalteten, schlanken Tank machte die Maschine in der frühen Nachkriegszeit eine sehr gute Figur. Die traditionelle Trapezgabel musste die Maschine freilich bis zu ihrem Produktionsstopp 1951 behalten; außerdem musste sie ohne Hinterradfederung auskommen. Das tat ihrer Beliebtheit aber keinen Abbruch, nicht zuletzt auch deshalb, weil diese 125er deutlich preiswerter war, als die Konkurrenz. Frei kaufen konnte man die NSU-Maschinen bis zur Währungsunion 1948 allerdings nicht.
Nur ein behördlicher Bezugsschein berechtigte zum Erwerb eines Motorrades. Dies galt auch für den Typ 251 OSL, eine Viertelliter-Viertaktmaschine, die schon 1933 im NSU-Programm aufgetaucht war und nun die 1947er Angebotspalette nach oben abrundete. Abgesehen von einem Schwingsattel, dem Lenker mit Innenzughebeln und einem neuen Rücklicht war die Maschine, deren Produktion zunächst 1940 geendet hatte, nahezu unverändert wieder ins Programm genommen worden.
Als erste Neukonstruktion nach dem Krieg ging 1949 die NSU Fox mit einem ungewöhnlichen 98-cm³-Viertaktmotor ins Rennen. Der schöne Motor, dessen Ventiltrieb vollständig von Zylinder und Zylinderkopf umschlossen war, leistete erstaunliche 6 PS, was zu dieser Zeit kaum ein 125er Zweitakter erreichte. Das galt auch für die Höchstgeschwindigkeit von 85 km/h. Neben dem Motor waren der Pressstahlrahmen, die Hinterradschwinge und die Kurzschwinge am Vorderrad auffällig und gleichzeitig richtungweisend für die weiteren NSU-Konstruktionen.

Foto: Andreas Mehlhorn © GFDL

> Die NSU Fox trat schon 1949 mit einem modernen Viertaktmotor an, der seiner Zeit deutlich voraus war.

NSU 125 ZDB	1947–1951	
1-Zyl.-2-Takt	123 cm³	5 PS / 4900 U/min
NSU 251 OSL	**1947–1952**	
1-Zyl.-4-Takt	242 cm³ ohv	10,5 PS / 5000 U/min
NSU Fox	**1949–1954**	
1-Zyl.-4-Takt	98 cm³ ohv	6 PS / 6500 U/min

> Wie bei so vielen anderen Herstellern entstand auch bei Panther mit Hilfe des 125er Ilo-Zweitakters das erste echte Motorrad.

Panther

Die Panther-Werke AG, 1886 als »Braunschweiger Fahrradwerke« gegründet, startete 1948 im Geschäftsbereich motorisierter Zweiräder wieder dort, wo sie 1942 kriegsbedingt aufgehört hatte: mit der Montage von Motorfahrrädern. Eine Besonderheit der Panther-Motorfahrräder war der Doppelschleifen-Rahmen aus Stahlrohr. Ansonsten schwammen diese Mofas in der Masse des Angebotes jener Jahre mit, dies aber erstaunlich lange; bis 1957 blieb das TS 98 im Programm. Seit 1950 mit dem moderneren Sachs-50-Motor und seit 1951 mit Schwingsattel, breiteren Schutzblechen, elektrischer Hupe und einem in den Scheinwerfer integrierten Tachometer.
In den Folgejahren entwickelte sich Panther zum klassischen Motorrad-Konfektionär. 1949 begann man auf Basis des bewährten Doppelschleifen-Rahmens mit der Montage der KJ 125 mit Ilo-Motor. Den Braunschweigern wurde bescheinigt, mit dieser 125er ein ordentliches Gebrauchsmotorrad auf die Räder gestellt zu haben. Und wenn auch noch eine Hinterradfederung fehlte – mit der Telegabel und dem Schwingsattel waren die Braunschweiger vielen anderen Herstellern in dieser Klasse schon ein Stück voraus.

Panther KJ 125	1949–1950	
1-Zyl.-2-Takt	123 cm³	5,2 PS / 5000 U/min

Patria

Auch der Fahrradproduzent Patria aus Solingen begann 1931, unter Verwendung des 74-cm³-Sachs-Motors, mit der Montage von Motorfahrrädern. Die Marke mit dem Ritterhelm fertigte die Mofas bis 1940 in verschiedenen Ausführungen als Damen-, Herren-, Geschäfts- und Sport- modell. 1949 begann in Solingen erneut die Mofa-Produktion. Mit dem Modell KMF 49 Niederrhein ging Patria WKC (WKC stand für die frühere Firmenbezeichnung Weyerberg, Kirschbaum & Co.) dabei eigene Wege. Durch die Verwendung der Reifengröße 2,50 × 19, der sehr schräg gestellten Telegabel mit Gummifederung, dem sehr stabilen, geschlossenen Rahmen und dem Schwingsattel war es gelungen, dem Mofa

> Patria bezeichnete seine erste 125er, die KM 49 Grenzland, als »Kleinkraftrad«.

das Aussehen eines echten Motorrades zu geben. 1949 kam noch der alte Sachs-Motor mit 2,5 PS zum Einsatz, 1950 konnte dann das neue Triebwerk mit 3 PS angeboten werden. Die Typenbezeichnung des Mofas wechselte in KM 50/98 Niederrhein.

Mit dem 125er Ilo-Motor bot Patria, ebenfalls noch 1949, das Motorrad KM 49 Grenzland in der Bauart des Mofas an. Lediglich der größere Motor mit der Doppelport-Auspuffanlage verdeutlichte den Unterschied.

Patria KM 49 Grenzland	1949	
1-Zyl.-2-Takt	123 cm³	5,2 PS / 5000 U/min

Rixe

Die »Rixe & Meyer Maschinen- und Fahrradfabrik GmbH«, 1921 von August Rixe und Robert Meyer gegründet und 1924 in »Rixe & Co GmbH« umbenannt, begann 1931 in Bielefeld mit der Montage von Motorfahrrädern und später auch kleinen Motorrädern. Das Standbein bei Rixe war und blieb allerdings die Fahrradproduktion mit Stückzahlen im Millionenbereich. Nach der Beseitigung von Kriegsschäden begann schon 1948 die Montage neuer Motorfahrräder. Das Modell T 98 mit Sachs-Motor unterschied sich kaum von Dutzenden von Mofas anderer Hersteller dieser Zeit. Und wie andere Hersteller auch, wechselte Rixe ab 1950 zum neuen, 3 PS starken Motor M 50 von Fichtel & Sachs. Die Modellbezeichnung lautete jetzt T 98-50. Ab 1953 drängten die Rixe-Mopeds das Mofa aus dem Programm. Anders das Kickstarter-Modell K 98-50, das sogar noch 1959 (!) angeboten wurde. Da natürlich schon längst mit einer Telegabel an Stelle der alten Trapez-Vorderradführung und mit ein paar frischen Designveränderungen.

Darauf und auf ein so langes Leben konnte die KP 100, die, mit Ilo-Motor ausgestattet, knapp zwei Jahre lang alternativ zur K 98-50 angeboten wurde, nicht hoffen.

Um 1950 herum begann sich bei Rixe eine ungeheure Typenvielfalt zu entwickeln, die die Motorenprogramme von Sachs und Ilo und die Fahrwerkentwicklungen der fünfziger Jahre voll ausreizte.

Noch 1949 erschienen gleich zwei 125er mit Ilo-Motor. Bei der KP 125 stand das P für Parallelogramm(Trapez)-Gabel und bei der KT 125 das T für Telegabel. Auf eine Hinterradfederung musste der Fahrer bei beiden Modellen verzichten. Seltsamerweise hielt sich die KT etwas länger im Programm; ab 1953 bot Rixe aber keine 125er mehr an. Auch nicht die, wiederum in zwei verschiedenen Gabelausführungen angebotenen, KPS 125 bzw. KTS 125. S stand hier für Sport und für die sportliche Fahrweise sorgte der Ilo-Zweivergasermotor MG 125 E Sport mit 7,5 PS.

> Rixe-Prospekt für das 98er Kickstarter-Modell mit dem neuen, 3 PS leistenden Motor von Fichtel & Sachs.

Rixe K 98-50	1949–1959	
1-Zyl.-2-Takt	98 cm³	3 PS / 4000 U/min
Rixe KP 100	**1947–1951**	
1-Zyl.-2-Takt	98 cm³	2,8 PS / 4000 U/min
Rixe KT 125	**1949–1952**	
1-Zyl.-2-Takt	123 cm³	5,2 PS / 5000 U/min
Rixe KP 125	**1949–1950**	
1-Zyl.-2-Takt	123 cm³	5,2 PS / 5000 U/min
Rixe KPS/KTS 125	**1950**	
1-Zyl.-2-Takt	123 cm³	7,5 PS / 6500 U/min

> **Bei der KP 125 stand das P für Parallelogramm-Federgabel, das Schwestermodell mit Telegabel blieb zwei Jahre länger im Rixe-Programm.**

Sudbrack

Sudbrack, einer der vielen Bielefelder Zweiradproduzenten, war 1937 nach Bad Salzuflen-Schötmar umgezogen und begann dort 1939 eine bescheidene Produktion von Motorfahrrädern. Das Modell FM 100, ein einfaches Mofa mit Ilo-Motor und Trapezgabel war dann auch 1949 die Basis für ein kleines Programm motorisierter Zweiräder. Nach 210 Mofas stellte man die Produktion auf den gleichen Ilo-Motor, jetzt aber mit Kickstarter, um. Das Modell 100 K blieb allerdings auch nur für eine Saison im Angebot; ebenfalls die TM 3, eine 125er mit dem bekannten Ilo-Motor mit Doppelport-Auspuffanlage. Konventionell blieben auch hier die Tiger-Trapezgabel, der Rohrrahmen mit angeschraubtem Heck und der Verzicht auf eine Hinterradfederung.
Den Fahrzeugen war kein Erfolg beschieden. Erst nachdem der Einstieg ins Mopedgeschäft ebenfalls wenig vielversprechend verlaufen war, konzentrierte sich Sudbrack ausschließlich auf die Fahrradfertigung.

> **Ein Klassiker der Endvierziger: Die Sudbrack TM 3 mit dem 123-cm³-Ilo-Motor.**

Sudbrack 100 K	1950	
1-Zyl.-2-Takt	98 cm³	2,8 PS / 4000 U/min
Sudbrack TM 3	**1949–1950**	
1-Zyl.-2-Takt	123 cm³	5 PS / 4800 U/min

Tornax

Bereits 1926 waren in Wuppertal-Langerfeld die ersten Tornax-Motorräder mit eigenen Fahrgestellen entstanden. Firmengründer Ernst Wewer, von Beruf Goldschmied und nicht zuletzt deshalb stets auf Präzision und Qualität bedacht, setzte von Anfang an auf Sportlichkeit und starke Motoren, die von JAP oder Columbus geliefert wurden.
An diesen Grundprinzipien sollte sich auch nichts ändern, als 1948 bei Tornax wieder Motorräder entstanden, wenngleich die Viertaktmotoren der Vorkriegszeit jetzt ausschließlich durch solche mit zwei Takten der Firma Ilo ersetzt wurden. Bevor jedoch wieder an eine Produktionsaufnahme im Tornax Werk Ernst Wewer gedacht werden konnte, waren die schweren Schäden zu beseitigen, die bei den Bombenangriffen auf Wuppertal am 13. März 1945 entstanden waren.

> **Die Tornax B 12 auf einem Prospekt von 1949.**

> **Tornax war einer der wichtigsten Partner des Pinneberger Motorenherstellers Ilo. Im Bild das Modell 125 K mit dem Ilo-Motor MG 125 E.**

Unter dem Konstrukteur Otto Karpe, der von Beginn an bei Tornax dabei war, entstand zunächst aus dem kleinen Vorkriegsmodell K 12 mit 118-cm³-Ilo-Motor die Tornax B 12 in nahezu gleicher Ausstattung. Das hieß unter anderem Trapezgabel, Doppelrohr-Rahmen und Verzicht auf eine Hinterradfederung. Der Fahrer saß bequem auf einem Schwingsattel und schaltete die zwei Gänge mit der Hand.
Da sich die 120-cm³-Klasse nicht durchsetzte, endete die Fertigung der B 12 schon 1949. Etwas länger hielt sich die K 125, ebenfalls noch eine Entwicklung aus Vorkriegstagen, auf dem Markt. Fahrwerkseitig war sie wie die B 12 aufgebaut, verfügte aber jetzt, wie beim Ilo-Motor MG 125 E üblich, über eine Dreigang-Fußschaltung und ab 1950 über eine Teleskopgabel.
Auch Tornax bot hierzu unter der Bezeichnung K 125 S eine Sportversion mit dem leistungsstarken Zweivergasermotor von Ilo an. Viel Chrom, hochgezogene Auspuffrohre und eine helle Lackierung kennzeichneten diese Variante.

> **Die Tornax K 125 S mit dem Zweivergaser-Sportmotor von Ilo.**

Tornax B 12	1948–1949	
1-Zyl.-2-Takt	118 cm³	3,8 PS / 4000 U/min
Tornax K 125	**1948–1950**	
1-Zyl.-2-Takt	123 cm³	5 PS / 4800 U/min
Tornax K 125 S	**1949–1950**	
1-Zyl.-2-Takt	123 cm³	7,5 PS / 6500 U/min

Torpedo

Beinahe ebenso alt wie die Adler-Werke war die 1896 gegründete Torpedo Werke AG, die gleichfalls in Frankfurt am Main mit Fahrrädern und Schreibmaschinen eine ähnliche Produktpalette anbot wie Adler. Und wie viele andere Fahrradhersteller auch, begann Torpedo zu Beginn der 1930er Jahre damit, kleine Einbaumotoren in verbesserte Fahrradrahmen zu setzen. Mit dem 98er Sachs-Motor entstanden bis 1940 Motorfahrräder in Damen-, Herren- und Sportausführung.
Während des Zweiten Weltkrieges wurden die Torpedo-Werke derart zerstört, dass dort an eine Wiederaufnahme der Produktion nicht zu denken war. Dennoch fing man 1949 wieder mit dem Bau von Mofas an, zunächst in den Geier-Werken in Lengerich und ab 1951 in einem neu errichteten Betrieb im unterfränkischen Alzenau.
Das in der Herrenausführung gebaute Fahrzeug hatte bis 1940 die Typenbezeichnung 63. Als Typ 63 erschien es nun auch 1949 wieder, allerdings mit einem neuen, geschlossenen Stahlrohrrahmen, einem neu gestalteten Tank und diversen anderen, kleineren Änderungen. Zunächst wahlweise mit Sachs- oder Ilo-Motor lieferbar, gab es das Torpedo-Mofa zuletzt nur noch mit dem 98er-Sachs-Triebwerk. Um

1949/50 herum konnte auch die Kickstarterversion 63 K, ebenfalls mit den zwei Motorvarianten, bestellt werden. Bei den zuletzt ausgelieferten Modellen gehörte dann eine Telegabel zur Standardausrüstung.

> Wie in diesem Fall bei der Torpedo 63 K, stand das K in der Regel für mit Kickstarter und Fußrasten umfunktionierte Motorfahrräder.

Torpedo 63 K (Sachs)	1949–1950	
1-Zyl.-2-Takt	98 cm³	2,5/3 PS / 3500/4000 U/min
Torpedo 63 K (Ilo)	**1949–1950**	
1-Zyl.-2-Takt	98 cm³	2,8 PS / 4000 U/min

Triumph

Wer sich ausschließlich mit den heutigen Motorrädern befasst, wird erstaunt sein, dass es in Deutschland früher auch mal Maschinen der Marke Triumph gegeben hat und dass der Schriftzug mit dem der englischen Triumph-Marke fast identisch ist. Der Nürnberger Siegfried Bettmann hatte 1889 in Coventry mit dem Bau von Fahrrädern begonnen, die er unter dem Markennamen »Triumph« verkaufte. Aufgrund der großen Nachfrage, gerade auch in Deutschland, gründete er 1896 als Zweigwerk die Deutsche Triumph-Fahrradwerke AG in Nürnberg. Ab 1903 wurden hier die ersten Motorräder gebaut.

Auch bei Triumph in Nürnberg galt es nach dem Zweiten Weltkrieg erst einmal Trümmer zu beseitigen und sich mit diversen Ersatzprodukten wie Operationstischen, Zigarettenmaschinen, Krankenfahrstühlen und Stationärmotoren über Wasser zu halten. Aber bereits 1946 schickten sich Ingenieure an, erste Konstruktionen für die Nachkriegszeit zu entwerfen.

Zunächst überbrückten die Nürnberger die Zeit mit der 125 B Drehschieber, die schon 1939 erschienen war und jetzt, 1948, als erste Nachkriegsmaschine auf den Markt kam. Die Maschine mit dem 122-cm³-Blockmotor, dessen Einlasssteuerung über einen Kurbelwellen-Drehschieber erfolgte, wurde nahezu identisch übernommen. Das bedeutete Doppelport-Auspuffanlage, Starrrahmen und Parallelogramm-Federgabel.

Die BDG 250 war die erste Triumph-Neukonstruktion nach dem Krieg und blieb mit ihrem Doppelkolben-Zweitaktmotor ein Novum im deutschen Motorradbau der Nachkriegszeit. 1949 wurde sie noch mit Starrrahmen und Trapezgabel ausgeliefert. Eine Triumph-eigene Telegabel folgte jedoch bald.

> Der Zweitaktmotor der Triumph 125 B besaß noch einen Drehschieber-Einlass. Die Maschine kostete 895 Mark.

> Eine Zeitschriftenwerbung für das Triumph-Programm von 1950 zeigt die Doppelkolben-250er BDG 250.

Triumph 125 B	1948–1949	
1-Zyl.-2-Takt	122 cm³	5 PS / 4600 U/min
Triumph BDG 250	**1949–1952**	
1-Zyl.-2-Takt	2 × 45/78 cm³	11 PS / 3800 U/min

UT

Die 1922 ursprünglich im heutigen Stuttgarter Stadtteil Untertürkheim (UT) gegründete Firma gelangte auf Umwegen in die Hände von Hugo Schwenk und Johann Schnürle, die das kleine Unternehmen Mitte der 1930er Jahre in einem anderen Teil der Stadt unterbrachten, und zwar in Möhringen. 1948 begannen zunächst kaum ein Dutzend Mitarbeiter bei UT wieder Motorräder zu bauen. Darunter allerdings keine großen Viertakter mehr, wie es sie – neben kleineren Zweitaktern – vor dem Krieg gegeben hatte, sondern ausschließlich Motorräder mit Zweitaktmotoren, vornehmlich der Marke Ilo.

Den Anfang machte die K 125, ein Vorkriegsmodell mit geschlossenem Doppelrohrrahmen und angeschraubtem, federlosem Heck. Die Trapezgabel war ebenso noch ein Tribut an frühere Zeiten wie die schwarzen Fischschwanzenden der Auspuffrohre oder die runde Werkzeugtrommel über der Batterie.

> Auf dem ersten Prospekt für die UT K 125 wurde noch das Vorkriegsmodell mit dem Nummernschild auf dem vorderen Schutzblech abgebildet.

UT K 125	1949–1950	
1-Zyl.-2-Takt	123 cm³	5 PS / 4800 U/min

Victoria

1886, dem Jahr der Gründung der Nürnberger Victoria Fahrradwerke, produzierten 100 Arbeiter 280 Fahrräder! Neun Jahre später waren es schon 11.300 Stück und noch vor der Jahrhundertwende begann die »Victoria Werke AG« über motorisierte Fahrräder nachzudenken. Ein erstes Motorrad stellten die Nürnberger dann 1901 vor und gehören somit zu den echten Pionieren des Motorradbaus. Richtig berühmt wurden die Victoria-Motorräder um 1920 herum, als die KR-Reihe, die anfangs von Münchener BMW-Boxer-Motoren angetrieben wurde, für Furore sorgte. 1939 wartete Victoria mit einer breiten Palette, von der 60-cm³-Saxonette bis zum 350-cm³-Viertakter, auf.

Den Krieg überstanden die Victoria-Werke nur mit erheblichen Schäden. Es hieß, 80 % der Werkanlagen im Stammwerk in der Ludwig-Feuerbach-Straße wären zerstört worden; das neue Werk in der Nopitschstraße, der Bau war schon vor dem Krieg begonnen worden, konnte erst 1953 bezogen werden.

Kaum dass überhaupt wieder etwas produziert werden konnte, erhielt Victoria von den amerikanischen Besatzern schon 1946 die Erlaubnis, aus Restbeständen Motorräder des Typs KR 35 SN aufzubauen. Diese letzte Viertaktmaschine der Vorkriegszeit, deren ohv-Motor – eine Gemeinschaftsentwicklung der Columbus-Werke und der Victoria-Werke AG – bald die Horex Regina antrieb, konnte, wie damals üblich, nur über einen Bezugsschein z. B. an Behörden oder Gewerbetreibende abgegeben werden. 500 dieser Zweiräder sollen noch einmal entstanden sein.

> Ein zeitgenössischer Umbau einer Victoria KR 35 SN mit Telegabel und Jurisch-Hinterradfederung.

Nach dem Fahrrad-Hilfsmotor FM 38, der die erste echte Nachkriegsentwicklung bei Victoria war, kehrte als erstes Motorrad für eine größere Serienproduktion die schon zuvor bis 1940 gebaute KR 25 Aero ins Verkaufsprogramm zurück. Zunächst ab 1949 noch mit der alten Trapezgabel ausgerüstet, konnte im Laufe des Jahres 1950 eine Telegabel und auf Wunsch auch eine Jurisch-Hinterradfederung geliefert werden. Der Zweitaktmotor mit der seltenen Muldenspülung leistete nur 8 PS.

Victoria KR 35 SN	1945–1949	
1-Zyl.-4-Takt	342 cm³ ohv	18 PS / 5000 U/min
Victoria KR 25 Aero	**1949–1951**	
1-Zyl.-2-Takt	247 cm³	8 PS / 4800 U/min

> 17.053 Exemplare entstanden von der Victoria KR 25 Aero. Die Maschine kostete 1.425 Mark.

> Nach 1945 entstanden im Auftrag der alliierten Besatzer noch einmal rund 500 Militärgespanne Zündapp KS 750.

Zündapp

Mit dem Namen Zündapp verband sich in den mittleren Jahrzehnten des 20. Jahrhunderts das deutsche Motorrad schlechthin. Wo immer in der Welt man über deutsche Motorräder sprach, sprach man auch gleichzeitig über Zündapp. In der Motorradhochburg Nürnberg, wo Zündapp bald vor Triumph und Victoria rangierte, war aus der »Zünder- und Apparatebaugesellschaft m.b.H.« 1919 die Firma »ZÜNDAPP-Gesellschaft für den Bau von Spezialmaschinen m.b.H.« hervorgegangen, die im Oktober 1921 ihr erstes Motorrad vorstellte. Firmengründer Fritz Neumeyer baute das Werk zügig zu einer modernen Motorradfabrik nach amerikanischem Vorbild auf.

Mitte April 1945 legten Bombenangriffe und Bodenkämpfe um Nürnberg die Zündapp-Betriebsstätten mit dem Hauptwerk in der Dieselstraße in Schutt und Asche. Das Übriggebliebene drohte den Amerikanern als Reparationsgut zuzufallen, was aber glücklicherweise abgewendet werden konnte. Da an die Aufnahme der Motorradfertigung vorerst nicht zu denken war, begann bei Zündapp die Zeit der Nähmaschinen. Und dies so erfolgreich, dass nach Wiederbeginn des Motorradbaus im September 1950 in München ein Zweigwerk, zunächst speziell für die Nähmaschinenproduktion, in Betrieb genommen wurde.

Am 12. August 1947 war dank einer Sondererlaubnis der amerikanischen Besatzungsmacht das erste Motorrad der Nachkriegszeit bei Zündapp fertig gestellt worden. Bei der Derby DB 200 handelte es sich allerdings um ein Vorkriegsmodell mit 197-cm³-Zweitaktmotor, Pressstahl-Trapezgabel und starrem Hinterbau. Das tat ihrer Beliebtheit aber überhaupt keinen Abbruch. Die DB 200 erhielt den Beinamen »Bauernmotorrad« und das durchaus in positivem Sinne, sprach dies doch für ihre Robustheit und ihre Zuverlässigkeit.

Ebenfalls noch ab 1947 entstanden – weitestgehend aus Restbeständen und in direktem Auftrag für die Alliierten – rund 500 »überschwere« Militärgespanne KS 750 mit Steib-Seitenwagen BW 40. Die KS 750 mit 751-cm³-Boxer-ohv-Motor war eine Entwicklung für die Wehrmacht und von 1940 bis 1944 auch ausschließlich für den Kriegseinsatz gebaut worden. 1948/49 dachte man bei Zündapp auch daran, die Maschine für zivile Zwecke – und speziell für den Export – weiterzubauen, entschied sich da aber dann doch für die KS 600. Genauer gesagt KS 600 »Kardan-Sport«, wie die von 1938 bis 1941 gebaute Maschine zu dieser Zeit vollständig genannt wurde.

Da die Nachfolgerin KS 601 noch etwas auf sich warten ließ, legte Zündapp auch diese Maschine 1949/50 noch einmal auf. 2550 frische DM waren damals für die meisten Deutschen ein wahres Vermögen, für das es 145 km/h Höchstgeschwindigkeit und 28 PS gab. Die Trapezfedergabel war noch ebenso obligatorisch wie eine fehlende Hinterradfederung.

Zündapp Derby DB 200	1947–1951	
1-Zyl.-2-Takt	198 cm³	7 PS / 4000 U/min
Zündapp KS 750	**1940–1948**	
2-Zyl.-4-Takt-Boxer	751 cm³ ohv	26 PS / 4000 U/min
Zündapp KS 600	**1949–1950**	
2-Zyl.-4-Takt-Boxer	597 cm³ ohv	28 PS / 4700 U/min

Foto: Martin Schramm
© martinschramm.blogspot.com

> Die Zündapp Derby DB 200 begründete den Begriff des »Bauernmotorrades«. Nach der Währungsreform 1948 kostete die Maschine 1.195 Mark.

Foto: Investment Bikes

> Auch das Vorkriegsmodell Zündapp KS 600 wurde 1949/50 noch einmal neu aufgelegt.

Die Boomjahre
1951–1953 Teil 1

1952 erreichte der Motorradausstoß in Deutschland rund 350.000 Exemplare und damit den Höhepunkt in der deutschen Motorradgeschichte überhaupt. Konstruktiv erklommen viele Hersteller 1953 den Gipfel, was anhand der auf der IFMA (Internationale Fahrrad- und Motorradausstellung) in Frankfurt/Main vorgestellten zahlreichen neuen Modelle deutlich wurde. Viele dieser Maschinen konnten aber gar nicht mehr in eine Serienproduktion überführt werden; die dramatisch abstürzenden Verkaufszahlen des Jahres 1954 machten viele Träume zunichte und bedeuteten für einige Marken schon das frühe Aus.

Wie sahen nun diese Motorräder aus, die es bis zum Ende der 1950er Jahre auf rund 500 verschiedene Modelle brachten? Viele Hersteller nahmen ihre Motorfahrräder (Mofas) rasch wieder aus dem Programm, andere boten sie noch bis 1956 an. Den kleinen Motorradklassen in Rahmen und Fahrwerk immer ähnlicher, hatten sie ihre Existenzberechtigung eigentlich schnell verloren und die immer stärker aufkommenden 50-cm³-Mopeds ersetzten die Mofas schließlich vollends. Hatten die kleinen 98-cm³-Motoren dieser Maschinen einen Kickstarter anstelle des Pedaltriebs, stiegen sie in die »Motorradklasse« auf.

Bis auf Riedel (Imme) und NSU (Fox), die eigene Triebwerke verwendeten, kamen die Motoren von Fichtel & Sachs aus Schweinfurt oder Ilo aus Pinneberg. Beide Hersteller brachten in schneller Folge immer neue Zweitaktmotoren heraus, die es den Konfektionären ermöglichten, mit 100, 120, 125, 150, 175, 200 und 250 cm³ Motorräder in sieben Hubraumklassen herauszubringen. Ein Irrsinn, der nicht zuletzt zum Niedergang vieler Firmen führte. Während Ilo sehr schnell den kaum noch gefragten 118-cm³-Motor aus dem Programm nahm und bei den 98ern bald den Schweinfurtern das Feld überließ, dominierten die Pinneberger die 125er und anfangs auch die 175er Klasse.

Ab 1952 bot Ilo auch Einzylinder-Zweitaktmotoren mit 200 und 250 cm³ Hubraum an. In der größeren Hubraumklasse gab es schließlich auch ein Zweizylinder-Triebwerk. Fichtel & Sachs konzentrierte sich auf die Klassen 100, 150 und 175 cm³. Die Motorradhersteller mit eigenen Zweitakt-Triebwerken besetzten aus gutem Grunde nicht alle diese Klassen, waren jedoch aus Konkurrenzgründen gezwungen, ebenfalls ein breites Angebot bereitzuhalten. Außerhalb dieser Konkurrenz produzierten die wenigen Hersteller von Viertaktmotoren ihre Triebwerke. Dabei setzte NSU mit dem 100er Motor der Fox genauso Maßstäbe wie mit dem 250-cm³-Max-Motor. Eher simpel blieb der 350-cm³-ohv-Single der Horex Regina, die dennoch schon zu Lebzeiten zur Legende wurde. Und die Fahrwerke? Rohrrahmen, einfach oder doppelt, offen oder geschlossen waren die Regel, der Pressstahlrahmen von NSU die Aus-

> Zu Beginn der 1950er Jahre konnten deutsche Motorradhersteller noch stolz mit ihren Produktionszahlen werben.

nahme. Fast alle motorisierten Zweiräder führten bis 1950 ihre Vorderräder an Trapezgabeln (auch Parallelogramm-Gabeln genannt), ehe selbst an manchen Mofas die Telegabel Einzug hielt. Adler und NSU schworen da auf kurze Vorderradschwingen. Hinten gab es bis 125 cm³ meist gar keine Federung, darüber hinaus waren Geradweg-Teleskopfedern an der Tagesordnung (von einigen individuellen Schwingenkonstruktionen abgesehen), die von Hinterradschwingen, auf Federbeinen abgestützt, abgelöst wurden. Mit der S 250, auch »Schwarze Josefine« genannt, stellte Tornax auf der IFMA 1953 die erste große (250-cm³-Twin) Maschine mit Vollschwingenfahrwerk und 16-Zoll-Rädern statt der allgemein gebräuchlichen Neunzehnzöller vor. Das Maß fast aller Dinge für die Konkurrenz!

Adler

Auf der Basis der M 100 folgte 1951 die M 125. Hier waren Rahmen, Vordergabel und Kupplung verstärkt und die Bohrung des Zylinders erweitert worden. Außerdem bremsten Vollnabenbremsen die 88 km/h schnelle Maschine ab. Mit der 1955 vorgenommenen optischen Anpassung waren die beiden kleinen Motorräder kaum noch voneinander zu unterscheiden. Ein Batteriekasten blieb der größeren Schwester vorbehalten, die serienmäßigen Chromfelgen wurden aus Kostengründen abgeschafft. Richtig Fuß fassen konnte diese auf dem Markt trotzdem nicht.

Foto: Adler Motor Veteranen Club e.V.

> Die Adler M 125 mit dem etwas eigenwillig gestalteten Motor-Getriebeblock.

Zwar nach den gleichen Konstruktionsprinzipien wie die beiden kleineren Modelle gebaut, war die ebenfalls 1951 erschienene M 150 doch von einem anderen Kaliber. Zusammen mit der M 200 war die 150er, im Baukastenprinzip entstanden, eine komplette Neuentwicklung. 150 mm große Trommelbremsen, einstellbare Hinterradfederung, geschlossener Kettenkasten, tief heruntergezogene Kotflügel, Vierganggetriebe mit Fußschaltung und 16-Zoll-Räder waren zu dieser Zeit längst nicht Standard im deutschen Motorradbau; vor allem nicht in dieser Klasse. Und zusammen mit dem schönen, glattflächigen Motor sah das Ganze zudem sehr harmonisch und erwachsen aus. 1953, im Jahr ihrer Produktionseinstellung, bekam die 150er, wie die anderen Adler-Motorräder auch, ein Metallband mit dem Typen-Schriftzug rechts und links an den vorderen Tankspiegeln.

Foto: Michael Liebig, Adler Motor Veteranen Club e.V.

> Mit der M 150 begann Adler die Motorräder nach dem Baukastenprinzip zu fertigen.

> An die Adler M 200 einen Seitenwagen zu hängen, war zu Beginn der 1950er Jahre nicht ungewöhnlich. Aufkommende Kleinstwagen waren oft nicht besser motorisiert.

Foto: Markus Nikot © www.nikot.de, Fahrzeug: Michael Liebig

> Eine klassische Seitenwagenmaschine war dagegen die Adler M 250.

Die M 200 war bis auf den Motor identisch mit der M 150. Dieser war als Zweizylinder-Zweitakter konzipiert, hatte aber dennoch viele Bauteile mit dem 150er Einzylinder, wie z. B. auch das Getriebe, gemein. Die Auspuffendrohre beider Maschinen waren übrigens während der Versuchsphase in Fischschwanz-, in der Serie dann in Glockenform ausgeführt. Die 200er wurde nach der M 100 zum meistverkauften Adler-Motorrad.

An diese Verkaufszahlen kam die M 250, die 1952 die Motorradwelt erblickte, nicht ganz heran. Das ursprünglich gar nicht geplante 250er Modell bekam ebenfalls einen Zweizylinder-Zweitakter (dem 200er sehr ähnlich) und avancierte gleich nach seinem Erscheinen 1952 mit 16 PS und 116 km/h zu einem der stärksten Motorräder dieser Klasse. Und zu einer beliebten Seitenwagen-Maschine, die vor allem zusammen mit dem Steib LS 200 oft anzutreffen war. Allerdings war bei der großen Adler auch nicht immer nur eitel Sonnenschein angesagt. Mit ihrem Spritverbrauch zählte sie leider zu den Führenden im negativem Sinne in dieser Klasse.

Das galt auch für die M 250 S, die nur in einer Kleinserie produziert wurde. Der Ableger der M 250 mit den markant hochgezogenen Auspuffrohren entstand nur in wenigen Exemplaren, die weniger für die Straße, sondern mehr für echte Geländeprüfungen bis hin zu den Sechs-Tage-Fahrten, bei denen Adler zu Beginn der 1950er Jahre recht erfolgreich mitfuhr, gedacht waren. Dafür waren unter anderem der Motor in seiner Leistung gesteigert, die Vorderradfederung verändert und die Schutzbleche gekürzt worden. Außerdem gab es diverse Sonderausstattungen, die die Maschine wettbewerbstauglich machten.

> **Der hochgezogene Auspuff kennzeichnete unter anderem die Adler M 250 S.**

Adler M 125	**1951–1955**	
1-Zyl.-2-Takt	123 cm³	5,6 PS / 5100 U/min
Adler M 150	**1951–1953**	
1-Zyl.-2-Takt	147 cm³	6,8 PS / 5100 U/min
Adler M 200	**1951–1953**	
2-Zyl.-2-Takt	195 cm³	9,3 PS / 9500 U/min
Adler M 250	**1952–1954**	
2-Zyl.-2-Takt	247 cm³	16 PS / 5600 U/min
Adler M 250 S	**1952–1954**	
2-Zyl.-2-Takt	247 cm³	18 PS / 6200 U/min

Anker

Da der neue Sachs-Motor F 50 gleichfalls mit Kickstarter geliefert werden konnte, bot PAMAG die 98 ab 1950 auch in dieser Version als Anker 662a mit 130-mm-Scheinwerfer und eingebautem Tacho an. Hier wurde zunächst ebenfalls noch die Trapezgabel verwendet, die aber schon bald nach Produktionsanlauf der Telegabel weichen musste. Eine Hinterradfederung gab es nicht.

> **Die kleine Anker Typ 662a wurde auch als AS 98 (Anker-Sachs 98 cm³) angeboten.**

Als klassischer Konfektionär konnte Anker auch leicht die nächst höheren Klassen bedienen. Bei Sachs holten sich die Techniker den 147-cm³-Zweitakter, der in ein stabiles Fahrgestell (geschweißter Doppelrohrrahmen) mit Telegabel und später Geradweg-Hinterradfederung gesetzt wurde. Fertig war 1951 die Anker 665. Von Anfang an mit einer Federung am Hinterrad war die ein Jahr später erscheinende Anker 666 versehen. Hier leistete der 174-cm³-Ilo-Motor 9,5 PS, die für eine Spitzengeschwindigkeit von 90 km/h ausreichten. Im zweiten

> **Folglich erhielt die 150er Anker 665 später die Bezeichnung AS 150.**

(und letzten) Produktionsjahr erhielt die 175er einen geschlossenen Kettenkasten und einen Schwingsattel mit so genannter Progressiv-Federung.

Ebenfalls von Ilo kam dann noch ein 198er Zweitakter, der in den letzten Produktionsmonaten von Anker/PAMAG ein Motorrad mit der Typenbezeichnung AI 200 antrieb. Eine sehr schöne Maschine, die sich einige Dutzend Mal verkaufen ließ und die PAMAG eher noch weiter in die roten Zahlen trieb (1669 Motorräder der Typen 665 und 666 für das Produktionsjahr 1952 waren als Erfolg gewertet worden!). Der Aufsichtsrat zog die Reißleine und noch 1953 wurde die PAMAG aufgelöst und die Zweirad-Fertigung an die Panther-Werke AG in Braunschweig abgegeben.

> Nur 1953 wurden einige Anker-Modelle vom Typ AI 200 (Anker-Ilo) verkauft, die dann auch auf dem letzten Anker-Prospekt abgebildet war.

> Eine Zeitschriftenwerbung preist die Anker 666 (AS 175) an.

Anker 662a (AS 98)	1950–1953	
1-Zyl.-2-Takt	98 cm³	3 PS / 4000 U/min
Anker 665 (AS 150)	**1951–1953**	
1-Zyl.-2-Takt	147 cm³	6,5 PS / 4500 U/min
Anker 666 (AS 175)	**1952–1953**	
1-Zyl.-2-Takt	174 cm³	9,5 PS / 5250 U/min
Anker AI 200	**1953**	
1-Zyl.-2-Takt	198 cm³	11 PS / 5000 U/min

Ardie

Schon 1950 folgte auf die NE 125 die B 125 als Nachfolgerin mit Telegabel der Firma Kronprinz (vorher Trapezgabel in Blechpräge-Ausführung), doppeltem Rahmenunterzug und ein wenig leistungsgesteigertem Motor. Die neue 125er trat in die Fußstapfen der alten und bescherte Ardie gute Verkaufszahlen, was die Verantwortlichen aber nicht hinderte, die kleine Ardie schon 1951 ersatzlos aus dem Programm zu nehmen und auf die größeren Hubraumklassen zu setzen.

> Beim Wechsel von der Ardie NE 125 auf die B 125 blieb der Motor nahezu unverändert, leistete lediglich 0,4 PS mehr.

> **Die Ardie B 251 war schließlich die meistverkaufte Maschine der Nürnberger Firma.**

1950 wurde Ardie übrigens aus der Treuhänderschaft entlassen und ging in den Besitz der Familie Barthel über. Georg Barthel, Direktor der Dürkopp-Werke in Bielefeld, wurde zum Aufsichtsratsvorsitzenden ernannt. Auf der IFMA im Herbst 1951 stellte Ardie eine verbesserte 250er mit Jurisch-Geradweg-Hinterradfederung und hydraulisch gedämpfter Vordergabel vor. Die nun B 251 genannte Maschine ersetzte 1952 die B 250 und wurde zum meistverkauften Ardie-Motorrad nach dem Krieg. Anteil daran hatte allerdings der gerade gegründete Bundesgrenzschutz, der allein rund 6500 Maschinen dieses Typs orderte. Eine dezent grüne Lackierung, Lederpacktaschen und der serienmäßige Soziussitz unterschieden diese Behörden-Ausführung von den Standard-Maschinen. Und wenngleich Ardie nach dem Krieg keine eigenen Seitenwagen mehr herstellte, war die 250er doch auch ein beliebtes Beiwagenmotorrad. Um auf dem neu entstandenen Markt der 175er Zweitakter mitmischen zu können, bedienten sich die Ardie-Techniker einer Entwicklung aus der zur Familie gehörenden Firma Dürkopp. Deren MD 150 wurde von einem 148 cm³ großen Motor mit sogenannter Quellstromspülung (ähnlich der Schnürle-Umkehrspülung) angetrieben, den man bei Ardie durch Veränderung des Hubes auf 172 cm³ vergrößerte. 9 PS leistete der Motor jetzt, der in ein kaum verändertes Dürkopp-Fahrwerk mit Telegabel und Geradweg-Hinterradfederung eingesetzt wurde. Als Ardie BD 175 stand das »neue« Motorrad ab 1952 bei den Händlern. Im letzten Produktionsjahr konnte diese Maschine mit hochgezogenen Auspuffrohren auch als Ardie BD 175 Sport geordert werden.

> **Mit der BD 175 stieg Ardie 1952 in das Geschäft mit den 175er Zweitaktern ein.**

Ardie B 125	**1950–1951**	
1-Zyl.-2-Takt	122 cm³	5,4 PS / 5200 U/min
Ardie B 251	**1951–1952**	
1-Zyl.-2-Takt	246 cm³	10,5 PS / 5000 U/min
Ardie BD 175	**1952–1954**	
1-Zyl.-2-Takt	172,5 cm³	9 PS / 5600 U/min
Ardie BD 175 Sport	**1953–1954**	
1-Zyl.-2-Takt	172,5 cm³	9 PS / 5600 U/min

AWD

Mit Telegabel und Jurisch-Hinterradfederung entstand bei Wurring ab 1951 eine 175er, die ebenfalls mit Ilo-Motor und anfangs mit Dreigang-, nach 17 Fahrzeugen mit Viergang-Getriebe geliefert wurde. Da ab 1953 Motoren von Fichtel & Sachs die 175er antrieben, unterteilten sich die Typenbezeichnungen dann in 175-1 und 175-2. Dies war bei der 1953 in nur wenigen Exemplaren gefertigten SZ 150 mit Sachs-Motor nicht notwendig. August Wurring folgte dem unsinnigen Trend, Zweitakt-Motorräder zwischen 100 und 250 cm³ in sechs Hubraumgrößen zu bauen; er fertigte aber immer nur auf Bestellung. So gab es von 1953 bis 1955 einige 200er mit Ilo-Motor und ab 1953 die hubraumstärksten Wurring-Motorräder mit 250 cm³, ebenfalls mit Ilo-Motor.

> Nur wenige Exemplare entstanden von der AWD SZ 200 mit Ilo-Motor.

> Die 175er von AWD mit dem Motor von Fichtel & Sachs erhielt nachträglich die Bezeichnung SZ 175-2.

> Die erste 250er von AWD war noch mit dem Einzylinder-Ilo-Motor bestückt. Man beachte die sehr schräg gestellte Telegabel.

AWD SZ 150	1953	
1-Zyl.-2-Takt	146 cm³	6,5 PS / 4700 U/min
AWD SZ 175-1	**1951–1953**	
1-Zyl.-2-Takt	173 cm³	8,2 PS / 5000 U/min
AWD SZ 175-2	**1953–1954**	
1-Zyl.-2-Takt	174 cm³	9,5 PS / 5250 U/min
AWD SZ 200	**1953–1955**	
1-Zyl.-2-Takt	197 cm³	11 PS / 5000 U/min
AWD SZ 250	**1953–1954**	
1-Zyl.-2-Takt	247 cm³	12,8 PS / 4750 U/min

Bastert

Bei den meisten Motorrädern dieser Jahre – so auch bei den Bastert-Modellen – war die Standardlackierung schwarz; gegen Aufpreis konnten Sonderfarben geordert werden, die beim Luxusmodell genauso obligatorisch waren wie verchromte Tankspiegel und Felgen. Das galt auch für die Ende 1950 erschienene B/SM 51, die mit dem nagelneuen Sachs-Motor mit 147 cm³ Hubraum bestückt war und für die Bastert eine neue Rahmenkonstruktion einsetzte, die dann auch der B/MG 175 F, jetzt wieder mit Ilo-Motor, zugute kam. Beide Maschinen, die 150er und die 175er Bastert, unterschieden sich lediglich im Motor und den entsprechenden Fahrleistungen. Beide wurden anfangs ohne Hinterrad-Federung gebaut, erhielten aber 1951 die Jurisch-Hirafe.

Bastert B/SM 51	1950–1955	
1-Zyl.-2-Takt	147 cm³	6,5 PS / 5000 U/min
Bastert B/MG 175 F	**1950–1955**	
1-Zyl.-2-Takt	174 cm³	9,5 PS / 5500 U/min

> Die 175er Bastert B/MG 175 F musste anfangs, wie auch die 150er, ohne Hinterradfederung auskommen.

> Wie viele deutsche Konfektionsmotorräder wurde auch die Bastert B/SM 51 ab 1951 mit einer Jurisch-Hinterradfederung ausgeliefert.

Bauer

Der traditionsreiche und besonders im Sportbereich hoch angesehene Fahrrad-Hersteller Bauer in Klein-Auheim nahm 1948 auch die Fertigung von Motorfahrrädern, in die man in den 1930er Jahren eingestiegen war, wieder auf. Bauer gehörte zu den ersten Herstellern, die mit Telegabeln eigener Fertigung auf dem Markt waren. Für die ab 1950 lieferbare B 100, die ein wenig besser ausgestattet als die bisherigen Mofas und mit einem am neuen Tank angesetzten Fahrersattel (Pagusa-Schwingsattel) versehen war, konnte der gleiche Sachs-Motor mit Pedalen oder Kickstarter geliefert werden; wobei sich das Leichtmotorrad gegenüber dem Mofa klar durchsetzte.
Schon richtig nach Motorrad sah die im gleichen Jahr erscheinende 125er mit Ilo-Motor, Doppelport-Auspuff und hinterem Schwingrahmen aus. Letzterer war 1951 auch bei der 150er mit dem Sachs-Motor obligatorisch, wurde aber bald durch einen geänderten Rahmen mit einer Geradweg-Teleskopfederung ersetzt.
Gleiches galt für die parallel mit der 150er erschienenen 175er, die für die Saison 1954 mit einem völlig neuen Vollschwingen-Fahrwerk und Doppelrohrrahmen die Bauer-Motorrad-Zukunft sichern sollte, genauso wie die B 250 mit selbst entwickeltem Viertakt-Motor. Dieser sah sehr gut aus, hatte eine durchdachte Ventilsteuerung, bereitete aber dennoch große Probleme, welche die Bauer-Werke so viel Geld kosteten, dass diese sich, die schwarzen Wolken am Motorrad-Konjunkturhimmel vor Augen, entschlossen, die Motorrad-Fertigung aufzugeben und sich auf den Fahrrad- und Moped-Markt zu konzentrieren.

Foto: Sheldons Emu

> Die Bauer B 150 in der ursprünglichen Ausführung von 1951 mit Schwingrahmen am Heck.

> Die Entwicklung eines eigenen Viertaktmotors für die Bauer B 250 brachte die Firma an den Rand des Ruins.

> Der hintere Schwingrahmen hob die Bauer B 125 aus der Masse der zu dieser Zeit angebotenen 125er mit Ilo-Motor heraus.

Bauer B 100	1950–1953	
1-Zyl.-2-Takt	98 cm³	2,75 PS / 4000 U/min
Bauer B 125	**1950–1952**	
1-Zyl.-2-Takt	123 cm³	5,5 PS / 5500 U/min
Bauer B 150	**1951–1954**	
1-Zyl.-2-Takt	147 cm³	6,5 PS / 4750 U/min
Bauer B 175	**1951–1954**	
1-Zyl.-2-Takt	174 cm³	7,5 PS / 5000 U/min
Bauer B 250	**1953**	
1-Zyl.-4-Takt	247 cm³ ohv	18,3 PS / 6000 U/min

> Für das Modelljahr 1954 wurden die Bauer-Maschinen auf ein Vollschwingen-Fahrwerk umgerüstet. Im Bild das Modell B 175.

> Die Bismarck LM 125 K in der Sportausführung mit dem 7,5 PS leistenden Ilo-Zweivergaser-Motor.

Bismarck

Die LM 125 K wurde um 1950/51 herum so etwas wie der Bestseller bei Bismarck; mit 657 gelieferten Maschinen im Jahre 1951! Darunter auch ein sehr geringer Anteil an Maschinen mit dem Zweivergaser-Sportmotor von Ilo. Das Besondere an den kleinen Maschinen war der ab 1950 eingesetzte neukonstruierte Rahmen, der hinten als Schwingpendelrahmen mit sehr breiter Lagerung ausgebildet war. Von der Teleskopgabel über den Sattel bis zur Rahmenschwinge waren alle Federelemente aus Gummi.

Dem zurückgehenden Absatz der 125er begegnete auch Bismarck mit einer 150er mit Fichtel & Sachs-Motor und einer 175er mit dem bekannten Ilo-Motor. Die M 150 K und die M 175 K erschienen beide noch 1951 und hatten wiederum einen neuen Rahmen, jetzt mit Geradweg-Hinterradfederung. 1952 konnten 840 dieser neuen Maschinen ausgeliefert werden, was für den kleinen Hersteller Bismarck durchaus ein Erfolg war. Danach ging es aber bald abwärts und die Rheinländer mussten 1956 die Motorrad-Produktion einstellen. Ein Jahr später wurde das Konkursverfahren eröffnet, mit der Folge, dass die Bismarck-Werke dann versteigert wurden.

Bismarck LM 125 K	**1950–1953**	
1-Zyl.-2-Takt	123 cm³	6 PS / 5500 U/min
Bismarck M 150 K	**1952–1956**	
1-Zyl.-2-Takt	147 cm³	6,5 PS / 4750 U/min
Bismarck M 175 K	**1952–1954**	
1-Zyl.-2-Takt	174 cm³	8,2 PS / 5000 U/min

> Die Bismarck M 150 K mit Sachsmotor und Geradweg-Hinterradfederung kostete 1.390 Mark.

> Den Endpunkt der Motorradfertigung bei Bismarck setzte das Modell M 175 K für 1.430 Mark.

BMW

Neben einigen kleineren Änderungen an Motor, Rahmen und Schutzblechen war es vor allem die Geradweg-Hinterradfederung, die das Nachfolgemodell R 25 ab 1950 vom Vorgängermodell R 24 unterschied. Schon im Jahr darauf folgte die R 25/2, äußerlich nur an einem nicht ganz so wuchtigen vorderen Kotflügel erkennbar. Geändert hatten sich ansonsten nur die Ventile und ihre Kipphebelgeometrie.
Da bis Mitte 1949 das alliierte Hubraumlimit von 250 cm³ für deutsche Motorräder bestand, konnte BMW erst danach an die Neuauflage des letzten, bis 1940 gebauten 500-cm³-Boxermotorrades R 51 gehen. Als R 51/2 buhlte die Maschine mit geringen Änderungen am Rahmen, einem neuen Vorderrad-Schutzblech, einer hydraulisch gedämpften Telegabel und überarbeiteten Zylindern und Zylinderköpfen um die Gunst der Käufer, die sich besonders im Ausland schnell fanden.
Schon im Frühjahr 1951 konnte mit der R 51/3 eine motorseitig komplett neukonstruierte 500er vorgestellt werden. Das Fahrwerk war mit dem der Vorgängerin nahezu identisch; ab 1952 gab es Duplex-Bremsen am Vorderrad und für das letzte Baujahr führte BMW Vollnaben-Bremsen ein – einhergehend mit einem runden Auspuffende anstelle des Fischschwanzes. Der Motor verfügte über eine Nockenwelle mit Stirnradantrieb und einteilige Ventildeckel. Die Leistungsdaten blieben gegenüber der R 51/2 unverändert.

> Ein geschwungener vorderer Kotflügel, ein neuer Schwingsattel und vor allem die Geradweg-Teleskop-Hinterradfederung waren äußere Merkmale der R 25, die 1950/51 in 23.400 Exemplaren gebaut wurde.

Zeitgleich mit der R 51/3 erschien auch eine lediglich im Hubraum vergrößerte Maschine als R 67 mit 594-cm³-Boxermotor, der hier 26 PS leistete. Auch dieses Modell erfuhr die schrittweise eingeführten Verbesserungen der R 51/3, änderte aber 1952 seine Typenbezeichnung in R 67/2 mit auf 28 PS erhöhter Motorleistung.

> Die R 25/2 war vor allem an der Zugfeder des Schwingsattels zu erkennen. Die Maschine kostete 1.990 D-Mark und wurde 38.651 Mal gebaut.

> Mit der R 51/2 stieg BMW 1950 wieder in die Fertigung von Boxermodellen ein. Die Maschine entsprach noch weitgehend der letzten Vorkriegs-500er, hatte aber erstmals einen Schrägstrom-Kammervergaser.

> Die R 67, die bis auf den Hubraum (594 cm³) der R 51/3 entsprach, also auch schon den neuen Motor trug, wurde ausschließlich 1951 angeboten. Entsprechend wurden von der 2.865 D-Mark teuren Maschine nur 1.470 Exemplare gebaut.

> Schon 1951 folgte die R 51/3 dem Vorgängermodell. Im Preis unverändert entwickelte sich diese Maschine bis 1954 zum Bestseller und wurde über 18.000 Mal gebaut.

> Die R 67/2 durchlief die gleichen Entwicklungsstufen wie die R 51/3. Im Bild das Modell von 1954, u. a. mit Vollnabenbremsen, neuer Telegabel und Leichtmetallfelgen. Der Motor leistete jetzt 28 PS bei 5600 U/min.

Eine Besonderheit im BMW-Programm jener Jahre stellte die R 68 dar. Sie war eine sportlichere Variante der R 67/2, deren nun modifiziertes Triebwerk immerhin 35 PS mobilisierte. Damit erreichte das Motorrad 160 km/h, was 100 Meilen in der Stunde bedeutete und der R 68 auch den Beinamen »100 Meilen Maschine« eintrug. Da das Modell an die handgefertigten Werksmaschinen für den Geländesport angelehnt war, konnte auch ein hochgezogener Auspuff geordert werden.

> Als »Hundertmeilenrenner« (160 km/h) ging die von 1952 bis 1954 gebaute R 68 in die BMW-Historie ein. Der hochgezüchtete 594-cm³-Boxermotor leistete 35 PS bei 7000 U/min.

R 25	1950–1951	
1-Zyl.-4-Takt	250 cm³ ohv	12 PS / 5600 U/min
R 25/2	**1951–1954**	
1-Zyl.-4-Takt	250 cm³ ohv	12 PS / 5600 U/min
R 51/2	**1950–1951**	
2-Zyl.-4-Takt-Boxer	500 cm³ ohv	24 PS / 5800 U/min
R51/3	**1951–1954**	
2-Zyl.-4-Takt-Boxer	500 cm³ ohv	24 PS / 5800 U/min
R 67	**1951**	
2-Zyl.-4-Takt-Boxer	600 cm³ ohv	26 PS / 5500 U/min
R 67/2	**1952–1954**	
2-Zyl.-4-Takt-Boxer	600 cm³ ohv	28 PS / 5600 U/min
R 68	**1952–1954**	
2-Zyl.-4-Takt-Boxer	600 cm³ ohv	35 PS / 7000 U/min

> Die 1.875 Mark teure 250er Bücker Ilona I aus einem Prospekt von 1954.

Bücker

Neben der bereits vorgestellten, normalen 125er mit 5,4 PS verwendete Bücker auch den Zweivergasermotor von Ilo und baute ihn ab 1950 in die TZ 125/S ein, die 7,5 PS leistete.
Da sich Bücker seine Motoren ausschließlich von Ilo liefern ließ, gab es kein Motorrad mit 150 cm³ Hubraum, da ein solcher Motor von Ilo nur sehr kurzzeitig angeboten wurde. Dafür konzentrierten sich die Techniker ab Ende 1951 auf den Einbau des 175er Zweitakters und ließen die 125er Klasse auslaufen. Die TZ 175 wies serienmäßig die Geradweg-Hinterradfederung von Jurisch und einen geschlossenen Kettenkasten aus Alu-Guss auf. Zunächst hatte der Motor ein Dreigang-, ab 1952 ein Viergang-Getriebe. Alle Bücker-Maschinen hatten übrigens verchromte Tankspiegel.
1952 wurde, die Verkaufszahlen betreffend, zum besten Jahr bei Bücker: 25 Mitarbeiter bauten rund 500 Maschinen zusammen. Im Jahr darauf waren es nur knapp 400, obwohl inzwischen eine 200er und zwei 250er die Produktpalette erweitert hatten. Der TZ 200 war praktisch nur eine im Hubraum vergrößerte 175er.
Mit dem Erscheinen der 250-cm³-Zweitakt-Motoren mit einem oder zwei Zylindern bei Ilo wurde Bücker einer der ersten Anbieter von Motorrädern in dieser Klasse. Das kam nicht von ungefähr, benutzte Ilo für seine Testfahrten doch überwiegend Bücker-Fahrgestelle. Unter anderem mit verstärkten Teleskopgabeln von Grotz und Vollnaben-Bremsen von Pränafa erschienen also 1952 die Ilona I mit dem Einzylinder-Zweitakter und die Ilona II mit dem Zweitakt-Twin.

> TZ 175 und TZ 200 (Foto) von Bücker unterschieden sich lediglich im Hubraum. Der Preisunterschied betrug ganze 25 Mark.

Bücker TZ 125/S	1950–1952	
1-Zyl.-2-Takt	123 cm³	7,5 PS / 6500 U/min
Bücker TZ 175	**1951–1955**	
1-Zyl.-2-Takt	174 cm³	8,5 PS / 5000 U/min
Bücker TZ 200	**1952–1955**	
1-Zyl.-2-Takt	197 cm³	11 PS / 5000 U/min
Bücker Ilona I	**1952–1955**	
1-Zyl.-2-Takt	247 cm³	12,8 PS / 4750 U/min
Bücker Ilona II	**1952–1955**	
2-Zyl.-2-Takt	246 cm³	15,1 PS / 6000 U/min

> Eine durchgehende Sitzbank konnte für die Bücker Ilona II optional geordert werden. Standard war immer noch ein einzelner Schwingsattel.

DKW

Nach 25.000 gefertigten Modellen des Typs RT 125 erhielt diese Ende 1950 eine Teleskopgabel, die die alte Trapezgabel ersetzte. 1951 war DKW in der 125er Klasse Marktführer in Deutschland. 1952 steigerten die Ingolstädter die Motorleistung auf 5,6 PS und hielten die kleine DKW als RT 125/2 weiter im Programm.
Bereits 1951 stand die kleine Maschine nicht mehr im Mittelpunkt des Geschehens bei DKW. Denn wie eine größere Schwester war 1951 eine 200er, ebenfalls noch ohne Hinterradfederung, erschienen. Die Abstände zwischen den einzelnen Entwicklungsschritten wurden nun aber immer kürzer. Die erste 200er entsprach in ihrem Aussehen noch sehr der kleineren RT, der Triebwerkblock war gar eine exakte Nachbildung. Schon 1952 kam ein verbessertes Fahrwerk mit Hinterradfederung auf den Markt.
Der RT 200 war schon 1952 die RT 250 gefolgt. Die RT 250 erhielt von Anfang an eine Geradweg-Hinterradfederung, sollte aber anfangs auch noch mit einem Dreigang-Getriebe auskommen. Dieser Rückschritt gegenüber den NZ-Modellen musste auf Druck des Vertriebs hin schnellstens korrigiert werden und führte schon 1953 zur RT 250/1.

> Lediglich ein in seiner Leistung gesteigerter Motor unterschied die DKW RT 125/2 vom Vorgängermodell. Der Verkaufspreis blieb unverändert.

> Als RT 125 ohne »W«, dafür mit einer Telegabel, wurde die kleine DKW in den Jahren 1950/51 für 1.135 Mark verkauft.

DKW RT 125	1950–1951	
1-Zyl.-2-Takt	123 cm³	4,75 PS / 5000 U/min
DKW RT 125/2	**1952–1954**	
1-Zyl.-2-Takt	123 cm³	5,6 PS / 5200 U/min
DKW RT 200	**1951–1952**	
1-Zyl.-2-Takt	191 cm³	8,5 PS / 4500 U/min
DKW RT 200 H	**1952–1953**	
1-Zyl.-2-Takt	191 cm³	8,5 PS / 4500 U/min
DKW RT 250 H	**1952**	
1-Zyl.-2-Takt	244 cm³	11,5 PS / 4500 U/min
DKW RT 250/1	**1953**	
1-Zyl.-2-Takt	244 cm³	11,5 PS / 4500 U/min

> Die DKW RT 250 H hatte zwar von Anfang an die Hinterradfederung, aber auch ein kaum verkaufsförderndes Dreiganggetriebe.

> DKW war einst Vorreiter in der Hubraumklasse bis 200 cm³, mit der RT 200 stiegen die Ingolstädter 1951 dort wieder ein.

> Das »H« stand bei der DKW RT 200 H für Hinterradfederung, mit der die Maschine ab 1952 ausgeliefert wurde.

> Die DKW RT 250/1, jetzt mit Vierganggetriebe, in einer Schnittdarstellung.

Dürkopp

Die Saison 1950 eröffnete die MKL 100, mit dem Ilo-Motor FM 100 K bestückt, die im Wesentlichen der M 100 entsprach und in nur geringen Stückzahlen (168 gegenüber 1692 Exemplare der M 100) gefertigt wurde. Das L stand hier für Luxus, was sich in schickeren Farben und mehr Chrom manifestierte und 45 D-Mark mehr kostete. 1950 endete dann auch schon die Fertigung von Leichtmotorrädern mit Ilo-Motor bei Dürkopp.

Mit dem neuen Motor M 50 von Fichtel & Sachs entstanden dann um 1950 zwei 100er Modelle: Die MFS 100 als Leichtmotorrad und schließlich die ML 100 mit verbesserter Ausstattung. Letztere konnte auch mit einer Telegabel geliefert werden, während die anderen 100er mit der alten Trapezgabel auskommen mussten. Wie auch die MKL 100 mit dem Ilo-Motor FM 100 K, die im Wesentlichen der M 100 entsprach und 1950 in nur geringen Stückzahlen gefertigt wurde.

Etwas übersichtlicher ging es dann zu, als sich Dürkopp anschickte, »richtige« Motorräder zu bauen. So waren auch hier die 125er in den Jahren 1950 und 1951 dominierend; zunächst mit der M 125 mit dem Ilo-Motor MG 125 E und hauseigener Telegabel und schließlich mit der M 125 A mit Ardie-Motor. Hier hatte erstmals die verwandtschaftliche Beziehung in den Chefetagen von Dürkopp und Ardie – damals Barthel-Imperium genannt – bei den Bielefeldern Wirkung gezeigt.

Im März 1950 begann dann die Serienfertigung der MD 150. Der vom Flugmotoren-Spezialisten Gosslau konstruierte Motor war einer der besten, schönsten und nicht zuletzt leistungsfähigsten 150er Zweitakter seiner Zeit. In den verstärkten Doppelschleifenrahmen der 125er eingesetzt, erntete die MD 150 durchweg gute Kritiken aus der Fachwelt und wurde mit 17.890 Exemplaren zum meistgebauten Dürkopp-Motorrad. Im Laufe der Bauzeit wurden unter anderem Rahmen und Bremsen verbessert. Die schnelle MD 150 eignete sich hervorragend zum Tunen und heimste diverse Erfolge im Bahnen- und Geländesport ein. Für den anspruchsvollen »Normalfahrer« konnte eine Luxus-Sport-Ausstattung mit viel Chrom und einer ganzen Reihe von Sonderausstattungen geordert werden.

Die ab Juli 1952 in Serie gefertigte MD 200 hatte mit der 150er viele Teile gemeinsam, wies aber einen neuen Einrohr-Rahmen und eine Geradweg-Hinterradfederung auf. Ein geschlossener Kettenkasten, bei der MD 150 zum Sportpaket gehörend, gab es hier jetzt serienmäßig.

> 10.000 gebaute Einheiten bis 1956 waren für die Dürkopp MD 200 auch eine ordentliche Zahl.

Dürkopp MKL 100	1950	
1-Zyl.-2-Takt	98 cm³	2,8PS / 4000 U/min
Dürkopp MFS 100	**1950–1951**	
1-Zyl.-2-Takt	98 cm³	3 PS / 4000 U/min
Dürkopp ML 100	**1950–1951**	
1-Zyl.-2-Takt	98 cm³	3 PS / 4000 U/min
Dürkopp M 125	**1950–1951**	
1-Zyl.-2-Takt	123 cm³	5 PS / 5500 U/min
Dürkopp M 125 A	**1950–1951**	
1-Zyl.-2-Takt	122 cm³	5,5 PS / 4200 U/min
Dürkopp MD 150	**1951–1956**	
1-Zyl.-2-Takt	148 cm³	7,5 PS / 5300 U/min
Dürkopp MD 200	**1952–1954**	
1-Zyl.-2-Takt	199 cm³	10,2 PS / 5500 U/min

> In der Dürkopp M 125 konnte entweder ein Ilo- oder ein Ardie-Motor (Bild M 125 A) seinen Dienst tun.

> Die Dürkopp MD 150 stieß auf großes Interesse und war mit 17.890 Einheiten das meistgebaute Modell der Bielefelder.

> **1950 trugen die 100-Kubik-Maschinchen von Dürkopp – wie diese MFS 100 – noch eine Trapezfedergabel. 720 Mark kostete dieses Modell.**

Express

Die Expresswerke AG in Neumarkt in der Oberpfalz, nahe Nürnberg, bezeichnete sich selbst gern als die älteste Fahrradfabrik des Kontinents. Wie viele andere Hersteller hatte sich auch Express den Motorfahrrad-Boom der 1930er Jahre zu Nutze gemacht, um mit eigenen Fahrgestellen und Motoren von Fichtel & Sachs die Produktpalette erfolgreich zu erweitern. Während des Zweiten Weltkriegs wurden die Expresswerke stark in Mitleidenschaft gezogen und es dauerte bis 1948, ehe in Neumarkt wieder motorisierte Zweiräder gefertigt werden konnten. Zunächst entstanden Motorfahrräder der Vorkriegszeit in mehreren Modellvarianten, jetzt mit Pressstahl-Trapezgabeln. Mit dem neuen Fichtel & Sachs-Motor M 50 entstanden 1949/50 dann neue Typen, die sich zum Teil bis 1956 im Programm hielten!
Natürlich nahm Express gerne das Angebot aus Schweinfurt an, die 98er Sachs-Motoren auch mit Kickstarter zu liefern. In der Folge erschienen bis 1955 drei 100er, die sich nur unwesentlich voneinander unterschieden: Die Radex 100, die Radex 100 B und schließlich die Radex 100 N (KH 100). Alle waren mit einer Telegabel ausgestattet und konnten gegen Aufpreis mit einer Jurisch-Hinterradfederung geliefert werden. »Radex« hießen nun alle Express-Motorräder, mit denen die Neumarkter als mittelgroßer Hersteller in Deutschland die größte Typenvielfalt entwickelten. Mit den internen »KH«-Bezeichnungen, die teilweise auch wieder offiziell verwendet wurden, entstand ein beinahe undurchschaubarer Typen-Wirrwarr.

> **Wie die Radex 100 N wurden alle 98er Modelle von Express mit dem 3 PS leistenden Motor von Fichtel & Sachs angetrieben.**

Mit »richtigen« Motorrädern, die damals in Deutschland mindestens 125 cm³ Hubraum aufweisen mussten, begann Express auch schon 1949 unter Verwendung des Ilo-Motors MG 125 E. Sehr interessant in dieser Hubraumklasse war der Einsatz des Küchen-Doppelkolben-Zweitakters von Baker & Pölling, Bad Niedernhall, in den Jahren 1951/52, der zwar ein halbes PS mehr leistete, aber nicht zuletzt wegen technischer Probleme kaum nennenswerte Verkaufszahlen brachte. Express spielte in den Folgejahren die gesamte Klaviatur der damals verfügbaren Einbaumotoren und wechselnden Fahrwerkausstattungen durch.
Der Sachs-Motor SM 51 mit 147 cm³ trieb 1951 die Radex 149 (KH 150 S) an. Das Fahrwerk mit 19-Zoll-Rädern, Telegabel und Jurisch-Hirafe stammte im Wesentlichen noch von der ersten 125er, die Motorleistung lag mit 6,5 PS ja auch wenig höher als beim 125er BPK-Motor. Obwohl erst seit 1951 auf dem Markt, gab es ab 1952 schon ein Nachfolgemo-

> **Die Express Radex 100 eröffnete bei der Firma aus Neumarkt den Reigen der 100er Leichtmotorräder.**

> **Die Express Radex 100 B unterschied sich im Wesentlichen nur in der Reifengröße und dem Radstand vom Modell 100.**

> In die schier unüberschaubare Flut der um 1950 herum angebotenen 125er mit Ilo-Motor reihte sich auch die Express Radex 125 ein.

dell (Radex 150) mit Vollnabenbremsen und Schwingsattel. Express setzte hohe Erwartungen in die 150er Zweitaktmaschinen, und zwar derart hohe, dass man pro Saison ein Nachfolgemodell brachte. So war die Radex 151 lediglich in einigen Designelementen vom Vorgängermodell 150 zu unterscheiden.

> Die Express-Modelle Radex 149 und Radex 150 unterschieden sich nur durch die Jurisch-Geradwegfederung beim letztgenannten Typ.

Ähnlich wie bei den 150ern verfuhr Express bei den 175er Zweitaktern, wobei hier die Modellbezeichnungen mit einem S für die Zweiräder mit Sachs-Motor und die ohne S für jene mit Ilo-Motor standen. Auch die Produktion der 175er hatte 1951 begonnen und 1956 geendet. Die Radex 175 von 1951/52 wurde also von einem Ilo-Motor mit 8,5 PS angetrieben, der im nahezu gleichen Fahrwerk steckte wie der 150er in der Radex 149. Also Telegabel, Jurisch-Geradweg-Teleskopfederung, 19-Zoll-Bereifung und ein einfacher Stahlrohrrahmen. Die Bremsen waren noch Dosendeckel an Halbnaben-Achsen. Express bot von dieser Maschine zusätzlich noch eine Geländesport-Version mit der Typenbezeichnung Radex 176 an, die auch unter dem Kosename »Radey 176« bekannt war.

> Und um sich eben aus dieser Masse herauszuheben, bot Express 1951/52 eine wenig erfolgreiche 125er mit einem BPK-Doppelkolben-Motor an.

Express war einer der Motorradkonfektionäre, der – ausgenommen den bis etwa 1950 angebotenen 118-cm³-Ilo-Motor – Motorräder in sämtlichen Hubraumklassen anbot, für die die Hersteller Fichtel & Sachs und Ilo Zweitaktmotoren lieferten. So entstand also auch schon 1952 ein Modell in der Viertelliter-Klasse mit Einzylinder-Ilo-Motor. Der leistete anfangs nur bescheidene 10 PS, was für die Saison darauf auch schon wieder einen Modellwechsel bedeutete.

Express Radex 100	**1950–1952**	
1-Zyl.-2-Takt	98 cm³	3 PS / 4000 U/min
Express Radex 100 B	**1951**	
1-Zyl.-2-Takt	98 cm³	3 PS / 4000 U/min
Express Radex 100 N	**1952–1955**	
1-Zyl.-2-Takt	90 cm³	3,1 PS / 4500 U/min
Express Radex 125	**1949–1956**	
1-Zyl.-2-Takt	122 cm³	6 PS / 5500 U/min
Express Radex 125	**1951–1952**	
1-Zyl.-2-Takt Doppelkolben	124 cm³	6,4 PS / 5000 U/min
Express Radex 149	**1951–1952**	
1-Zyl.-2-Takt	147 cm³	6,5 PS / 4700 U/min
Express Radex 150	**1952**	
1-Zyl.-2-Takt	147 cm³	6,5 PS / 4700 U/min
Express Radex 175/176	**1951**	
1-Zyl.-2-Takt	173 cm³	8,2 PS / 5000 U/min
Express Radex 250	**1952**	
1-Zyl.-2-Takt	247 cm³	10 PS / 4650 U/min

Geier

Beim Vollkonfektionär Geier stammten bei den ab 1950 gebauten Typen 150 und 175 sowie bei der noch 1954 in wenigen Exemplaren entstandenen 200er die hydraulisch gedämpften Telegabeln immerhin aus eigener Fertigung. Ab dem Typ 150 mit Sachs-Motor hatten die Geier-Modelle nun eine Geradweg-Teleskop-Hinterradfederung.

> Viel mehr als diese Zeitschriftenreklame ist von den Geier-Motorrädern kaum noch übrig geblieben.

Doch die auch von Dutzenden anderen Anbietern auf den Markt gebrachte Konfektions-Massenware hielt bei Geier die Losgrößen in der Produktion sehr klein. Zu klein, um mit den Motorrädern rentabel wirtschaften zu können. Außerdem hatte sich das Lasten-Dreirad »Motri«, 1949 mit einem 125-cm³-Ilo-Motor entwickelt, als Flop erwiesen und konnte nicht in nennenswerten Stückzahlen abgesetzt werden. Zu erwähnen ist auch noch, dass Geier bis 1952 für die Torpedo-Werke Frankfurt, die während des Zweiten Weltkrieges fast völlig zerstört worden waren, Mofas und Motorräder zusammenschraubte. Ein lukratives Geschäft, das jedoch die eigenen Absatzzahlen danach nicht auffangen konnte. 1954 endete darum bei Geier die Motorradfertigung. Lediglich Fahrräder und Mopeds wurden noch einige Jahre lang in Lengerich montiert.

Geier Krad 150	1950–1953	
1-Zyl.-2-Takt	147 cm³	6,5 PS / 4700 U/min
Geier Krad 175	**1950–1953**	
1-Zyl.-2-Takt	173 cm³	8,2 PS / 5000 U/min
Geier Krad 200	**1954**	
1-Zyl.-2-Takt	197 cm³	11,2 PS / 5300 U/min

Göricke

1874 gründete August Göricke in Bielefeld eine Nähmaschinenhandlung, in die er etwa zehn Jahre später auch den Vertrieb von Fahrrädern integrierte. Bald baute er auch selbst Fahrräder, die ab 1897 als »Görickes Westfalenrad« und weitere zehn Jahre später als »Görickerad« angeboten wurden. Seit 1903 gehörte Göricke auch zu den deutschen Motorradpionieren; immerhin entstanden bis 1907 neun verschiedene Modelle. 1920, etwa 15 Monate nach dem Ende des Ersten Weltkriegs, starb August Göricke.

Dies war auch das Jahr, in dem die Bielefelder erneut die Fertigung von Motorrädern aufnahmen. Bis 1929 entstanden Maschinen von 175 bis 500 cm³, für deren Antrieb stets Einbaumotoren anderer Hersteller, etwa MAG oder Villiers, zum Einsatz kamen. Das Hauptaugenmerk lag bei Göricke aber stets auf der Fahrradproduktion und wie für so viele andere Hersteller war auch für die Bielefelder Firma der kleine 74-cm³-Sachsmotor ein echter Glücksfall, mit dem nun ab 1930 Motorfahrräder gebaut wurden. Später entstanden mit dem 98er Motor, der 60-cm³-Saxonette und dem 118-cm³ großen Ilo-Motor zahlreiche Modelle in Damen- und Herrenausführung.

Im Zweiten Weltkrieg war die »Göricke Fahrrad- und Maschinenfabrik GmbH Nippel & Co.« während der Bombenangriffe auf Bielefeld zu 60 % zerstört worden, konnte aber dennoch, wie so viele andere Produzenten auch, schon 1948 wieder mit der Fertigung von Motorfahrrädern beginnen. Als recht modern erschien hier 1950 die Gö 100 TH, die vom neuen Sachs-Motor M 50 angetrieben wurde, die den großen Schwingsattel serienmäßig hatte, zunächst aber auch noch mit einer Parallelogramm-Gabel auskommen musste. Dies galt gleichzeitig auch für das Kickstarter-Modell Gö 100 K. Später konnten auch hier Telegabeln eingesetzt werden. Die Standardfarbe für die Mofas war Schwarz, Seegrün konnte gegen Aufpreis lackiert werden.

> Das Leichtmotorrad Gö 100 war ab 1950 bei Göricke der Einstieg ins Motorradgeschäft.

Wie so viele andere Konfektionäre spielte Göricke als Motorradbauer ab 1950 auf der Klaviatur aller lieferbaren Einbaumotoren von Ilo und Sachs. 1950 kamen zunächst eine 125er und eine 175er mit Ilo-Motoren auf den Markt. Hatten die 98er Modelle noch einen einfachen Rohrrahmen, kamen die »echten« Motorräder mit verschraubtem Doppelrohrrahmen daher. Die Gö 125 konnte nur auf Wunsch mit einer Telegabel geliefert werden, auch die Jurisch-Hinterrad-Federung blieb Option.

> Die Gö 125 mit dem tausendfach bewährten Ilo-Zweitakter kostete 995 Mark. Für eine Telegabel fielen aber Extrakosten an.

> Bei der Göricke Gö 150 war die Jurisch-Hinterradfederung anfangs noch optional, in der Saison 1952 dann serienmäßig an Bord.

Genau wie bei der Gö 175 und der Ende 1950 vorgestellten Gö 150 mit Sachs-Motor.

Die Gö 250 mit dem nagelneuen 250er Ilo-Motor bildete 1951 schon einen ersten Höhepunkt in der Göricke-Nachkriegsgeschichte. Das Fahrwerk hielt wieder ein einfacher, aber kräftiger Einrohrrahmen zusammen und die Hinterradfederung von Jurisch war bei der großen Göricke natürlich obligatorisch.

Göricke Gö 100 K	1950–1955	
1-Zyl.-2-Takt	98 cm³	3 PS / 4000 U/min
Göricke Gö 125	**1950–1955**	
1-Zyl.-2-Takt	123 cm³	5,5 PS / 4500 U/min
Göricke Gö 150	**1951–1952**	
1-Zyl.-2-Takt	147 cm³	6,5 PS / 4500 U/min
Göricke Gö 175	**1950–1952**	
1-Zyl.-2-Takt	173 cm³	8,2 PS / 5000 U/min
Göricke Gö 250	**1951–1955**	
1-Zyl.-2-Takt	247 cm³	10 PS / 4650 U/min

> Göricke spielte auf der gesamten Klaviatur lieferbarer Einbaumotoren. So gab es ab 1950 auch eine Gö 175 mit Ilo-Motor.

> In der Göricke Gö 250 werkelte von 1951 an der Ilo-Einzylindermotor mit 247 cm³, das Zweizylindermodell setzten die Bielefelder nicht ein.

Gritzner

Dass Gritzner 1903 bereits motorisierte Fahrräder baute und damit zu den deutschen Motorradpionieren gehörte, ist heute kaum noch bekannt. Der Österreicher Max Gritzner begann 1871 in Karlsruhe Nähmaschinen zu bauen und erweiterte die Fertigungspalette gut 20 Jahre später mit Fahrrädern, die bald zum wichtigsten Standbein der Firma wurden. Während die Frühphase des Motorradbaus um 1903 nur kurz währte, stieg Gritzner – wie so viele andere Fahrradproduzenten – 1931 in die Fertigung von Motorfahrrädern ein. Zunächst mit dem 74-cm³-Motor von Fichtel & Sachs, ab 1935 dann mit dem 98er Triebwerk.

Zu dieser Zeit hatte Gritzner die angeschlagene Firma Kayser aus Kaiserslautern übernommen, die ebenfalls in Sachen Schreibmaschinen und Fahrräder unterwegs war. Unter der Firmierung »Gritzner-Kayser« wurden die Fahrzeuge bis in den Zweiten Weltkrieg hinein unter beiden Marken verkauft. Während die Firmierung auch nach dem Krieg erhalten blieb, war doch ab 1949 mit dem Wiedereinstieg in die Mofafertigung nur noch von Gritzner die Rede.

Das bis 1940 gefertigte Motor-Fahrrad legten die Durlacher ab 1949 noch einmal auf, ohne wirklich in eine größere Serienfertigung zu investieren. Lediglich 435 als Gritzner Mofa angebotene Zweiräder entstanden bis 1952. Allen gemeinsam waren die Parallelogramm-Gabel und der Sachs-Motor, der ab 1951 als M 50 3 PS leistete.

> **Ein Prospekt vom September 1952 zeigt die Gritzner 150, die für 1.325 Mark verkauft wurde.**

Dieser Motor trieb dann ab 1951 auch die Kickstarter-Version Gritzner 100 an, die wahlweise mit Parallelogramm- oder Telegabel ausgestattet werden konnte. Um am aufstrebenden deutschen Motorrad-Markt zu partizipieren, bringt Gritzner sehr schnell nach Einführung des 150-cm³-Motors von Fichtel & Sachs eine 150er auf den Markt. Außer dem geschlossenen Einrohr-Rahmen gab es nicht viel zu entwickeln – Gritzner war ein klassischer Konfektionär und kaufte nahezu alle Bauteile ein. Ob seiner hohen Fertigungsqualität konnte sich der Typ 150 aber recht ordentlich am Markt etablieren. Zumal Telegabel und Jurisch-Hinterradfederung zum Standard gehörten.

Gritzner 100	1951–1954	
1-Zyl.-2-Takt	98 cm³	3 PS / 4000 U/min
Gritzner 150	**1951–1954**	
1-Zyl.-2-Takt	147 cm³	6,5 PS / 4500 U/min

Hecker

Noch 1950 stellte Hecker eine 200er vor, deren englischer Villiers-Zweitakt-Motor MK 6 E eine Ausnahmeerscheinung im deutschen Motorradbau darstellte. Lange währte die Partnerschaft mit den Briten aus Wolverhampton aber nicht. Schon das Nachfolgemodell K 200 hatte 1952 einen Ilo-Motor, wie auch fast alle anderen Modelle, die bei Hecker in den folgenden Jahren in kurzen Abständen erschienen: eine 175er, erst mit Dreigang-, ab 1952 mit Viergang-Getriebe; die K 200 und die K 250. Der Höhepunkt des Hecker-Angebots in den 1950er Jahren war zweifellos die K 250 Z, die mit dem Zweizylinder-Ilo-Motor gut 15 PS leistete. Allen gemein waren Telegabel und die Geradweg-Hinterradfederung von Jurisch. Bis zu den 200er Model-

> **Die seltene Hecker V 200 mit dem Villiers-Zweitaktmotor MK 6 E. Hier ohne Hinterradfederung, während das Modell H eine Jurisch-Hirafe aufwies.**

len verwendete Hecker einen Doppelrohr-Rahmen, während die 250er einen geschweißten Einrohr-Rahmen aufwiesen.

Hecker K 175	**1951**	
1-Zyl.-2-Takt	174 cm³	8,2 PS / 5000 U/min
Hecker K 175 V	**1952–1955**	
1-Zyl.-2-Takt	174 cm³	8,2 PS / 5000 U/min
Hecker V 200	**1950–1951**	
1-Zyl.-2-Takt	197 cm³	8,4 PS / 4000 U/min
Hecker V 200 H	**1951**	
1-Zyl.-2-Takt	197 cm³	8,4 PS / 4000 U/min
Hecker K 200	**1952–1955**	
1-Zyl.-2-Takt	197 cm³	11,2 PS / 5300 U/min
Hecker K 250	**1951–1955**	
1-Zyl.-2-Takt	247 cm³	12,8 PS / 4750 U/min
Hecker K 250 Z	**1952–1952**	
2-Zyl.-2-Takt	244 cm³	15,1 PS / 6000 U/min

Foto: Konrad Hecker

> Der schwache Villiers-Motor wurde 1952 durch einen 200er von Ilo im Hecker-Modell K 200 abgelöst.

> Bis auf wenige Ausnahmen vertraute Hecker den Motoren der Pinneberger Firma Ilo. Wie beim Modell K 175.

> Der Höhepunkt im Konfektions-Motorradbau der 1950er Jahre war der Einsatz des Zweizylinder-Ilo-Motors, wie hier in der Hecker K 250 Z.

> Die Hecker K 250. Nicht nur mit dem interessanten Kettenkasten setzte sich die Nürnberger Firma ein wenig von der großen Konfektionärs-Konkurrenz ab.

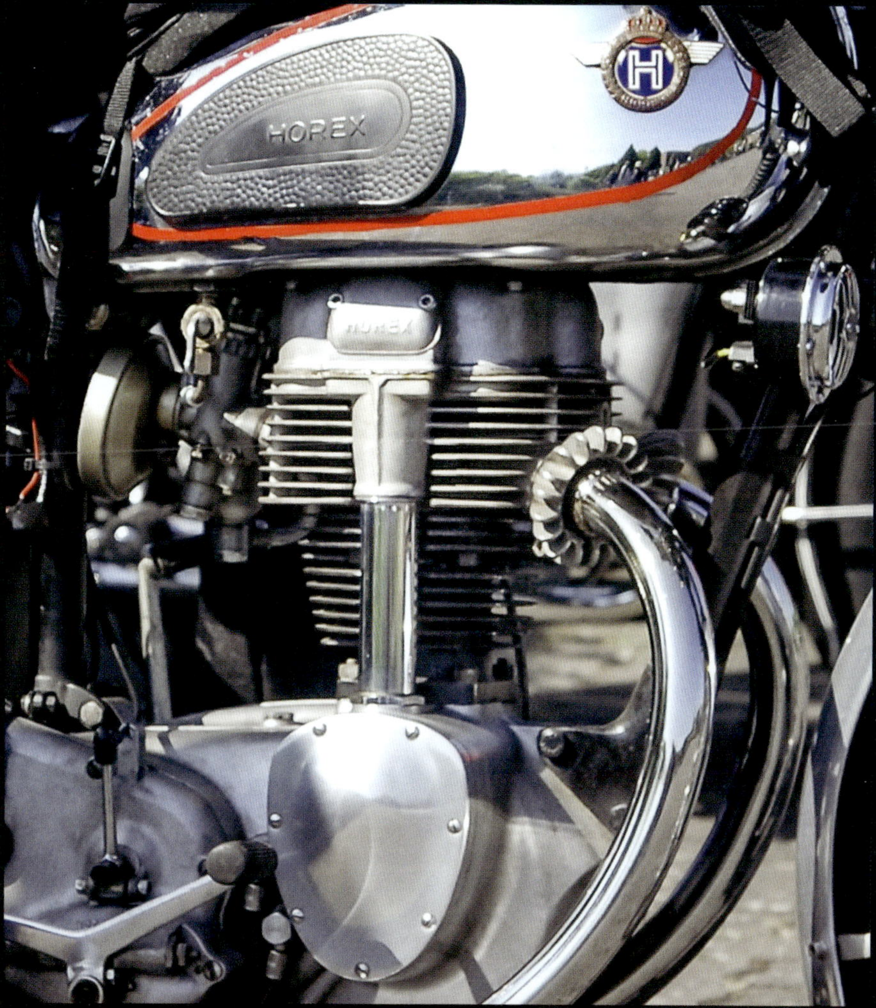

Die Boomjahre
1951–1953 Teil 2

Hercules

Wie bei den meisten Konfektionären üblich, bot auch Hercules den 98er Motor mit Kickstarter an, und zwar im Modell 316. Bis zum Auslaufen dieses Modells im Jahre 1956 waren noch Trapezgabeln obligatorisch, Telegabeln konnten aber optional geordert werden. Eine Hinterradfederung gab es nicht.

Verkaufstechnisch besser als bei der H 125 lief es beim Modell 311, bzw. ab 1951 beim 312er-Modell mit dem verbesserten Ilo-Motor (Umstellung von Querstrom- auf Umkehrspülung), das zwar immer noch keine Hinterradfederung, dafür aber eine moderne Teleskopgabel hatte.

Den neuen 150er Fichtel & Sachs-Motor nutzend, stellte Hercules 1951 das Modell 313 vor, das bis 1957 nahezu unverändert im Programm bleiben sollte. Die Jurisch-Hinterradfederung, anfangs Option, war später irgendwann obligatorisch, eine Sitzbank konnte gegen Ende der Produktionszeit ebenfalls montiert werden.

> In der Typenfolge von Hercules war das Modell 312 der Nachfolger der H 125.

> Detailansicht einer frühen Hercules 313 mit dem 147-cm³-Sachsmotor und der anfangs optionalen Jurisch-Hinterradfederung.

Die serienmäßige Hinterradfederung, ein voluminöser Kettenschutz und die Doppelport-Auspuffanlage des Ilo-Motors unterschieden im Wesentlichen das Modell 314 mit 175 cm³ vom Modell 313. Nur gut ein Jahr lang war diese 175er im Hercules-Programm.

Die ganze Bandbreite der Ilo-Einbaumotoren nutzend, war die 250er Klasse auch bei Hercules die größte. Den Anfang machte 1952 der Typ 315 mit dem 247-cm³-Ilo-Single, der anfangs 11,2, später 12,8 PS leistete. Rahmen und Fahrwerk entsprachen den 175ern und 200ern dieser Zeit.

Hercules 311/312	1950–1953	
1-Zyl.-2-Takt	123 cm³	5/6 PS / 5000 U/min
Hercules 313	**1951–1957**	
1-Zyl.-2-Takt	147 cm³	6,5 PS / 4700 U/min
Hercules 316	**1951–1956**	
1-Zyl.-2-Takt	98 cm³	3 PS / 4000 U/min
Hercules 314	**1951–1952**	
1-Zyl.-2-Takt	174 cm³	8,5 PS / 4500 U/min
Hercules 315	**1952–1953**	
1-Zyl.-2-Takt	247 cm³	12,8 PS / 4650 U/min

> Relativ spät kam Hercules mit einem 100er Kickstartermodell auf den Markt. Dafür sah das Modell 316 dann aber schon wirklich nach einem Motorrad aus.

> Nur eine Saison lang gab es die Hercules 314 mit dem 175er Ilo-Zweitakter sowie der Hinterradfederung und dem geschlossenen Kettenkasten von Jurisch.

> 1952/53 gab es mit dem Modell 315 dann auch die erste 250er von Hercules, die damals 1.885 Mark kostete.

Hoffmann

Schon 1951 stellte Hoffmann die Fertigung aller 98-cm³-Maschinen zugunsten der Lizenzfertigung des Vespa-Rollers ein. Bei den 125ern wurde die MHF 125 ab 1950 serienmäßig mit Hinterradfederung ausgeliefert. Mit einem normalen Rohrrahmen und dem Ilo-Doppelport-Motor MG 175 erschien 1951 das Modell 175, zunächst noch mit Dreigang-Getriebe, später, als 175-2 mit vier Gängen.

> Die MHF 125 wurde ab 1950 das Standardmodell von Hoffmann in dieser Hubraumklasse.

> Der 175er Ilo-Motor war 1951 nur mit einem Dreiganggetriebe lieferbar, im Jahr darauf folgte das Viergang-Schaltwerk. Optisch unterschieden sich Hoffmann MR 175 und MR 175-2 nicht voneinander.

> Die Hoffmann MR 250 war das Spitzenmodell der Lintorfer Firma, bevor die Gouverneur auf den Markt kam.

Ehe der unter der Leitung von Richard Küchen entwickelte eigene 250er Motor fertig war, brachte Hoffmann noch die MR 250 mit dem Einzylinder-Ilo-Zweitakter auf den Markt, um der Kundschaft auch in dieser Klasse etwas anbieten zu können.

Hoffmann MHF 125	**1950–1954**	
1-Zyl.-2-Takt	123 cm³	5,2 PS / 5000 U/min
Hoffmann MR 175	**1951–1952**	
1-Zyl.-2-Takt	173 cm³	8,2 PS / 5000 U/min
Hoffmann MR 175-2	**1952–1954**	
1-Zyl.-2-Takt	173 cm³	8,2 PS / 5000 U/min
Hoffmann MR 250	**1951–1954**	
1-Zyl.-2-Takt	247 cm³	12,8 PS / 4750 U/min

Horex

Die optischen Ähnlichkeiten der ersten Regina mit der SB 35 verschwanden 1952 mit der Einführung der Regina 1. Neben einigen Veränderungen am Motor und Getriebe – die Leistung blieb mit 15 PS

> Die Horex Regina 1 unterschied sich vor allem durch den größeren, nicht mehr so lang gezogenen Tank und die runden Schutzbleche vom ersten Regina-Modell.

bzw. 18 PS »Höchstleistung« unverändert – sowie überarbeiteter Telegabel inklusive deren Befestigung waren vor allem der von 12 auf 18 Liter vergrößerte Tank – man sprach bereits vom »Büffeltank« – und die voluminöseren Schutzbleche erkennbare Unterschiede des weiterentwickelten Modells. In gleicher Form, aber mit einem nur 248 cm³ großen Motor gab es die Regina 250 für das Modelljahr 1952. Der Zylinderkopf war noch aus Grauguss gefertigt und hatte den Auspuffausgang nach rechts gelegt.

Schon seit Ende 1950 bot Horex die Regina Sport mit Einport-Zylinder an. Zunächst noch mit Grauguss-Zylinderkopf, bekam die »S« ab Ende 1952 ebenfalls den Alukopf. Der Auspuffabgang blieb rechts. 19 bzw. 20 PS leistete das 350er Triebwerk in der Regina S.

Foto: Lothar Spurzem

> 20 PS leistete der Motor der Regina Sport, der mit einem nach rechts verlegten Auspuffrohr auskam.

> Auch der Motor der Regina 250 hatte nur einen Abgasausgang, hier war der Auspuff aber nach links verlegt.

Horex Regina 1	1952–1953	
1-Zyl.-4-Takt	342 cm³ ohv	18 PS / 5000 U/min
Horex Regina S	**1950–1953**	
1-Zyl.-4-Takt	342 cm³ ohv	20 PS / 6000 U/min
Horex Regina 250	**1952**	
1-Zyl.-4-Takt	248 cm³ ohv	17 PS / 6640 U/min

Maico

1951 kam die 125er nun als Modell M 126 noch einmal stark überarbeitet auf den Markt, und zwar mit einem stabilen Einrohrrahmen statt des bisherigen Doppelrohrrahmens, einer Hinterradfederung und einer ölgedämpften Telegabel. Trotz dieser Neuerungen und den frischen Farben und netten Design-Goodies (z. B. Werkzeugkasten im Rahmenheck) konnte der Niedergang der 125er auf dem deutschen Markt nicht aufgehalten werden und so stellte Maico 1952 die Fertigung dieser Klasse ein.

> Lediglich in der Zylinderbohrung unterschieden sich die Maico-Modelle M 125 und M 150 voneinander.

Schon Ende 1949 war Maicos erste 150er fertig geworden – eine Sensation zur damaligen Zeit. Und das spiegelten auch die Verkaufszahlen wider; konnten 1950 doch immerhin knapp 6000 Exemplare der M 150 ausgeliefert werden. Diese Maschine war fahrwerkmäßig mit der 125er von 1950 identisch, konnte aber wahlweise mit einer Geradweg-Hinterradfederung geliefert werden. Auch der Motor entsprang der Grundkonstruktion des 125er Zweitakters, wies aber eine entsprechend größere Bohrung auf. Die drei Getriebegänge wurden noch mittels Drehgriffschaltung eingelegt. Wie die kleinere Maico erfuhr auch die 150er schon 1951 eine Überarbeitung in Form des Einrohrrahmens, der jetzt zur Standardausstattung gehörenden Hinterradfederung und des gefälligeren Finishs. Außerdem war die Fußschaltung bei der nun M 151 genannten Maschine obligatorisch. Jedoch schon 1952 war die Ära der 150-cm³-Motorräder bei Maico vorbei.

Mehr Perspektiven sah man da bei den nächst höheren Zweitakt-Hubraumklassen. So erschien die erste 175er mit neu konstruiertem Motor Ende 1951 zusammen mit der M 126 und der M 151. Alle drei sahen sich sehr ähnlich; die neue Motor-Getriebe-Einheit mit Einportanlage

> Schon sehr früh waren Maico-Motorräder im nationalen und internationalen Geländesport erfolgreich.

> Gleiches galt dann auch für die Maico-Typen M 126 und M 151 in den Jahren 1951/52.

unterschied die M 175 aber deutlich von den kleineren Modellen. Der neue Motor mit Vierganggetriebe blieb für viele Jahre die Basiskonstruktion in der Klasse bis 200 cm³ und ermöglichte Maico eine Reihe von Erfolgen im Geländesport, beginnend mit dem Gewinn der Clubtrophäe bei der Internationalen Sechs-Tage-Fahrt 1952. Das Werk fand hier für die nächsten Jahrzehnte seine Bestimmung.

Maico M 126	**1951–1952**	
1-Zyl.-2-Takt	123 cm³	5,5 PS / 5200 U/min
Maico M 150	**1949–1951**	
1-Zyl.-2-Takt	148 cm³	6,5 PS / 5200 U/min
Maico M 151	**1951–1952**	
1-Zyl.-2-Takt	148 cm³	6,5 PS / 5200 U/min
Maico M 175	**1951–1953**	
1-Zyl.-2-Takt	174 cm³	9,2 PS / 5300 U/min

Mars

Die 1873 von Paul Reissmann in Doos bei Nürnberg gegründete Firma Mars war neben Express der erste Fahrrad-Produzent in Deutschland und hatte als Motorrad-Hersteller zu Beginn der 1920er Jahre mit der »Weißen Mars« einen Meilenstein der Motorradgeschichte kreiert. Mit Motorfahrrädern machten die Mars-Werke AG 1931 und 1937 erneut, wenn auch wenig erfolgreich, den Versuch, ins Motorradgeschäft zurückzukehren. 1949 gelang dies dann etwas besser.

> Die Mars Stella 150 mit ungewöhnlicher Hinterrad- und Sattelfederung in einer schematischen Darstellung.

Zunächst bot man diverse Motorfahrräder mit Sachs- oder Ilo-Motor an. Den zweiten und letzten wirklichen Höhepunkt erlebte Mars als Motorrad-Produzent (längst waren Werkzeugmaschinen zum Hauptgeschäft geworden) 1951 mit der Vorstellung der Stella 150. Dieses Motorrad mit der in Gummidruck-Zylindern gefederten Hinterradschwinge, der an vier Gummibändern aufgehängten Sattelstütze, den 16-Zoll-Rädern, der steil gestellten Telegabel mit dem geringen Nachlauf des Vorderrades und der grünen Lackierung war eine recht unkonventionelle Erscheinung. Sie passte außerdem ausgezeichnet zum 150er Sachs-Motor, wies sehr gute Fahreigenschaften auf und galt als geländegängig. Letzteres nutzte ein kleines Werkteam für die erfolgreiche Teilnahme an diversen Geländesportveranstaltungen.

Mars Stella 150	**1951–1953**	
1-Zyl.-2-Takt	147 cm³	6,5 PS / 4500 U/min

Meister / Mammut / Phänomen

In das Fahrgestell der 125er bauten die Meister-Techniker ab 1951 auch den 150er Sachs-Motor ein, wobei es jetzt, im Gegensatz zu den kleineren Maschinen auch eine Hinterrad-Federung geben konnte. Während die M 57 S noch ohne auskam, wies die M 57 SH die bekannte Jurisch-Hinterradfederung auf. Während die bis hierher genannten Meister-Modelle auch als Phänomen oder Mammut zu haben waren

> Die Mammut M 257 entsprach der Meister M 57 S; beide trugen den 150er Sachs-Zweitaktmotor.

> 150er mit Hinterradfederung: Meister M 57 SH oder Phänomen 75 S.

> Im deutschen Motorradbau jener Jahre selten anzutreffen: Der 150er Zweitaktmotor von Ilo in der Phänomen 73.

> In der Meister-Version wurde die hier abgebildete Phänomen 78 als Typ M 59 J angeboten.

> Ebenfalls nicht alltäglich war die Schwingen-Konstruktion der Phänomen Elan 75 H.

(siehe Tabelle), gab es gleichzeitig zwei abweichende Phänomen-Typen. Die Phänomen 73, sonst baugleich mit der Meister M 57 S, wurde anstatt mit dem 150er Sachs-Motor mit dem hubraumgleichen Ilo-Triebwerk angeboten. Und die Phänomen Elan 75 H hatte eine völlig unkonventionelle Hinterradschwinge, die von einem so genannten Schwingmetall, von Metallringen eingepressten Gummiringen, abgefedert wurde. Eine solche Konstruktion hatte es bei Phänomen bereits 1939/40 bei der 125er »Ahoi« gegeben.

Zeitgleich mit den 150ern erschienen auch zwei 175er mit Ilo-Motor, die aber nur ein Jahr im Programm blieben. Auch hier gab es ein Modell ohne Hinterradfederung (M 59 J) und eines mit der Jurisch-Hirafe (M 59 JH).

Meister M 57 S	1951–1956	
1-Zyl.-2-Takt	147 cm³	6,5 PS / 4500 U/min
Meister M 57 SH	**1951–1956**	
1-Zyl.-2-Takt	147 cm³	6,5 PS / 4500 U/min
Phänomen 73	**1951**	
1-Zyl.-2-Takt	146 cm³	6,6 PS / 5000 U/min
Phänomen Elan 75 H	**1950–1951**	
1-Zyl.-2-Takt	147 cm³	6,5 PS / 4700 U/min
Meister M 59 J	**1951–1952**	
1-Zyl.-2-Takt	174 cm³	7,5 PS / 5000 U/min
Meister M 59 JH	**1951–1952**	
1-Zyl.-2-Takt	174 cm³	7,5 PS / 5000 U/min

Miele

Die 1899 in Bielefeld gegründete Firma Miele ist heute eigentlich nur noch als Hersteller von Elektrogeräten für Haushalt und Gastronomie ein Begriff. Dabei war die Produktpalette in den vergangenen Jahrzehnten sehr reichhaltig. Mit dem Beginn der Fahrradproduktion 1924 war auch der Grundstein für motorisierte Zweiräder gelegt worden; schon 1930 nutzte Miele die Einbaumotoren von Fichtel & Sachs, um ins lukrative Motorfahrrad-Geschäft einzusteigen. Die Firma stieg nach Wanderer zur Nummer zwei in Deutschland auf diesem Markt auf.

Nach kriegsbedingter Unterbrechung begann Miele 1948 mit den letzten Vorkriegsmodellen an alte Erfolge anzuknüpfen. Mit geringfügigen Veränderungen kamen die Modelle 720 (Herren) und 620 (Damen) auf einen noch von Bezugsscheinen regierten Markt. Nach der Währungsreform und der damit einhergehenden steigenden Nachfrage führte Miele eine Modellreihe »Klasse 21« ein, die als »Normal-Modell-Klasse« durchgängig in schwarzer Farbe lackiert war und einen einfacheren Fahrersitz hatte, während die Reihe 20, jetzt als Exportmodelle deklariert, mit diversem Chrom an Felgen, Naben oder Auspufftopf und Sonderlackierungen aufwartete. Allen gemein war der 98er Sachs-Motor, der ab 1950 3 statt 2,5 PS leistete. Auch das Kickstarter-Modell 730 wurde von diesem Motor angetrieben. Und auch hier gab es die Normal- oder die Exportausführung, jetzt allerdings nicht in unterschiedliche Typenbezeichnungen unterteilt. Auf jeden Fall nur gegen Aufpreis war für das »Motorrad« eine Telegabel lieferbar.

Foto: Stahlkocher © GFDL

> Wie viele andere Mofa-Hersteller nutzte auch Miele den 98er Kickstarter-Motor von Sachs zum Bau des ersten Leichtmotorrades. In diesem Fall des Modells 730.

Miele 730 (K 30)	1950–1953	
1-Zyl.-2-Takt	98 cm³	3 PS / 4000 U/min

NSU

Die letzte Vorkriegsschöpfung, auf die NSU noch einmal zurückgriff, war der Typ 351 OT. Auch hier kamen die gleichen Neuerungen wie bei der OSL (siehe vorheriges Kapitel) zum Tragen, außerdem sollte ein neuer Tank und ein runder Auspufftopf die Maschine etwas moderner aussehen lassen. Aber das half wenig; obwohl der antiquierte Viertakter deutlich preiswerter war als eine Horex Regina, verkaufte er sich nur noch schleppend. Ohne Hinterradfederung und mit der konventionellen Trapezgabel war 1950/51 kein Blumentopf mehr zu gewinnen. Aber die moderneren Nachfolger standen ja jetzt auch bei NSU bereit.

> Noch ein Rückgriff auf Vorkriegszeiten: Die NSU 351 OT hatte es schon von 1936 bis 1939 gegeben.

So zeigte es sich, dass aus dem Motor der kleinen Viertakt-Fox noch mehr herauszukitzeln war. Die Rennfox von 1950, die in 750 Exemplaren an Nachwuchs-Rennfahrer abgegeben wurde, leistete 7,5 PS und machte die Maschine 100 km/h schnell.

Zur Ablösung der alten ZDB baute NSU ab 1951 einen modernen Zweitaktmotor mit 125 cm³ in das Fahrwerk der Fox. Mit einem Preisunterschied von nur 25 Mark zu Gunsten der 2-Takt Fox liefen beide Modelle bis 1954 parallel von den Bändern und kämpften vergebens gegen rückläufige Absatzzahlen in dieser Hubraumklasse.

Foto: Stahlkocher © GFDL

> 7,5 PS holte NSU aus dem 98er Viertaktmotor und verkaufte die Rennfox an interessierte Nachwuchsfahrer.

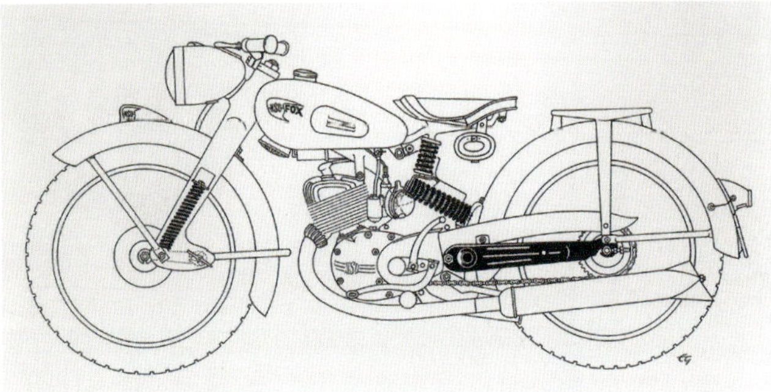

> **Schematische Darstellung der NSU Zweitakt-Fox, mit besonderer Hervorhebung der Federelemente.**

> **In der 200er Zweitaktklasse trat NSU ab 1951 mit dem Modell Lux an. Der hier montierte „Büffeltank" stammt bereits vom Nachfolgermodell Super Lux.**

Mit einer gründlichen Überarbeitung der OSL versuchte sich NSU ein größeres Stück vom Kuchen der großen Viertaktmotorräder, der bis dato überwiegend auf Horex- und BMW-Motorräder verteilt worden war, abzuschneiden. Das gelang nur bedingt; irgendwie blieben die neuen Konsul-Typen doch die alten OSL. Dabei hatten diese nun vorn und hinten eine Teleskopfederung erhalten und der gesamte Antriebsstrang war bis hin zur vollgekapselten Kette überarbeitet worden. Die Leistungsdaten der Motoren aus den 1930er Jahren blieben jedoch unverändert. So trieb der 18 PS leistende, 346 cm³ große Motor aus der 351 OSL jetzt die Konsul I an, und die Konsul II befeuerte der 494 cm³ große und 22 PS starke Viertakter, der früher bei der 501 OSL für Vortrieb gesorgt hatte. Hieß es bei den kleinen Neckarsulmer Modellen »Fixe Fahrer fahren Fox«, so titulierte die NSU-Presseabteilung jetzt »Kluge Köpfe kaufen Konsul«. Immerhin gut 14.000 taten es.

»Mit Motorrad meint man Max« hieß ein anderer Spruch, der einem der besten deutschen Nachkriegsmotorräder galt. Die Max löste 1951 die 251 OSL in der gleichen Hubraumklasse ab und war gegenüber diesem Modell ein Quantensprung in der Motorradentwicklung. Das fing mit dem Viertaktmotor an, der mit seinen 15 PS für damalige Verhältnisse ein Welt-Spitzenprodukt war. Mit einer Schubstangen-Steuerung der obenliegenden Nockenwellen (»Ultramax« genannt), dem voll gekapselten Zylinderblock und den Haarnadelventilfedern war der Motor noch in den 1960er Jahren ein zeitgemäßes Triebwerk. Der Pressstahl-Zentralrahmen, die Vorderradführung (mit hydraulischen Stoßdämpfern) und auch sonst viel Blech prägten außerdem das Erscheinungsbild der Max.

Das Fahrgestell der Max war gleichsam auch für die NSU Lux entwickelt worden, einem Zweitakt-Motorrad in der 200-cm³-Hubraumklasse, das ebenfalls ab 1951 auf den Markt kam. Die Baugleichheit von Max und Lux reichte sogar bis zum gemeinsamen Viergang-Getriebe. Der Zweitakter blieb aber immer im Schatten seiner hubraumstärkeren Schwester mit Viertaktmotor.

> **Eines der besten Motorräder der 1950er Jahre: Die NSU Max, mit starken Viertaktmotor.**

Foto: Lothar Spurzem

> **Mit 2.290 Mark war die NSU Konsul I nur fünf Mark teurer als eine Horex Regina, verkaufte sich aber auch nicht ganz so gut.**

> **Die NSU Konsul II unterschied sich unter anderem im Hubraum vom Typ I. Beide Maschinen wurden zusammen über 14.000 Mal verkauft.**

NSU 351 OT	1950–1951	
1-Zyl.-4-Takt	331 cm³ ohv	12,5 PS / 3900 U/min
NSU Rennfox	**1950**	
1-Zyl.-4-Takt	98 cm³ ohv	7,5 PS / 7000 U/min
NSU Fox	**1951–1954**	
1-Zyl.-2-Takt	123 cm³	5/5,4 PS / 5000/5300 U/min
NSU Konsul I	**1951–1953**	
1-Zyl.-4-Takt	346 cm³ ohv	18 PS / 5500 U/min
NSU Konsul II	**1951–1954**	
1-Zyl.-4-Takt	494 cm³ ohv	22 PS / 5000 U/min
NSU Lux	**1951–1954**	
1-Zyl.-2-Takt	198 cm³	8,6 PS / 5250 U/min
NSU Max	**1951–1954**	
1-Zyl.-4-Takt	247 cm³	15 PS / 5800 U/min

> In der optischen Weiterentwicklung sah die Maschine als Panther KS 99 dann ab 1953 etwas gefälliger aus.

Panther

Ein wenig ungewöhnlich schien es, als Panther 1951 noch (oder erst?) mit einem 98er Modell mit Kickstarter herauskam. Dieses hatten die meisten Konkurrenten zu dieser Zeit schon wieder vom Markt genommen. Panther behielt die KS 98 (ab 1953 KS 99), deren Fahrwerk auf der KJ 125 basierte, indes bis 1955 im Programm.

Mit Doppelrohr-Rahmen, einer stärkeren Telegabel und einer Jurisch-Hinterradfederung erschien zu Beginn des Jahres 1951 die Panther KS 150 mit dem Sachs-Motor SM 51.

Panther KS 98	1951–1952	
1-Zyl.-2-Takt	98 cm³	3 PS / 4000 U/min
Panther KS 99	**1953–1955**	
1-Zyl.-2-Takt	98 cm³	3 PS / 4000 U/min
Panther KS 150	**1951–1952**	
1-Zyl.-2-Takt	147 cm³	6,5 PS / 5000 U/min

> Erst 1951 kam Panther mit einem 98er Kickstarter-Modell, dem Typ KS 98, auf den Markt.

> Die Jurisch-Geradweg-Hinterradfederung war bei der Panther KS 150 serienmäßig an Bord.

Patria

Die 125er von Patria erhielt 1950 die Typenbezeichnung KM 50/125 und diverse Verbesserungen wie die neue Sattelfederung oder die Gummimanschetten an der Telegabel. Dazu kam ein wenig optische Kosmetik, zum Beispiel an den vorderen Schutzblechen. In dieser Ausführung gab es die 125er in einigen Exemplaren auch als Sportversion mit dem Zweivergaser-Motor von Ilo.

> Allerwelts-125er: Die Patria KM 50/125 reihte sich ein in die Reihe Dutzender Hersteller, die den kleinen Ilo-Motor in ihre Fahrwerke setzten.

> Den Patria-Maschinen war nur ein kurzes Leben gegönnt. Auch die PM 51/175 wurde nur 1951/52 gebaut.

Für 1952 hatte Patria dann noch zwei größere Maschinen mit 150- und 175-cm³-Motoren, Jurisch-Hinterradfederung, verstärkter Telegabel und rundgezogenen Schutzblechen im Angebot. Die PM 51/150 trieb der 147 cm³ große SM 51 von Fichtel & Sachs an, und die PM 51/175 befeuerte der Ilo-Motor MG 175 F mit 174 cm³ Hubraum. Ganze 375 Stück konnten von beiden Modellen im laufenden Jahr abgesetzt werden. Zu wenig, um die finanziellen Probleme der Patria Fahrzeug GmbH zu lösen. Ende 1952 musste die gesamte Produktion eingestellt werden.

Patria KM 50/125 Grenzland	1950–1952	
1-Zyl.-2-Takt	123 cm³	5,8 PS / 5500 U/min
Patria KM 50/125 Sport	**1950**	
1-Zyl.-2-Takt	123 cm³	7,5 PS / 6500 U/min
Patria PM 51/150	**1951–1952**	
1-Zyl.-2-Takt	147 cm³	6,5 PS / 4500 U/min
Patria PM 51/175	**1951–1952**	
1-Zyl.-2-Takt	174 cm³	8,2 PS / 5000 U/min

Phönix / RMW

1925 gründete der aus der Fahrradproduktion kommende Unternehmer Karl Haardt die Ruhrtal-Motorradwerke-GmbH, deren Motorräder in der Folge das Kürzel »RMW« auf dem Tank trugen. Zu Beginn der 1930er Jahre fertigte RMW unter der Markenbezeichnung »Phönix« auch Motorräder im sauerländischen Wenholthausen bei Eslohe (nicht zu verwechseln mit den Phönix-Motorfahrrädern der Bielefelder Fahrradfabrik Bruno Viertmann).
Diese Bezeichnung behielt man bei, als RMW 1950 versuchte, auf dem Motorradmarkt wieder Fuß zu fassen. Zunächst mit einer 250er, die immerhin von einem eigenen Zweitaktmotor angetrieben wurde. Telegabel, Jurisch-Hinterradfederung, stabiler, gemuffter Rohrrahmen, Schwingsattel – alles Ausstattungsmerkmale, mit denen man in der 250er Klasse zu diesem Zeitpunkt wenig Konkurrenz hatte. Dennoch fanden sich kaum Käufer für die Phönix Typ 26. Nicht mal 1000 Stück konnten in den Jahren 1950/51 abgesetzt werden.

> Das trauten sich nur wenige: ein selbstentwickelter 250er Zweitaktmotor im Modell Phönix Typ 26.

Noch kläglicher endete der Versuch, von dem teuer produzierten eigenen Motor auf Ilo-Fertigware umzusteigen. Sie sahen ja nett aus, die Typen 18 (175 cm³), 21 (200 cm³) und 27 (250 cm³), auch waren sie auf dem neusten technischen Stand – sogar mit Vollnabenbremsen – indes, zu einer wirklichen Serienproduktion kam es nicht. 1953 verschwand der Name Phönix in Verbindung mit Motorrädern völlig vom Markt.

> **Die Phönix-Typen 18 und 21 unterschieden sich im Hubraum des Ilo-Motors und in der Auspuffanlage (175er mit Doppelport, siehe Foto).**

Phönix Typ 26	1950–1951	
1-Zyl.-2-Takt	245 cm³	9 PS / 4500 U/min
Phönix Typ 18	**1952**	
1-Zyl.-2-Takt	173 cm³	8,2 PS / 5000 U/min
Phönix Typ 21	**1952**	
1-Zyl.-2-Takt	197 cm³	11,2 PS / 5300 U/min
Phönix Typ 27	**1952**	
1-Zyl.-2-Takt	247 cm³	12,8 PS / 4750 U/min

Rabeneick

Rabeneick

Der Namenszug »Rabeneick« ziert noch heute viele Fahrradrahmen. Die Anfänge der Bielefelder Firma in diesem Metier gehen auf die Mitte der 1930er Jahre zurück. Schnell machten sich die Zweiräder einen Namen und nach 1945 war es die Firma August Rabeneick GmbH, die als erster deutscher Hersteller wieder Fahrräder exportierte. Dazu kamen ab 1949 auch Motorfahrräder und Konfektionsmotorräder in einer verwirrenden Typenvielfalt mit Zweitaktmotoren von Ilo und Fichtel & Sachs.

Den Anfang machte das Mofa LM 100, bei dem deutlich sichtbar war, dass es sich um eine Neukonstruktion handelte. Ähnlich wie die oben beschriebene Patria KM 49 machte die LM 100 einen sehr erwachsenen Eindruck. Von 1950 an kam der neue Sachs-Motor M 50 zum Einsatz und die Modellbezeichnung wechselte zu LM 100 E. Beim Kickstarter-Modell im gleichen Fahrwerk – immer noch mit Parallelogramm(Trapez)gabel – setzten die Bielefelder von 1950 bis 1952 zunächst auf den kleinen Ilo-Motor FM 100 K. Optisch und technisch etwas aufgewertet (z. B. Telegabel), erhielt das Leichtmotorrad dann 1952 doch den 98er Sachs-Motor und die Bezeichnung LK 100.

Bis 1952 gab es bei Rabeneick die Modellreihe SM, die mit einem 125 cm³ großen Einzylinder begann und mit dem 250-cm³-Ilo-Twin endete. Die 125er besaß den Ilo-Doppelport-Motor und musste noch mit der Trapezgabel und ohne Hinterradfederung auskommen (Jurisch-Hinterradfederung für 75 Mark Aufpreis). Dennoch lag sie im Preisgefüge dieser Klasse im oberen Drittel, was ob der hervorragenden Verarbeitung und der hohen Materialqualität (auf die August Rabeneick viel Wert legte) aber durchaus vertretbar war.

> **In Zeitschriften bewarb Rabeneick die SM 125, die es für 1.145 Mark zu kaufen gab.**

> **Das Modell KM 100 war Rabeneicks erstes Leichtmotorrad mit Kickstarter und Fußrasten.**

> **Auch Rabeneick bediente sich in seinem Modell SM 150 des 150er Sachs-Motors.**

> In der Rabeneick SM 175 war das Ilo-Triebwerk nur mit einem Dreigang-Getriebe bestückt, im kurzzeitig ausgelieferten Modell SM 175/4 gab es vier Gänge.

1951 erschienen zeitgleich die SM 150 und SM 175 mit Telegabel, Hinterradfederung und Vollnabenbremsen mit Steckachsen. Letztere waren im Motorradbau zu dieser Zeit noch längst nicht üblich und ernteten sehr viel Lob von den Fachleuten. Die Bremsverzögerung der größeren SM-Modelle war damals mit den üblichen Methoden nicht mehr messbar.

Zu Beginn der Serienfertigung der 150er und 175er setzte Rabeneick noch die Jurisch-Hinterradfederung ein, ehe schon bald eine selbst entwickelte Teleskopfederung sowohl hinten, wie auch am Vorderrad Verwendung fand. Bei den 250ern wurde zuerst das Zweizylindermodell SM 250/2 vorgestellt (1951), ehe der ebenfalls von Ilo stammende 250er Einzylinder parallel dazu für das Modelljahr 1952 in der SM 250/1 werkelte. Die mit gut 15 PS stärkere Zweizylindermaschine war dabei vorrangig als Gespannfahrzeug mit Beiwagen gedacht. Die großen SM-Modelle waren in der Standardausführung immer schwarz lackiert, während die Luxusausführung neben viel Chrom auch frische Farben bot.

Rabeneick KM 100	1950–1952	
1-Zyl.-2-Takt	98 cm³	3,3 PS / 4000 U/min
Rabeneick LK 100	**1952–1955**	
1-Zyl.-2-Takt	98 cm³	3 PS / 4000 U/min
Rabeneick SM 125	**1950–1952**	
1-Zyl.-2-Takt	123 cm³	5,2/5,8 PS / 5000/5500 U/min
Rabeneick SM 150	**1951–1952**	
1-Zyl.-2-Takt	147 cm³	6,5 PS / 4500 U/min
Rabeneick SM 175	**1951–1952**	
1-Zyl.-2-Takt	173 cm³	7,5 PS / 5000 U/min
Rabeneick SM 250/1	**1952**	
1-Zyl.-2-Takt	247 cm³	12,8 PS / 4750 U/min
Rabeneick SM 250/2	**1951–1952**	
2-Zyl.-2-Takt	244 cm³	15,1 PS / 6000 U/min

> Noch eine Zeitschriftenwerbung, diesmal für die Rabeneick SM 250/1 mit dem Einzylinder-Ilo-Motor.

Rixe

Parallelogramm- oder Telegabel, das war die Frage bei den ersten 150- und 175-cm³-Modellen von Rixe, die in den Jahren 1950 bis 1952 verkauft wurden. Die KP 150 und die KT 150 trieb der entsprechende

> **KT 150 nannte Rixe die mit einer Telegabel ausgerüstete 150er, die für 1.245 Mark verkauft wurde.**

> **Rixe KT 175 mit Telegabel und optionaler Jurisch-Hinterradfederung.**

> **Die R-Modelle, im Bild die R 200, stattete Rixe mit einer eigenen Geradweg-Hinterradfederung aus.**

> **Der 250er Einzylinder-Zweitakter von Ilo trieb unter anderem auch die Rixe R 250/1 an.**

Sachs-Zweitaktmotor an, die KP 175 und die KT 175 besaßen ein Ilo-Triebwerk. In der Standardversion hatten auch diese Motorräder noch keine Hinterradfederung, eine Jurisch-Teleskop-Hirafe konnte aber gegen Aufpreis bestellt werden. Kurzzeitig tauchten noch eine KT 250 und eine KT 250-2 auf (mit Ein- und Zweizylinder-Ilo-Motor), die aber mit dem Modellwechsel 1953 in R 250/1 und R 250/2 umbenannt wurden. Eine Hinterradfederung war an den großen Maschinen obligatorisch.

Für das Modelljahr 1953 wurden alle Rixe-Motorräder mit einer Geradweg-Hinterradfederung aus eigener Fertigung ausgestattet und in der Typenbezeichnung wurde vor die Hubraumgröße ein R gesetzt. Vollnabenbremsen aus Leichtmetall, ein geschlossener Kettenkasten (beides ebenfalls aus eigener Fertigung – nicht unbedingt üblich bei Konfektionären), moderne Auspuffrohre und der Werkzeugkasten im hinteren Rahmenteil kennzeichneten die Rixe-Modelle bis Mitte der 1950er Jahre. Die R 150 hatte weiterhin einen Motor von Fichtel & Sachs wie jetzt auch die R 175. Ilo-Triebwerke taten in der R 200, der R 250/1 und der R 250/2 ihren Dienst. Letztere wieder mit dem 244-cm³-Zweizylinder M 2-125.

Rixe KP / KT 150	**1950–1952**	
1-Zyl.-2-Takt	147 cm³	6,5 PS / 4700 U/min
Rixe KP / KT 175	**1950–1952**	
1-Zyl.-2-Takt	173 cm³	8,2 PS / 5000 U/min
Rixe KT 250	**1952**	
1-Zyl.-2-Takt	247 cm³	12,8 PS / 4750 U/min
Rixe KT 250-2	**1952**	
1-Zyl.-2-Takt	244 cm³	15,1 PS / 6000 U/min
Rixe R 150	**1953–1955**	
1-Zyl.-2-Takt	147 cm³	6,5 PS / 4700 U/min
Rixe R 175	**1953–1956**	
1-Zyl.-2-Takt	174 cm³	9,5 PS / 5250 U/min
Rixe R 200	**1953–1954**	
1-Zyl.-2-Takt	197 cm³	11 PS / 5000 U/min
Rixe R 250/1	**1953**	
1-Zyl.-2-Takt	247 cm³	12,8 PS / 4750 U/min
Rixe R 250/2	**1953–1954**	
2-Zyl.-2-Takt	244 cm³	15,1 PS / 6100 U/min

> Auch bei Rixe trug das Spitzenmodell, die R 250/2, den Zweizylinder-Zweitaktmotor mit 244 cm³ Hubraum von Ilo.**

Sitta

Helmut Ordemann und Gerhard Hauser gründeten 1949 die Hummelwerke in Sittensen, mit dem Ziel, den von Ordemann entwickelten Motorroller »Sitta« in eine Serienproduktion zu überführen. Serienproduktion bedeutete bei Sitta, dass zu Hochzeiten vier Fahrzeuge am Tag den Hof verließen. Maximal 60 Mitarbeiter waren an dieser Manufaktur beteiligt. Dabei wurden außer Rahmen und Tank sämtliche Teile zugekauft. Helmut Ordemann hielt sich viel im Ausland auf und ein ihm winkender Exportauftrag aus Indonesien war der Auslöser, ein Motorrad zu konstruieren.
Im Dezember 1951 begann die Fertigung von zunächst einer kleinen 100er mit Teleskopgabel und dem 98er Kickstarter-Motor von Ilo. Eine Hinterradfederung gab es noch nicht. Schnell folgte die gesamte Ilo-Motorenpalette, eingebaut in solide Fahrwerke, bestehend aus Einrohrrahmen mit geteiltem Hinterteil, Teleskopgabel und Jurisch-Hinterradfederung. Alle Modelle, angetrieben von den bekannten Ilo-Zweitaktmotoren, erhielten die Bezeichnung Sitta-Sport und unter-

Bild: Handwerkermuseum Sittensen

> Die Sitta Sport 175 mit Ilo-Motor reihte sich in das Massenangebot jener Jahre ein, lag aber mit 1.475 Mark im Kaufpreis mit an der Spitze.

Bild: Handwerkermuseum Sittensen

> Sitta Sport 250-1. Ab der 175er hatten die Sitta-Modelle Vollnaben-Bremstrommeln und die Hinterradfederung serienmäßig.

Bild: Handwerkermuseum Sittensen

> Zwar hatten alle Sitta-Modelle ab 125 cm³ die Zusatzbezeichnung »Sport«, bei dieser 125er mit dem auf Kundenwunsch eingebauten 7,5 PS leistenden Zweivergaser-Motor von Ilo war Sportlichkeit jedoch Programm.

teilten sich in 125er, 175er, 200er und 250er. Da beide großen Zweitakter zum Einsatz kamen, gab es die Sport 250/1 mit Einzylinder-Motor und die Sport 250/2 mit dem Zweizylinder-Triebwerk. Auch der Zweivergaser-Sportmotor mit 123 cm³ und 7,5 PS konnte auf Wunsch in einer Sitta-Sport 125 geliefert werden.
Das Hinterteil des Rahmens an der 125er und der 175er änderte sich mit Erscheinen der hubraumstärkeren Motorräder, erkennbar an dem später größeren Radius am Rohrbogen nahe der Jurisch-Hirafe. Die sehr geringen Stückzahlen ließen eine große Individualität der Fahrzeuge zu, so dass die Sitta-Motorräder entsprechend den Kundenwünschen in der Ausführung variierten. Auch spezielle Zweiräder für Gelände, Grasbahn oder Rennstrecke entstanden. Aber leider ging dem kleinen Hersteller sehr schnell die Puste aus und so erfolgte die Auflösung des Betriebes noch im Jahre 1954.

> **Mit 1.860 Mark war die Sitta Sport 250/2 das mit Abstand teuerste Modell der Hummelwerke.**

> **Die beiden Tornax-Typen K 125 G und K 125 H unterschieden sich nur in Nuancen voneinander.**

Sitta 100	1951–1952	
1-Zyl.-2-Takt	98 cm³	2,8 PS / 4000 U/min
Sitta Sport 125	**1952–1954**	
1-Zyl.-2-Takt	123 cm³	5,8 PS / 5500 U/min
Sitta Sport 175	**1952–1954**	
1-Zyl.-2-Takt	173 cm³	9,5 PS / 5050 U/min
Sitta Sport 200	**1952–1954**	
1-Zyl.-2-Takt	197 cm³	11 PS / 5000 U/min
Sitta Sport 250/1	**1952–1954**	
1-Zyl.-2-Takt	247 cm³	13,2 PS / 4720 U/min
Sitta Sport 250/2	**1953–1954**	
2-Zyl.-2-Takt	244 cm³	15 PS / 5000 U/min

Tornax

In der Statistik der Zeitschrift *Das Motorrad* für das Jahr 1951 als Modell K 125 G geführt, erhielt die 125er von Tornax ab 1951 eine Geradweg-Hinterradfederung und den in der Leistung gesteigerten Ilo-Motor. Bis 1954 wurde die 125er dann als K 125 H angeboten.

Betreffend der 125er muss auch noch erwähnt werden, dass Tornax anfangs einen eigenen Seitenwagen für diese Maschine anbot. Das war schon sehr ungewöhnlich in dieser Hubraumklasse; die Zahlen verkaufter Gespanne hielten sich entsprechend in sehr engen Grenzen.

Die 175er, die Ende 1950 vorgestellt wurde, hatte Tornax von Anfang an mit einer Geradweg-Hinterradfederung angeboten. Zusammen mit der hydraulisch gedämpften Telegabel hatte die T 175 so sehr gute Fahreigenschaften und wurde von den Testern entsprechend gelobt. Die Leistung des Ilo-Motors MG 175 F, die anfangs 7,5 PS betrug, wurde im Laufe der Jahre noch deutlich gesteigert. Die enge Verbundenheit von Tornax mit dem Motorenhersteller Ilo in Pinneberg (es gab Kooperationen bis hin zur Konstruktion) zeigte übrigens unter anderem die Verwendung des Markennamens Tornax in den Seitendeckeln der Ilo-Triebwerke. Das war bei den klassischen Konfektionären nicht üblich. Die T 175, die auch mal als K 175 G auftauchte, stach von der kleineren 125er unter anderem durch den größeren Zylinder, die tiefer gezogenen Schutzbleche und das Werkzeugfach im Tankoberteil ab. Mit der Einführung des Viergang-Getriebes erschien bei Tornax noch 1951 die V 175. Als höherwertiges Modell (beide 175er blieben bis zum Ende der Tornax-Motorradfertigung im Angebot) erhielt die V 175 Vollnabenbremsen und einen geschlossenen Kettenkasten. Dafür wurden rund 150 Mark zusätzlich fällig.

> **Tornax bewarb die V 200 als stärkste Serienmaschine ihrer Klasse. Dabei werkelte der auch in seiner Leistung gleiche 200er Ilo-Zweitakter noch in zwei Dutzend weiteren Motorrädern.**

> Sah schon irgendwie wuchtig aus, der Einzylinder-Motor in der Tornax E 250.

Von diesem Modell war die V 200 fast nicht zu unterscheiden. 1952 vorgestellt, hatte auch diese Tornax einen Ilo-Motor, der allerdings kaum als solcher zu erkennen war. Tornax-spezifisch waren vor allem der Doppelport-Zylinder und die besonders elegante Verrippung von Zylinder und Zylinderkopf. Das demonstrierte Eigenständigkeit, machte sich in den Leistungsdaten aber kaum bemerkbar. Allerdings galt der 200er von Ilo sowieso als ein starker Zweitakter in seiner Klasse.

Mit dem Erscheinen der 250-cm³-Motoren bei Ilo stieg auch Tornax in diese Zweitakt-Klasse ein. 1952/53 kamen die Modelle E 250 und Z 250 auf den noch wachsenden deutschen Motorradmarkt. Dabei stand das E für Einzylinder und das Z entsprechend für den Ilo-Zweizylinder-Motor. Der Fahrwerkaufbau orientierte sich an den V-Modellen: Doppelrohr-Rahmen, kräftige, ölgedämpfte Telegabel, Geradweg-Hirafe, Vollnabenbremsen, 19-Zoll-Räder und geschlossener Kettenkasten aus Leichtmetall. Der Tank fasste jetzt zwölf statt der bisherigen zehn Liter. Fernlichtkontrolllampe, Ganganzeige und Gepäckkasten im hinteren Rahmenteil waren im Motorradbau dieser Zeit noch nicht obligatorisch.

Z 250, 250 ccm Zweizylinder
Preis DM 1895.— ab Werk.

> Tornax-Prospekte waren in Papier und Druck stets auf Sparsamkeit ausgelegt, das Ergebnis zeigt dieses Bild des Modells Z 250.

> Das Viergang-Getriebe unterschied die Tornax V 175 (Bild) vom dreigängigen Modell T 175.

Tornax K 125 G	1951–1952	
1-Zyl.-2-Takt	123 cm³	5,8 PS / 5000 U/min
Tornax K 125 H	**1953–1954**	
1-Zyl.-2-Takt	123 cm³	5,9 PS / 5500 U/min
Tornax T 175	**1950–1953**	
1-Zyl.-2-Takt	173 cm³	7,5/8,5 PS / 5000 U/min
Tornax V 175	**1951–1954**	
1-Zyl.-2-Takt	173 cm³	9,5 PS / 5000 U/min
Tornax V 200	**1952–1954**	
1-Zyl.-2-Takt	197 cm³	11 PS / 5270 U/min
Tornax E 250	**1952–1953**	
1-Zyl.-2-Takt	248 cm³	12,8 PS / 4750 U/min
Tornax Z 250	**1952–1954**	
2-Zyl.-2-Takt	244 cm³	15 PS / 6000 U/min

Torpedo

Wie so viele der schon bisher beschriebenen Konfektionäre, deren Wurzeln in der Fahrradproduktion zu finden sind, nutzte auch Torpedo zu Beginn der 1950er Jahre die Angebote der vielen Zulieferer, um in allen möglichen Zweitakt-Hubraumklassen präsent zu sein. Der Motorrad-Einstieg begann 1950 mit dem Modell 116. Zum Einsatz kam der 123-cm³-Ilo-Motor, der hier 5,5 PS leistete. Eine Trapez- oder Telegabel federte vorn, ein Schwingsattel in der Mitte, am Hinterrad gab es noch keine Federung. Ein geschlossener Rohrrahmen bildete wieder das Grundgerüst. Ausschließlich mit Teleskopgabel und Geradweg-Hinterradfederung folgten das Modell 150 mit Sachs-Motor und der Typ 175 mit Ilo-Antrieb. Beide wiesen auch einen größeren, 12 Liter fassenden Tank auf.

Bevor man sich in Sachen motorisierter Zweiräder 1953 allein dem Mopedmarkt zuwandte, stellte Torpedo im gleichen Jahr noch die 175 S und die 200 J vor. Die Buchstaben S und J standen hier für den jetzt von Fichtel & Sachs stammenden Motor der 175er und für den Ilo-Motor in der neuen 200er. Die Fahrwerkdaten blieben gegenüber der 175er mit Ilo-Motor unverändert. Aber tiefer gezogene Schutzbleche, ein Gepäckkasten im hinteren Rahmenteil, Vollnaben-Bremstrommeln und farbenfrohe Lackierungen gaben diesen Modellen ein moderneres Aussehen. In dieser Form wurde 1953 auch noch die 150er als 150 S angeboten.

> Massenware: Die Torpedo 150 unterschied sich kaum von anderen Konfektionsmotorrädern dieser Klasse.

> Mit 1.380 Mark kostete die Torpedo 175 exakt einen Hunderter mehr als ihre kleinere Schwester.

> Das S stand bei der Torpedo 175 S für den verbauten Motor von Fichtel & Sachs …

> … während das J bei der Torpedo 200 J für den 200er Jlo-Motor (sprich Ilo) stand.

Torpedo 116	1951–1952	
1-Zyl.-2-Takt	123 cm³	5,5 PS / 5000 U/min
Torpedo 150	**1951–1952**	
1-Zyl.-2-Takt	147 cm³	6,5 PS / 4700 U/min
Torpedo 175	**1950–1952**	
1-Zyl.-2-Takt	174 cm³	7,5/8,2 PS / 5000 U/min
Torpedo 150 S	**1953**	
1-Zyl.-2-Takt	147 cm³	6,5 PS / 4700 U/min
Torpedo 175 S	**1953**	
1-Zyl.-2-Takt	174 cm³	9,5 PS / 5200 U/min
Torpedo 200 J	**1953**	
1-Zyl.-2-Takt	197 cm³	11 PS / 5000 U/min

Triumph

Für 1950 stand bei Triumph in Nürnberg eine völlig neue 125er bereit, die BDG 125. B stand wieder für Blockmotor, D für Doppelkolben und G für Gleichlauf. Noch vor dem Krieg hatte Triumph mit der BD 250 ein Motorrad entwickelt, dessen Zweitaktmotor eine Doppelkolbenausführung war, deren Kolben von zwei getrennten Pleueln angetrieben wurden und durch versetzte Kurbelzapfen den Auslasskolben immer voraneilen ließen. Der Einlass erfolgte mittels Drehschieber.
Nach dem Krieg wurde diese Konstruktion den wirtschaftlichen Verhältnissen und den Ansprüchen dieser Zeit entsprechend vereinfacht.

> Ab 1950 setzte Triumph bei der BDG 125 wieder auf die Doppelkolben-Technik, mit der die Nürnberger schon vor dem Krieg experimentiert hatten.

> Die Triumph BDG 125 H in der Ausführung des letzten Baujahrs 1953.

Beide Kolben hingen nun an einem Gabelpleuel und bewegten sich im Gleichlauf (»G«). Der Drehschieber wurde wieder der einfachen Schlitzsteuerung geopfert. Der Motor erreichte eine vergleichsweise hohe Leistung bei niedrigen Drehzahlen und bei einem für einen Zweitakter sehr geringen Spritverbrauch. Diese Technik hatte nun auch in den Motor der BDG 125 Einzug gehalten, deren Erscheinung vom Einport-Zylinder und einer Telegabel geprägt war. Ab 1951 konnte die BDG 125 H mit einer Teleskop-Geradweg-Hinterradfederung bestellt werden.
Die 250er Maschine wurde bei Triumph zu einem absoluten Erfolgsmodell, das sich bis 1953 schon 40.000 Mal verkauft hatte. Da wartete sie als Modell BDG 250 H natürlich längst mit einer Hinterradfederung auf. Noch im alten Design konnte die 250er als erstes Modell wahlweise mit einem Leichtmetallzylinder mit verchromter Bohrung geordert werden, was 1952/53 kurzzeitig zur Modellbezeichnung BDG 250 S führte.

> Die Triumph-Modelle BDG 250 H und BDG 250 S waren äußerlich kaum zu unterscheiden; die Zylinderwerkstoffe machten den Unterschied.

Triumph BDG 125	1950–1953	
1-Zyl.-2-Takt	123 cm³	6,4 PS / 4300 U/min
Triumph BDG 125 H	**1951–1953**	
1-Zyl.-2-Takt	123 cm³	6,4 PS / 4300 U/min
Triumph BDG 250 H	**1951–1953**	
1-Zyl.-2-Takt	248 cm³	10,5 PS / 3600 U/min
Triumph BDG 250 S	**1952–1953**	
1-Zyl.-2-Takt	248 cm³	12 PS / 4000 U/min

UT

Mit dem berühmten Konstrukteur Jan Friedrich Drkosch (»Dr. Frosch«) zog 1950 die selbst gefertigte Telegabel bei UT ein. Die 125er, die nun auch wahlweise mit einer Jurisch-Hinterradfederung geliefert werden konnte, hieß jetzt KTN 125. 1950 wurde diese Maschine auch mit dem Zweivergaser-Sportmotor von Ilo angeboten.
In gleicher Fahrgestell-Ausführung erschien zusammen mit dem 175er Ilo-Motor 1951 die UT KTN 175, anfangs ebenfalls noch wahlweise mit oder ohne Hirafe. Für 1952 war das 175er Viergang-Triebwerk bei Ilo verfügbar und die Modellbezeichnung änderte sich in KTV 175. Die Dreigang-Maschine blieb weiter im Angebot. Bei der Typenbezeichnung KTV blieb man auch mit Erscheinen der 200er 1952. Beide KTV

> Eine frühe Ausführung der UT KTN 125, die in ihrer Bauzeit bis 1955 einige Änderungen erfuhr.

> Wie bei dieser UT KTV 175 waren der geschlossene Kettenkasten und die Hinterradfederung, beides von Jurisch, Bestandteile vieler Konfektionsmotorräder.

konnten optional mit einem geschlossenen Kettenkasten geliefert werden. Die Telegabeln waren noch mechanisch gedämpft.
Die IFMA in Frankfurt war 1951 die erste Motorradausstellung nach dem Krieg in Deutschland. Und UT präsentierte, konstruiert von Jan Friedrich Drkosch, die erste deutsche Maschine mit einer auf ölgedämpften Federbeinen abgestützten Hinterradschwinge. Und das zusammen mit dem nagelneuen 250-cm³-Ilo-Zweitaktmotor. Ein wenig grobgeschnitzt sah der Prototyp noch aus; »schöner denn je« hieß es in der UT-Werbung, und das traf für die ersten, zu Beginn des Jahres 1952 ausgelieferten Serienmaschinen dann auch durchaus zu. Zu diesem Zeitpunkt war Drkosch bei den Schwaben gerade wieder ausgeschieden.
In gleicher Fahrwerkausführung (lediglich die Rohrwandungen der Rahmen waren unterschiedlich stark) brachte UT noch 1952 die TS 200 (die KTV mit dem gleichen 200er Ilo-Triebwerk wurde parallel weitervertrieben) und die TS 252 mit dem – wiederum brandneuen – 250-cm³-Zweizylinder-Zweitaktmotor von Ilo heraus. Wenngleich der Motor noch einige Probleme bereitete und von Ilo mehrfach überarbeitet werden musste (»die heulende Rakete von Pinneberg«), war der kleine schwäbische Motorradkonfektionär mit seinen rund 30 Mitarbeitern, die viele Teile in Eigenregie herstellten, auf der Höhe seiner Leistungskraft angekommen.

UT KTN 125	**1950–1955**	
1-Zyl.-2-Takt	123 cm³	5,2/5,8 PS / 5000/5800 U/min
UT KTN 125 Sport	**1950**	
1-Zyl.-2-Takt	123 cm³	7,5 PS / 6500 U/min
UT KTN 175	**1951–1955**	
1-Zyl.-2-Takt	174 cm³	8,5 PS / 5000 U/min
UT KTV 175	**1952–1955**	
1-Zyl.-2-Takt	174 cm³	8,5 PS / 5000 U/min
UT KTV 200	**1952–1954**	
1-Zyl.-2-Takt	197 cm³	11 PS / 5000 U/min
UT TS 200	**1952–1956**	
1-Zyl.-2-Takt	197 cm³	11 PS / 5000 U/min
UT TS 250	**1952–1954**	
1-Zyl.-2-Takt	248 cm³	12,8 PS / 4750 U/min
UT TS 252	**1952–1956**	
2-Zyl.-2-Takt	246 cm³	15,1 PS / 6000 U/min

> Vor allem durch den Einportausgang des 200er Zylinders war die KTV 200 vom 175er Modell zu unterscheiden.

> Eine UT TS 200 in einer sehr frühen Ausführung von 1952.

> Und diese UT TS 250 mit durchgehender Sitzbank ist Jahrgang 1954.

> Auch diese UT TS 252 mit dem Zweizylindermotor von Ilo entspricht der ersten Ausführung von 1952.

Victoria

Bei der aus der KR 25 Aero weiterentwickelten KR 25 HM waren es ab 1951 immerhin schon standesgemäße 10,5 PS. Die Jurisch-Hirafe war an diesem Modell mit neuen Lackierungen und verchromten Auspuffenden Standard. Nach der Umstellung des Motors auf Umkehrspülung mit Flachkolben konnten bei der KR 26 Aero N sogar 14 PS gemessen werden. In einer Zwischenstufe als KR 26 Aero lag die Leistung 1953 bei 12,5 PS. Ab Herbst 1953 war dann die KR 26 N Aero die letzte Stufe der Entwicklung dieser ursprünglich von 1937 stammenden Konstruktion. Jetzt gab es an diesem Morrad unter anderem Vollnabenbremsen, 18-Zoll-Räder, hydraulisch gedämpfte Teleskopfedern fürs Hinterrad aus eigener Produktion, Auspuffzigarren und üppig Blech an Kotflügeln, Gepäck- und Kettenkasten. In der Sport-Version hatte diese Maschine noch einen kompakteren, sportlicheren Tank und eine durchgehende Sitzbank.

> Immer noch auf Vorkriegsgenen basierend: Die Victoria Aero KR 25 HM.

> Victoria machte aus dem 99-cm³-Mofa kein 100er Kickstartermodell, sondern mit der KR 125 Bi-Fix gleich ein richtiges Motorrad.

> Nur 1953 wurde die Victoria KR 26 Aero ausgeliefert, hier mit optionalem Soziussitz.

> Standesgemäße 14 PS leistete der Victoria-Zweitakter in der KR 26 N.

Erst nach der 250er brachte Victoria 1950 das Motorfahrrad V 99 Bl Fix bzw. Bl Fix-Sport heraus. Das Mofa basierte auf dem Vorkriegsmodell V 99 N, dessen Motor jetzt auf die Schnürle-Umkehrspülung umgestellt worden war. Ansonsten war das Modell wenig verändert worden und erhielt auch keine Telegabel. Nach knapp 3000 Exemplaren lief die Produktion der Fix 1951 schon wieder aus und wurde noch im gleichen Jahr durch die KR 125 Bi-Fix, die ebenfalls einen von Victoria gebauten Zweitakt-Motor aufwies, ersetzt. Die 125er sah dem Mofa zwar noch sehr ähnlich, war mit Telegabel und Fußrasten aber schon ein »erwachsenes« Motorrad.

Victoria KR 25 HM	1951–1953	
1-Zyl.-2-Takt	247 cm³	10,5 PS / 4700 U/min
Victoria KR 125 Bi-Fix	**1951–1953**	
1-Zyl.-2-Takt	123 cm³	5 PS / 4400 U/min
Victoria KR 26 Aero	**1953**	
1-Zyl.-2-Takt	247 cm³	12,5 PS / 5000 U/min
Victoria KR 26 N Aero	**1953–1956**	
1-Zyl.-2-Takt	245 cm³	14 PS / 5250 U/min

> Die Zündapp Derbi DB 201 ersetzte 1950 das Vorkriegsmodell DB 200.

Zündapp

Die beliebte DB 200 erschien 1950 als verbessertes Modell mit der Bezeichnung Derby DB 201. Neu waren unter anderem die ungedämpfte Telegabel und der überarbeitete Motor, der jetzt 7,5 PS leistete. 13.400 dieser Maschinen wurden allein 1950 gebaut und eine DB 201 war im gleichen Jahr auch die insgesamt 300.000ste Zündapp-Maschine. Schon im Jahr darauf wurde die Derby mit einem neuen Ziehkeilgetriebe ausgeliefert, das nun vier Gänge hatte und mit dem Fuß geschaltet werden konnte.

Die DB 202 hatte serienmäßig immer noch keine Hinterradfederung, gegen Aufpreis konnte aber eine Jurisch-Hirafe geordert werden. Ab 1952 – in diesem Jahr bauten die Nürnberger 37.500 Motorräder – und mit der Modellbezeichnung Comfort DB 203 war die Hinterradfederung dann serienmäßig. Außerdem sorgten ein neuer Zylinder (Umstellung auf die Schnürle-Umkehrspülung) und der Bing-Doppel-Registervergaser für eine erneute Leistungssteigerung auf 8,7 PS. Optisch hatte sich die 200er noch nicht sonderlich verändert, sieht man von tiefer gezogenen Schutzblechen und den später serienmäßig eingeführten Zigarren-Auspuffrohren ab. Die Kette konnte in einer offenen Abdeckung oder in einem geschlossenen Kettenkasten ihre Arbeit verrichten.

Eine Abwandlung der DB 203 stellte die preiswerte Norma DB 204 dar. An ihr fehlte jeglicher Zierrat; alles war schwarz lackiert und der Zylinder hatte nur einen Ausgang anstelle der sonst verwendeten Doppelport-Auspuffanlage. Diese Maschine fand wenig Anklang beim Publikum und wurde noch 1953 durch die Norma-Luxus DB 234 ersetzt, die gleichzeitig den Entwicklungsendstand der Derby-Reihe markierte. Die Einportanlage blieb, aber es gab wieder blitzendes Chrom, poliertes Aluminium und Zierlinien auf dem Lack. Der geschlossene Kettenkasten und die Jurisch-Hirafe waren Standardbauteile. Die Norma-Luxus wurde auch in feinem Geländesport-Trimm angeboten und so unter anderem in die USA exportiert. 1955 lief die alte DB-200-Reihe aus.

KS stand bei Zündapp für »Kardan Sport« und tatsächlich bewährte sich der »grüne Elefant«, wie die große Zündapp wegen ihrer grünen Lackierung genannt wurde, mit und ohne Beiwagen im damals sehr beliebten Geländesport. Die KS 601 war zwar mit rund 7000 verkauften Exemplaren nicht gerade ein »Topseller«, wie man heute sagen würde, bescherte der Marke Zündapp aber einmal mehr einen gewaltigen Imagegewinn. Mit 28 PS war sie exakt so stark wie die BMW R 67, mit der sie sich in dieser Klasse den deutschen Markt aufteilte. 1952/53 kam

> Comfort bedeutete bei der Zündapp Comfort DB 203 mehr Leistung und die Hinterradfederung serienmäßig.

> Vier statt drei Getriebegänge und 95 Mark Mehrpreis unterschieden im Wesentlichen die Zündapp Derby DB 202 vom Modell 201.

> Die Zündapp Norma Luxus DB 234 war die letzte Entwicklungsstufe der aus Vorkriegszeiten stammenden Derby-Reihe.

> Mit der KS 601, hier in der Ausführung von 1956, konnte Zündapp dem bayrischen Konkurrenten BMW letztmalig Paroli bieten.

die Maschine als KS 601 Sp (Sport) mit einem leistungsgesteigerten Motor (34 PS), Aluminium-Vollnabenbremsen und Felgen aus gleichem Material heraus. Mit 155 km/h Spitzengeschwindigkeit war diese Maschine die schnellste Serien-Zündapp aller Zeiten.

Foto: Darrel Spinosi

> Wegen ihrer Lackierung erhielt die Zündapp KS 601 den Beinahmen »Grüner Elefant«. Im Bild eine KS 601 Sport von 1953 in US-Ausführung mit hohem Lenker.

Zündapp Derby DB 201	**1950–1951**	
1-Zyl.-2-Takt	198 cm³	7,5 PS / 4200 U/min
Zündapp Derby DB 202	**1951–1952**	
1-Zyl.-2-Takt	198 cm³	7,5 PS / 4200 U/min
Zündapp Comfort DB 203	**1952–1953**	
1-Zyl.-2-Takt	198 cm³	8,7 PS / 4250 U/min
Zündapp Norma DB 204	**1952–1953**	
1-Zyl.-2-Takt	198 cm³	8,3 PS / 4600 U/min
Zündapp Norma Luxus DB 234	**1953–1955**	
1-Zyl.-2-Takt	198 cm³	8,3 PS / 4600 U/min
Zündapp KS 601	**1950–1957**	
2-Zyl.-4-Takt-Boxer	597 cm³	28 PS / 4700 U/min
Zündapp KS 601 Sport	**1952–1958**	
2-Zyl.-4-Takt-Boxer	597 cm³	34 PS / 6000 U/min

Abschwung und Krise
1954–1956

Die Konkurrenz im deutschen Motorradbau schrumpfte nach 1954 mehr und mehr zusammen. Ende des Jahres war es Tornax, der als erster der renommierten Hersteller die Tore schließen musste. In den Folgemonaten und -jahren bis 1959 reduzierte sich die Zahl der angebotenen Marken auf 16 und im Jahr zuvor musste erstmals aus Mangel an Beteiligung die IFMA abgesagt werden. Die Gründe für den Niedergang der deutschen Motorradindustrie waren vielfältig. Der sich sehr schnell entwickelnde, wenn auch immer noch bescheidene Wohlstand verlangte nach einem Dach über dem Kopf. Da galt ein Kabinenroller oder Kleinstwagen eben mehr als ein Motorrad mit oder ohne Seitenwagen.

Die Gesellschaft und die Politik stellten sich gegen das Motorrad, was dazu führte, dass Motorradfahrer nicht selten als asozial abgetan, ja beinahe geächtet wurden. Und mit Billigung der Politiker erhöhten sich ab Mitte 1955 die Versicherungsprämien für Motorräder drastisch: um 33 % bei den Hubraumklassen 100 bis 175 cm³, um 35 % bei den 200ern und 250ern, um sagenhafte 85 % von 300 bis 500 cm³ und um 80 % über 500 cm³. Gleichzeitig blieben die Prämien für Rollermobile und Kleinstwagen stabil. Das führte dazu, dass eine 175er DKW teurer zu versichern war als ein »Leukoplastbomber« von Lloyd und eine 500er BMW mehr kostete als ein Volkswagen! Das billige Moped ersetzte für den simplen Personentransport auf kurzen Strecken das teurere Motorrad und verlängerte so das Leben einiger Motorradhersteller, wenn auch nur kurzfristig.

Adler

Als Übergangsmodell 1953 ins Programm genommen war die M 2011 eher eine missglückte Kombination aus Altem und Neuem. Sprich: die Fahrwerkskomponenten mit der kurzen Vorderradschwinge entsprachen weitestgehend der M 200, während andere Teile der kommenden MB-Modellreihe entstammten. Der Zweitaktmotor hatte bei der M 2011 nur einen Zylinder. Die Gesamtoptik geriet insgesamt etwas gewöhnungsbedürftig, zumal bei dieser Maschine auf Chrom und sonstige Schnörkel verzichtet wurde. Das war Absicht, sollte sie doch mit nur 1.450 DM die etwas schmäleren Geldbeutel ansprechen. Etwa 2500 Kunden fanden sich immerhin bis Anfang 1956.

1953 führte Adler den Modellwechsel hin zu den MB-Modellen durch, die sich vor allem durch die neue Schwingenkonstruktion der Vorderräder (»Schwinghebelgabel« nannte es Adler) auszeichneten. Dazu kam eine höhere Sitzposition mit einer neuen Sattelfederung (gekapselte zentrale Druckfeder). Adler war sehr stolz auf die neue Schwingenkonstruktion, die nun erstmals auch ölgedämpft war; zu dieser Zeit ein Novum im Motorradbau. Die MB 150 machte den Anfang in der neuen Modellreihe, geriet aber schnell zum Flop: Eine ungünstige Luftzufuhr zum Zylinder ließ den Zweitakter häufig blockieren und der mangelnde Durchzug der zu schweren Maschine hielt außerdem die Kundschaft ab.

> Die eigene Kundendienstwerkstatt von Zündapp Mitte der 1950er Jahre in Nürnberg.

> Die Adler M 2011 sollte für 1.450 Mark nichts weiter als eine preiswerte 200er sein, die mit 2500 Exemplaren nur mäßig Zuspruch fand.

> Im Oktober 1953 gab Adler den ersten Prospekt für die neue MB-Reihe heraus. Im Bild das wenig gefragte Modell MB 150.

Anders die 200er, die wieder mit einem Zweizylinder-Motor daher kam, der die 143 kg schwere Maschine knapp über die 100 km/h bringen konnte. Allerdings war da dann auch der Spritverbrauch überdurchschnittlich. Ein Vorwurf, mit dem Adler übrigens stets zu kämpfen hatte. Während die MB 200 1.785 DM kostete (mit metallic-blauer Lackierung 1.835 DM; polierte Getriebedeckel 20 DM, Soziussattel 40 DM, Soziusfußrasten 7,40 DM Aufpreis) war die MB 201 mit Einzylinder-Motor um 125 Mark preiswerter. Dafür hatte diese 200er gegenüber der M 2011 Chromfelgen. Ansonsten glich sie der MB 150 und war von dieser hauptsächlich durch den größeren Motor zu unterscheiden.

Anders die MB 250, die 1954 von der Fachpresse ob ihrer technischen Innovationen und der schönen Linienführung gelobt wurde. Dabei waren die Kenndaten des Motors gegenüber der M 250 unverändert geblieben und man hatte, anders als einige Konkurrenten, noch an der Geradweg-Hinterradfederung festgehalten. Wieder war die 250er die ideale Beiwagenmaschine, und für 550 DM konnte ab Werk eine angeschraubte Wanne geordert werden. Solo kostete die 250er 1.985 DM. 2.041,50 DM waren es für die parallel angebotene MB 250 S, die, analog zur normalen Straßenmaschine, ebenfalls mit den gleichen Leistungsdaten der M 250 S, also zum Beispiel 18 PS, auskommen musste. Neben dem stärkeren

> Mit über 10.000 Exemplaren in den Jahren 1954 bis 1956 war die Adler MB 250 der Bestseller aus Frankfurt.

> Die Adler MB 201 war die besser ausgestattete und mit neuem Fahrwerk versehene Variante der M 2011. Der Einzylinder-Motor blieb unverändert.

> Mit der MB 200 begann bei Adler der Zweizylinder-Einstieg für die neue Baureihe.

Motor waren wieder hochgezogene Auspuffrohre, gekürzte Schutzbleche und der Tacho mit Tageskilometerzähler obligatorisch. Eine ganze Reihe von Sonderausstattungen, vom Motorschutzgitter bis zur Geländebereifung konnten gegen Mehrpreis ab Werk geordert werden.
Wie viele S-Modelle gebaut wurden, lässt sich nicht exakt nachvollziehen, da die Rahmen mit Fahrgestellnummern der Serie entnommen wurden. Dieter Jorzick, Adler-Experte, glaubt, dass es nicht mehr als 150 Stück gewesen sein können.

> Vermutlich kaum mehr als 150 Stück wurden von der sportlichen Adler MB 250 S gebaut.

Adler M 2011	1954–1956	
1-Zyl.-2-Takt	199 cm³	10,5 PS / 4750 U/min
Adler MB 150	**1954–1955**	
1-Zyl.-2-Takt	147 cm³	8,4 PS / 5840 U/min
Adler MB 201	**1954–1956**	
1-Zyl.-2-Takt	199 cm³	10,5 PS / 4750 U/min
Adler MB 200	**1954–1956**	
2-Zyl.-2-Takt	195 cm³	11,4 PS / 5450 U/min
Adler MB 250	**1954–1956**	
2-Zyl.-2-Takt	247 cm³	16 PS / 5600 U/min
Adler MB 250 S	**1954–1956**	
2-Zyl.-2-Takt	247 cm³	18 PS / 6200 U/min

Ardie

Nicht nur als Weiterentwicklung in kleinen Schritten, sondern als völlige Neukonstruktion kam 1953 die B 252 auf den Markt. Der neue, leistungsstärkere Motor war innen wie außen neu entwickelt worden, brachte die ob ihres hohen Qualitätsstandards angesehene deutsche Firma aber schnell in Verruf: Billige Kurbelwellenlager ließen die Motoren reihenweise ausfallen. Eine gigantische Austauschaktion kostete Ardie eine Million DM und den guten Ruf. Der 13 PS leistende Motor wurde für die Saison 1954 noch einmal gründlich überarbeitet und leistete dann konkurrenzfähige 14,3 PS. Beim ebenfalls völlig neu entwickelten Fahrgestell kamen die Federelemente nun von Ardie selbst.
Die Nürnberger hatten bisher, anders als die anderen großen Hersteller, nicht allzu viel Interesse am Geländesport gezeigt und beteiligten sich nur halbherzig an Wettbewerben, wie z. B. an der deutschen Geländemeisterschaft. Ein Werksteam gab es bei Ardie nicht, wenngleich einige Mitarbeiter zuweilen recht erfolgreich bei Wettbewerben mitfuhren. Ganz wollte man das Feld in Sachen Sportmotorräder aber nicht der Konkurrenz von Adler, Maico und anderen überlassen und brachte 1954, mit verbessertem Motor, die B 252 Sport heraus. Die

hochgezogene Auspuffanlage und die Sitzbank an Stelle des Einzelsitzes kennzeichneten dieses Modell, deren immer noch einfache Geradweg-Hinterradfederung ganz im Gegensatz zu dem angestrebten sportlichen Charakter stand. Zu Beginn des Jahres 1956 endete bei Ardie die Ära der 250er.

Foto: Franz Krali, www.meisterdinger.de

> Die Ardie B 252 war die letzte 250er, die die Nürnberger Traditionsfirma anbot. Anstelle des Einzelsitzes konnte auch eine Doppelsitzbank geordert werden.

> Im Wesentlichen war es der hochgezogene Auspuff, der die Ardie B 252 Sport optisch vom normalen 250er Modell unterschied.

Im Sommer 1954 zog dann bei Ardie mit dem Nachfolgemodell BD 176 endlich auch die auf zwei Federbeine abgestützte Langschwinge für das Hinterrad ein. Zusammen mit der neu entwickelten, hydraulisch gedämpften Federgabel, der nun auf 10,5 PS gebrachten Motorleistung, dem Viergang-Getriebe und der zeitgemäßen Vergaser-Verkleidung war Ardie bei den beliebten 175ern jetzt ganz vorne mit dabei. Und nicht nur wegen einer Goldmedaille bei der Sechs-Tage-Fahrt in England im Herbst 1954 durch Gernot Leistner wurde natürlich auch von der BD 176 eine Sport-Variante angeboten. Für zusätzliche 65 DM gab es ab 1955 neben der hochgelegten Auspuffanlage auch noch schmälere Schutzbleche, eine Startnummerntafel vor dem Scheinwerfer und grobstollige Reifen. Erstmals nahm Ardie mit einer Werksmannschaft an verschiedenen Geländesport-Veranstaltungen teil und Leistner konnte erneut eine Goldmedaille bei der Sechs-Tage-Fahrt erringen.

> Ab 1954 trugen die Ardie-BD-Modelle eine Hinterradschwinge. Den Anfang machte die BD 176.

Durch Aufbohren des 175er Zylinders auf 64 mm erreichten die Ardie-Ingenieure 194 cm³ Hubraum und konnten somit ab 1955 auch in der Klasse der 200er Zweitakter mitmischen. Bis auf eine verstärkte Teleskopgabel war das Fahrwerk von der BD 176 übernommen worden. Erneute Kundenreklamationen wegen Motorschäden und vielleicht der im Vergleich zur 175er doch deutlich höhere Preis ließen die BD 201 im

Foto: R. de Graaf

> Bis zum bitteren Ende 1958, als Ardie die Tore schließen musste, blieb das Modell BD 201 als Letztes im Programm.

> Als Mitte der 1950er Jahre Zweizylinder-Zweitakter mit 350 cm³ Hubraum aufkamen, schickte Ardie die BZ 350 ins Rennen. Nur ganze 646 Maschinen wurden gefertigt.

Zulassungskeller schmachten: nicht einmal 1000 Motorräder dieses Typs wurden bis 1958 gebaut.
Dies noch zu unterbieten schaffte nur die hubraumstärkste Ardie-Maschine nach dem Krieg, die BZ 350. Schon 1951 am Reißbrett begonnen, erschien der Zweizylinder-Zweitakter schließlich 1954. Wie andere Hersteller tat sich auch Ardie schwer mit der 350er, die schließlich dank eines JAWA-Zweizylinder-Motors, den man als Muster zur Verfügung hatte, zum Laufen gebracht werden konnte, und das mit 20 PS, die für 125 km/h gut waren, noch gar nicht mal so schlecht. Doch die BZ 350, die noch mit der antiquierten Geradweg-Hinterradfederung auskommen musste, wurde vom Publikum nicht angenommen und die Produktion 1956 wieder eingestellt. Zwei Jahre später ereilte die 175er und die 200er Ardies dasselbe Schicksal und ein weiterer großer deutscher Motorrad-Hersteller schloss seine Tore.

Ardie B 252	1953–1955	
1-Zyl.-2-Takt	246 cm³	13 PS / 5050 U/min
Ardie B 252 Sport	**1954–1955**	
1-Zyl.-2-Takt	246 cm³	14,3 PS / 5050 U/min
Ardie BD 176	**1954–1958**	
1-Zyl.-2-Takt	171 cm³	10,5 PS / 5800 U/min
Ardie BD 176 Sport	**1955–1958**	
1-Zyl.-2-Takt	171 cm³	10,5 PS / 5800 U/min
Ardie BD 201	**1955–1958**	
1-Zyl.-2-Takt	196 cm³	12,5 PS / 5900 U/min
Ardie BZ 350	**1954–1956**	
2-Zyl.-2-Takt	344 cm³	20 PS / 5000 U/min

AWD

1954 konnte Ilo den leistungsstärkeren 250er Zweizylindermotor mit 15,1 PS liefern und Wurring taufte seine Maschine in AWD SZ 252 um. Man stelle sich vor, von 1954 bis 1961 baute Wurring von dieser SZ 252 ganze 25 Stück und nannte es Serienfertigung! Dabei kamen in den letzten Produktionsjahren Hinterrad-Schwinge und Sitzbank zum Einsatz. Immerhin: Wurring konnte seine kleine Manufaktur durch die Motorradkrise der späten 1950er Jahre retten. Übrigens sind die genannten Produktionsjahre der einzelnen Typen nicht so eng zu sehen. Auch 1959 konnte noch eine fabrikneue 175er AWD erworben werden.

> **Eine spätere Ausführung der AWD SZ 252 mit Hinterradschwinge und durchgehender Sitzbank.**

AWD SZ 252	1954–1961	
2-Zyl.-2-Takt	244 cm³	15 PS / 6100 U/min

Bastert

Die Jurisch-Hirafe zierte die 1953, wiederum mit einem neuen Rahmen erschienene B/M 200, benannt nach dem ebenfalls neuen Ilo-Motor mit 197 cm³. Trotz Vollnabenbremsen, verchromter Tankspiegel und des absatzstärksten Jahres nach dem Zweiten Weltkrieg, den Motorradverkauf in Deutschland betreffend, konnten nur wenige 200er Bastert abgesetzt werden. Denn in eben diesem Jahr, genauer gesagt am 2. November, begann ein Vergleichsverfahren gegen die alteingesessene Bielefelder Firma und der Konkurs wurde nur mit Mühe abgewendet. Mit dem als »Einspurauto« bezeichneten Motorroller war man in die Krise gefahren und mit der Einstellung der Motorradproduktion 1955 kam der spätere Kunststoffverpackungs-Spezialist aus dieser langsam wieder heraus.

> **B/M 200 hieß die letzte Kreation der Bielefelder Firma, ehe Bastert 1956 die Herstellung motorisierter Zweiräder aufgeben musste.**

Bastert B/M 200	1953–1956	
1-Zyl.-2-Takt	197 cm³	11 PS / 5000 U/min

BMW

Ein technischer Quantensprung war die R 25/3, die 1953 auf den Markt kam. Neben der neuen optischen Gestaltung von Schutzblechen und Tank fielen vor allem die hydraulisch gedämpfte Telegabel, eine modernere Auspuffanlage, polierte Alufelgen, Vollnabenbremsen und ein PS mehr Leistung auf. Zwar zog

> Die BMW R 25/3 war die mit Abstand meistverkaufte Maschine der Münchner in den 1950er Jahren.

BMW auch den Preis kräftig an, was den Verkaufszahlen aber nicht schadete: 47.700 verkaufte R 35/3 bis 1956 machten den Viertakt-Single zum meistverkauften BMW-Motorrad der 1950er Jahre.
1955/56 folgte der R 67/2 eine R 67/3 mit größerem Hinterreifen und jetzt als reine Gespannmaschine, denn 1955 war eigentlich schon der Modellwechsel hin zu den Vollschwingen-Fahrwerken vollzogen.

BMW R 25/3	1954–1956	
1-Zyl.-4-Takt	247 cm³ ohv	13 PS / 5800 U/min
BMW R 67/3	**1955–1956**	
2-Zyl.-4-Takt	594 cm³ ohv	28 PS / 5600 U/min

> Als Übergangsmodell war die BMW R 67/3 als Beiwagenmaschine, vor allem für Behörden, konzipiert.

Bücker

1954 waren es insgesamt nur noch 165 Motorräder, die Bücker verkaufen konnte. Und trotzdem schickten die Oberurseler 1955 noch die Ilona II S mit Hinterradschwinge in ein längst verlorenes Rennen. Auch die TZ 200 war noch durch das S-Modell mit Schwinge ersetzt worden. Nur wenige Exemplare entstanden von diesen Maschinen, ehe die kleine Motorradfabrik in eine Vertragswerkstatt für Ford- und Glas-Automobile umgewandelt wurde.

Bücker TZ 200/S	1953–1955	
1-Zyl.-2-Takt	197 cm³	11 PS / 5000 U/min
Bücker Ilona II S	**1955**	
2-Zyl.-2-Takt	246 cm³	15,1 PS / 6000 U/min

> Die Bücker-Modelle mit Hinterradschwinge wurden in nur wenigen Exemplaren gebaut und sind heute entsprechend selten.

DKW

DKW hielt lange an seiner RT 125 fest. 1954 wurde die Leistung noch einmal auf jetzt 6,4 PS gesteigert. Zu dieser Zeit gab es nun auch endlich eine Hinterradfederung für die kleine RT, deren Verkaufszahlen inzwischen jedoch schon stark rückläufig waren. Erst 1957 wurde die kleine Maschine aus dem Programm genommen. Der RT 200 war 1954 etwas spät der Verkaufsschlager RT 175 gefolgt. Diese völlige Neukonstruktion war lange Zeit das meistgekaufte Motorrad in Deutschland. Und das auf einem schon schwächelnden deutschen Motorradmarkt, der in der zweiten Hälfte der 1950er Jahre deutlich rückläufige Verkaufszahlen aufwies. Für die RT 175 wie auch die RT 200 war ein völlig neuer Motor entwickelt worden und beide Maschinen waren im Modelljahr 1954/55 kaum zu unterscheiden. Beide Modelle traten jetzt gemeinsam den weiteren Entwicklungsweg, zunächst als S-Modell mit Schwinge (1955–1956), an.

> Die DKW RT 175 avancierte schnell zum Publikumsliebling und zum damals meistverkauften Motorrad in Deutschland.

> Das Ende einer Legende: 1957 endete die Fertigung der DKW RT 125, zuletzt als /2 H mit 6,4 PS und serienmäßiger Hinterradfederung.

> Optisch gingen DKW RT 175 und RT 200/2 noch getrennte Wege, die Motorbasis war jedoch die gleiche.

Über den leistungsgesteigerten Motor der RT 250/2 führte die weitere Entwicklung in dieser Klasse, wie bei den anderen Modellen auch, zur RT 250 S mit hinterer Schwinge und neuem Stachelrippen-Zylinder. Im Gegensatz zu den Vorkriegstypen hatte die 1954 auf den Markt gekommene RT 350 S zwei Zylinder, wohl auch im Hinblick auf die Möglichkeit, daraus noch eine 500er werden zu lassen. Das Fahrwerk der neuen 350er DKW folgte den 1954er S-Modellen mit einer Ausnahme: Es gab erstmals bei DKW eine hydraulische Hinterradfederung. Doch auch die half dem heute gefragtesten DKW-Motorrad-Oldtimer damals nicht; nach anfänglich guten Verkaufszahlen war 1956 nach insgesamt nur 5290 verkauften Exemplaren schon wieder Schluss mit einer der besten Zweitaktmaschinen dieser Zeit. Die Zweizylinder-Maschine, die eigentlich ein Star unter den deutschen Motorrädern hätte werden sollen – und können – war preislich schon zu dicht an Kabinenroller und andere Primitivautos herangerückt.

> Die optisch identischen DKW RT 175 S und 200 S eröffneten 1955 den Reigen der neuen Schwingenmodelle aus Ingolstadt.

> Mit leistungsgesteigertem Motor setzte die RT 250/2 die Entwicklungslinie der Viertelliter-Klasse bei DKW fort.

> Sie sollte das Flaggschiff der Ingolstädter Zweitaktflotte werden, hatte aber in der abflauenden Motorradkonjunktur keine Chance mehr: die DKW RT 350 S, hier mit einem für DKW designten Biuder-Seitenwagen.

DKW RT 125/2 H	**1954–1957**	
1-Zyl.-2-Takt	123 cm³	6,4 PS / 5600 U/min
DKW RT 175	**1954–1955**	
1-Zyl.-2-Takt	174 cm³	9,6 PS / 5000 U/min
DKW RT 200/2	**1954–1955**	
1-Zyl.-2-Takt	197 cm³	11 PS / 5000 U/min
DKW RT 250/2	**1953–1955**	
1-Zyl.-2-Takt	244 cm³	14,1 PS / 5000 U/min
DKW RT 175 S	**1955–1956**	
1-Zyl.-2-Takt	174 cm³	9,6 PS / 5000 U/min
DKW RT 200 S	**1955–1956**	
1-Zyl.-2-Takt	197 cm³	11 PS / 5000 U/min
DKW RT 250 S	**1955–1956**	
1-Zyl.-2-Takt	244 cm³	15 PS / 5000 U/min
DKW RT 350 S	**1955–1956**	
2-Zyl.-2-Takt	348 cm³	18,5 PS / 5000 U/min

Express

Bei Express galt es, die preiswerte 150er für einen längeren Produktionszeitraum (bis 1955) flott zu machen. Denn 1953 erschien mit der Radex 152 eine weitere und etwas teurere 150er auf dem Markt. Diese trug jetzt als wesentliche Änderung den in der Leistung gesteigerten Sachs-Zweitaktmotor, der nun 7,2 PS leistete. Dazu kamen unter anderem eine verbesserte Telegabel, eine voll gekapselte Antriebskette, ein stärkeres Hinterrad und ein Batteriekasten. Auch dieses Modell blieb bis 1955 im Programm, wurde aber schon zuvor von einem Nachfolger überholt. Dabei war es nur logisch, dass die nächste 150er mit einer Hinterradschwinge ausgerüstet sein würde, wie sie seit etwa 1953 im Motorradbau zur Anwendung kam. So war also die Radex 153 mit Telegabel und Hinterradschwinge ausgestattet, hatte noch tiefer heruntergezogene Schutzbleche und blieb ansonsten gegenüber den Vorgängermodellen unverändert.
Die Produktfolge und die jeweilige Ausstattung der Modelle folgte bei den 175er exakt dem Vorbild der Maschinen mit 150 cm³ Hubraum. Fichtel & Sachs hatte inzwischen, basierend auf dem hauseigenen

> Auch die DKW RT 250 erhielt als S-Modell 1955 eine Hinterradschwinge.

> Express hielt lange am 147-cm³-Sachsmotor fest, der in der Radex 152 immerhin schon 7,2 PS leistete.

> Als Express Radex 153 gab es die 150er 1954 mit einer Hinterradschwinge.

> Lediglich 1955 wurde die Express Radex 174 S in der klassischen Ausstattung und mit Jurisch-Hinterradfederung gebaut.

> In der Endausbaustufe war die Radex 154 üppig verkleidet und auf einem Vollschwingenfahrwerk unterwegs.

> Auch die Express Radex 200 kam 1953 noch in der klassischen Konfektionärs-Bauweise der frühen 1950er Jahre daher.

150-cm³-Zweitaktmotor, ein 175-cm³-Aggregat angeboten und Express setzte diese Triebwerke ab 1953 in dieser Hubraumklasse ausschließlich ein. Und zwar zunächst in der Radex 175 S, die bis 1956 im Programm stand und bis dahin diverse Wandlungen durchlebte. Während es die Hinterradschwinge von Anfang an gab, hing das Vorderrad zunächst an einer Teleskopgabel, später konnte eine gezogene Kurzschwinge mit Stoßdämpfern geordert werden. Dazu kamen Designänderungen vom Tank über die Schutzbleche bis hin zur durchgehenden Sitzbank und dem 16-Zoll-Fahrwerk.

In das gleiche Bild passte dann auch die letzte 150er Schöpfung von Express, die 1955 erschien: 16-Zoll-Fahrwerk, Schwingenfederung vorn und hinten, tief gezogene Schutzbleche, Seitendeckel für Batterie- und Werkzeugkasten und eine durchgehende Doppelsitzbank. Das Ganze wirkte sehr massiv, wie bei den Motorraddesigns dieser Zeit üblich.

> Auch die Express Radex 175 S war am Ende ihrer Bauzeit der Radex 154 – bis auf den Motor – sehr ähnlich.

> In der Weiterentwicklung entsprach dann auch die Radex 201 dem Endstand der Motorradentwicklung bei Express in Neumarkt.

> 1954 schob Express mit dem Modell Radex 202 noch eine preiswertere 200er nach.

Schon ein Jahr nach Erscheinen wurde die letzte 150er von Express aus dem Programm genommen.
Neben dem Vollschwingenmodell Radex 175 S hielt Express 1954 mit der 174 S und der 176 S 1954 und 1955 zwei weitere, preislich abgestufte 175er im Angebot. Beide Maschinen waren mit dem 9,5 PS leistenden Sachs-Zweitakter ausgestattet, hatten noch Telegabel, 19-Zoll-Räder und die Radex 174 S sogar noch die Jurisch-Geradweg-Teleskopfederung für das Hinterrad. Unter anderem durch unterschiedliche Schutzbleche und Endschalldämpfer sollten die Maschinen für den Kunden im Katalog gut zu unterscheiden sein. Das kurze Leben dieser beiden Modelle endete im Krisenjahr 1955.
In den nächsthöheren Hubraumklassen standen ausschließlich Ilo-Motoren zur Verfügung, die zum Beispiel ab 1953 die Radex 200 antrieben. Das Triebwerk steckte, wie damals bei den preisbewussten Express-Maschinen üblich, in einem 19-Zoll-Fahrwerk mit Einrohrrahmen, Telegabel und Jurisch-Geradweg-Teleskopfederung. Die ausufernde Modellpolitik von Express musste natürlich weitere 200er Zweitaktmaschinen nach sich ziehen. So entstand parallel zum oben vorgestellten Modell ein üppig beplanktes Vollschwingenmodell, wie es schon bei den 150ern und 175ern auf den Markt gebracht wurde. Also 16-Zoll-Fahrwerk, gezogene Kurzschwinge mit Stoßdämpfern vorn, viel Blech und eine durchgehende Doppelsitzbank. Das Triebwerk blieb gegenüber der Radex 200 unverändert. Das galt auch für das nur 1954 angebotene Zwitterwesen Radex 202. Dieses war nicht ganz so üppig verkleidet, musste zwar noch mit den 19-Zoll-Rädern auskommen, trug aber eine Doppelsitzbank und eine einfachere, jetzt geschobene Kurzschwinge für das Vorderrad. 1956 endete auch die Ära der 200er bei den Express-Werken.
Mit jetzt 12,8 PS war der Ilo-Zweitakter 1953 einigermaßen konkurrenzfähig und ergab bei Express die neue Modellbezeichnung Radex 251. Anfangs kam die Maschine im genau gleichen Outfit wie ihre Vorgängerin daher, für 1954 gab es grundlegende Änderungen: Vollschwingen-Fahrwerk (vorn die einfache, geschobene Kurzschwinge), tief gezogene Schutzbleche, üppige Blechverkleidung im Mittelteil, Doppelsitzbank, neuer Auspuff und anderes mehr. 90 Mark musste der Interessent dafür mehr ausgeben, aber die Rabattschlacht hatte auf dem deutschen Motorradmarkt längst begonnen. Zugunsten der Zweizylinder-Maschinen blieben die 250er Einzylinder nur bis 1954 im Angebot.
Zu guter Letzt kam also auch noch der Zweizylinder-Zweitaktmotor M 2/125 von Ilo mit 244 cm³ Hubraum bei Express zum Einsatz. 1953 war hier das Modell Radex 252 noch vollkommen in der bekannten alten Bauart mit Telegabel, Jurisch-Hinterradfederung, einem Schwingsattel und dem 19-Zoll-Fahrwerk unterwegs. Es gab noch keine überhängenden Schutzbleche, keine Verkleidung des Mittelteils. Letzteres blieb auch noch beim Modell 253 von 1954 so. Ansonsten gab es hier jetzt eine Hinterradschwinge und tief heruntergezogene Schutzbleche. Beide Modelle wurden zum gleichen Preis (2.025 Mark) angeboten.
Dem stark rückläufigen Motorradgeschäft versuchte Express ab Mitte der 1950er Jahre mit einer kleinen 100er mit Sachs-Motor entgegenzuwirken, die zunächst mit einfachem Fahrwerk als Radex 101 ohne Hinterradfederung auskommen musste. Der 98 Motor von Fichtel & Sachs basierte immer noch auf dem alten Mofa-Triebwerk, war aber inzwischen deutlich weiterentwickelt worden und leistete nun 5,2 PS. Auch andere Firmen hatten ja ihr Heil in sportlichen Hundertern mit italienischem Design gesucht. Die Radex 101 war da aber mit dem einfachen Stahlrohr-Rahmen und ohne Hirafe sofort ins Hintertreffen geraten. Auch die 19-Zoll-Räder passten nicht mehr in die Zeit. Deshalb musste 1956 schon ein Nachfolger her.

> In der Ausführung mit der einfachen, geschobenen Schwinge für das Vorderrad folgte 1953 die Express Radex 251 der 250er mit Telegabel.

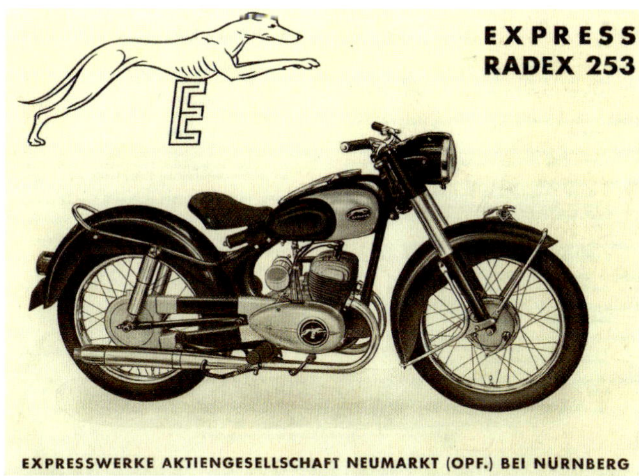

> Mit Hinterradschwinge und Telegabel bot Express 1954 die Radex 253 (Bild) zum gleichen Preis (2.025 Mark) wie die Radex 252 mit Geradweg-Teleskopfederung an.

Express Radex 101	1955–1956	
1-Zyl.-2-Takt	98 cm³	5,2 PS / 5500 U/min
Express Radex 152	**1953–1955**	
1-Zyl.-2-Takt	147 cm³	7,2 PS / 4800 U/min
Express Radex 153	**1954**	
1-Zyl.-2-Takt	147 cm³	6,5 PS / 4500 U/min
Express Radex 154	**1955–1956**	
1-Zyl.-2-Takt	147 cm³	6,5 PS / 4700 U/min
Express Radex 175 S	**1953–1956**	
1-Zyl.-2-Takt	174 cm³	9,5 PS / 5250 U/min
Express Radex 176 S	**1954**	
1-Zyl.-2-Takt	174 cm³	9,5 PS / 5250 U/min
Radex Express 174 S	**1955**	
1-Zyl.-2-Takt	174 cm³	9,5 PS / 5250 U/min
Express Radex 200	**1953–1954**	
1-Zyl.-2-Takt	197 cm³	11,2 PS / 5300 U/min
Express Radex 201	**1953–1956**	
1-Zyl.-2-Takt	197 cm³	11,2 PS / 5300 U/min
Express Radex 202	**1954**	
1-Zyl.-2-Takt	197 cm³	11,2 PS / 5300 U/min
Express Radex 251	**1953–1954**	
1-Zyl.-2-Takt	247 cm³	12,8 PS / 4750 U/min
Express Radex 252	**1953–1955**	
2-Zyl.-2-Takt	244 cm³	15,1 PS / 6000 U/min
Express Radex 253	**1954**	
2-Zyl.-2-Takt	244 cm³	15,1 PS / 6000 U/min

Göricke

Als es 1953 bei der Bielefelder Firma einen Modellwechsel gab, war fortan die neue Gö 200 S das Spitzenmodell der Bielefelder. Die 150er und 175er Motorräder bekamen ebenfalls ein S angehängt, da die neuen Göricke-Modelle hinten mit einem Schwingrahmen ausgerüstet waren, der sich auf zwei Federbeine stützte. Der neue Einrohrrahmen war jetzt verschweißt. Neben dem Ilo-Motor konnte die 175er nun wahlweise auch mit einem Sachs-Motor geliefert werden, was die Typenvielfalt bei den Göricke-Modellen nicht gerade überschaubarer machte.

Aus der Mopedentwicklung heraus entstand bei Göricke 1956 noch einmal eine 100er mit Sachs-Motor. Die Gö 100/3K versuchte noch mit Telegabel vorn und ohne Hinterradfederung auszukommen, geriet aber durch die Konkurrenz (z. B. Hercules K 100, Express Radex 102) schnell ins Hintertreffen.

> Die S-Modelle von Göricke waren mit einer Hinterradschwinge ausgerüstet. Im Bild die Gö 150 S mit Sachs-Motor.

> Beide mit dem Ilo-Zweitaktmotor ausgerüstet, unterschieden sich die Göricke-Modelle Gö 175 S und Gö 200 S nur durch den Hubraum.

> Wie viele Konfektionäre versuchte sich auch Göricke in der Krise mit einer 100er am Markt zu behaupten. Die Gö 100/3K war da nur als Übergangsmodell zu sehen.

Göricke Gö 150 S	1953–1954	
1-Zyl.-2-Takt	147 cm³	6,5 PS / 4750 U/min
Göricke Gö 175 S (Sachs)	**1953–1954**	
1-Zyl.-2-Takt	173 cm³	9,5 PS / 5250 U/min
Göricke Gö 175 S (Ilo)	**1953–1954**	
1-Zyl.-2-Takt	173 cm³	8,2 PS / 5000 U/min
Göricke Gö 200 S	**1953–1954**	
1-Zyl.-2-Takt	197 cm³	11,2 PS / 5300 U/min
Göricke Gö 100/3K	**1956**	
1-Zyl.-2-Takt	97 cm³	5,2 PS / 5500 U/min

Gritzner

1953 spendierte Gritzner seinen Motorrädern eine neue Optik, unter anderem mit Vollnaben-Bremstrommeln, geschlossenem Kettenkasten und zweifarbiger Tanklackierung, durch eine Mittelleiste getrennt. Parallel zum Modell mit der Jurisch-Teleskopfederung am Hinterrad bot Gritzner 1953 auch eine Variante mit Hinterrad-Schwinge als 150 S an, die aber wenig Verbreitung fand.
Ebenfalls kaum Notiz nahm die Motorradwelt von den beiden im gleichen Jahr eingeführten 175er Modellen mit Fichtel & Sachs-Motor, die äquivalent zu den 150ern mit Jurisch-Hirafe oder Schwinge mit Federbeinen angeboten wurden. Allerdings hatten die 175 und 175 S eine bessere Tiger-Teleskopgabel mit größerem Federweg, erkennbar an den fehlenden Gummifaltenbälgen.
Schon im Jahr darauf, 1954, stellte Gritzner-Kayser die Motorradfertigung zu Gunsten der vielversprechenderen Mopedproduktion ein.

> Jurisch-Geradweg-Hinterradfederung (Foto) oder Schwinge, das waren die Wahlmöglichkeiten für eine Gritzner 175.

Gritzner 150 S	1953–1954	
1-Zyl.-2-Takt	147 cm³	6,5 PS / 4500 U/min
Gritzner 175	**1953–1954**	
1-Zyl.-2-Takt	173 cm³	9,5 PS / 5250 U/min
Gritzner 175 S	**1953–1954**	
1-Zyl.-2-Takt	173 cm³	9,5 PS / 5250 U/min

Hecker K 175 S	1953–1955	
1-Zyl.-2-Takt	173 cm³	9,5 PS / 5200 U/min
Hecker K 175 S	**1954–1956**	
1-Zyl.-2-Takt	173 cm³	8,2 PS / 5000 U/min
Hecker K 250 ZS	**1955–1956**	
2-Zyl.-2-Takt	244 cm³	15,1 PS / 6000 U/min
Hecker K 100	**1955–1956**	
1-Zyl.-2-Takt	97 cm³	5,2 PS / 5000 U/min

Hecker

Auch Hecker stellte sich der aufkommenden Schwingen-Mode und brachte noch 1953 eine 175er mit Hinterradschwinge und jetzt einem Sachs-Motor heraus. Die 175er mit Ilo-Motor und die große Zweizylinder-Maschine erhielten sogar noch ein Vollschwingen-Fahrwerk und eine modernere Linienführung. Verkauft wurden davon allerdings nur noch wenige Exemplare. 1955 lieferte Hecker 29 Motorräder mit einem Hubraum über 125 cm³ aus, im Jahr darauf war es gerade noch ein Dutzend. Das Ende konnte auch die kleine K 100, ab 1955 mit Vollschwingenfahrwerk, Sitzbank und sportlicher Linie angeboten, nicht verhindern: Im April 1957 wurde das Konkursverfahren gegen Hecker eröffnet und im August 1963 der Name aus dem Handelsregister gestrichen.

> Mit dem 175er Ilo-Motor erhielt die Hecker 175 S noch ein Vollschwingen-Fahrwerk und Seitenverkleidungen. In gleicher Aufmachung erschien auch das Modell K 250 ZS.

> Die Hecker K 175 S in der unverkleideten Ausführung und noch mit einer Telegabel versehen.

> Der letzte Versuch: Wie viele andere Hersteller wollte sich auch Hecker mit einer 100er in die Zukunft retten – ohne Erfolg.

Hercules

Nur gut ein Jahr lang war die 175er mit Ilo-Motor im Hercules-Programm, ehe sie, nahezu unverändert, ab 1953 mit dem preiswerteren 175er Sachs-Triebwerk als Modell 319 ausgeliefert wurde. Gleichzeitig erschien die 175er auch als Modell 320 mit hinterer Schwinge und der Mode ebenso angepassten Werkzeugkästen und Doppelsitzen. Der 9,5 PS leistende Motor kam wieder von Sachs. Das gleiche Motorrad konnte als Typ 321 auch mit dem 200er Ilo-Motor, der 11 PS leistete, geliefert werden. 1953, beinahe zeitgleich, war mit dem gleichen Motor das Modell 317 mit konventioneller Fahrwerkstechnik, also Jurisch-Geradwegfederung und Schwingsattel, dem Einrohrrahmen mit angeschraubtem Heckteil und dem zerklüfteten Design der frühen 1950er Jahre als preiswertere Variante ins Rennen gegangen. 1957 liefen die 200er aus.

> Das Hercules-Modell 318 mit dem 250er Zweizylinder-Ilo-Motor und wieder der Geradweg-Hinterradfederung.

> Hercules bot in den Jahren 1953 bis 1956 je eine Maschine mit konventioneller Hinterradfederung und Hinterradschwinge an. Hier das Modell 317 mit dem 200er Ilo-Motor und der Jurisch-Federung.

> In der gleichen Motorisierung die Hercules 322 mit Hinterradschwinge.

> Mit einer Schwinge sahen die Maschinen dann so wie diese Hercules 320 mit 175er Sachs-Motor aus.

Hercules 317	1953–1956	
1-Zyl.-2-Takt	197 cm³	11 PS / 5000 U/min
Hercules 318	**1953–1956**	
1-Zyl.-2-Takt	244 cm³	15 PS / 6000 U/min
Hercules 319	**1953–1956**	
1-Zyl.-2-Takt	173 cm³	9,5 PS / 52.500 U/min
Hercules 320	**1953–1956**	
1-Zyl.-2-Takt	173 cm³	9,5 PS / 52.500 U/min
Hercules 321	**1953–1957**	
1-Zyl.-2-Takt	197 cm³	11 PS / 5000 U/min
Hercules 322	**1953–1956**	
2-Zyl.-2-Takt	244 cm³	15 PS / 6000 U/min

1953 übernahm Hercules den Zweizylinder-Motor von Ilo und setzte ihn in das Modell 318 mit konventionellem Fahrwerk und Design und parallel dazu in das Schwingenmodell 322 mit gefälligerer Linienführung und viel Chrom ein. Die 15 PS blieben damals ambitionierten Sportfahrern mit der entsprechenden Führerscheinklasse vorbehalten.

Hoffmann

Mit der Einführung einer 200er mit Ilo-Motor noch im Jahre 1953 wollte sich Hoffmann auch ein Stück vom Kuchen in dieser Hubraumklasse abschneiden. Dabei sollte die MR 200-2 mit einer ähnlichen Verkleidung

wie sie die Gouverneur erhielt, die Verbindung zu dieser herstellen. Die MR 200-2 wurde auch unter der Typenbezeichnung »Meteor« angeboten. Für das Modelljahr 1953 konnte dann endlich auch der Hoffmann-Viertakt-Boxermotor mit 248 cm³ in die neue Gouverneur MP 250 mit Stahlblech-Kastenrahmen eingesetzt werden.
Zusammen mit dem sehr üppig verarbeiteten Blech erweckte die Gouverneur den Anschein eines hubraumstärkeren Motorrades, dem aber gerade mal 13,4 PS gegenüber standen. In der Version MP 250/2 mit verbessertem Motor und neuem Vergaser standen der Maschine 1954 dann 14,8 PS zur Verfügung. Neben diesem Modell präsentierte Hoffmann auf der IFMA 1953 als Neuheit die S 300. Hierbei handelte es sich um eine auf 298 cm³ aufgebohrte 250er, die lediglich durch die geänderte Auspuffanlage und die obligatorische, olivgrüne Lackierung vom kleineren Modell zu unterscheiden war.
Hauptsächlich die immensen Entwicklungskosten für den neuen Motor und die Kündigung des Lizenzvertrages für die Vespa-Roller im Sep-

Foto: Christof Rezbach

> Die Hoffmann MR 200 gab es in einer offenen Version (Foto) und mit Verkleidungsteilen, die sich an der größeren Gouverneur orientierten.

> Die Hoffmann Gouverneur gehört zu den ungewöhnlichsten und durchaus spektakulärsten deutschen Motorrädern der 1950er Jahre.

Foto: Misslisa

> Mit 2.475 Mark war die Hoffmann S 300 um 125 Mark teurer als die 250er Gouverneur.

tember 1954 (Hoffmann war monatelang die unumstrittene Nummer 1 auf dem deutschen Rollermarkt) führten im Zusammenspiel mit dem Beginn der Motorradkrise dazu, dass Hoffmann im November 1954 Vergleich anmelden musste.

Hoffmann MR 200-1	**1953–1954**		
1-Zyl.-2-Takt	197 cm³	11 PS / 5000 U/min	
Hoffmann MR 200-2 Meteor	**1953–1954**		
1-Zyl.-2-Takt	197 cm³	9,3 PS / 5000 U/min	
Hoffmann MP 250 Gouverneur	**1953–1954**		
2-Zyl.-4-Takt	248 cm³	13,9/14,8 PS / 5600 U/min	
Hoffmann S 300 Gouverneur	**1954**		
2-Zyl.-4-Takt	298 cm³	17,5 PS / 6000 U/min	

Horex

Mit der internen Typenbezeichnung Regina 2 bekam die 250er für das Modelljahr 1953 einen Aluminiumkopf und die Einport-Anlage einen Linksabgang. Als zu dieser Zeit auch die normale Regina einen Doppelport-Aluminium-Zylinderkopf bekam, sprach man von der Regina 3. Neben weiteren Änderungen am Triebwerk kennzeichneten neue, weiter heruntergezogene Schutzbleche die dritte Regina-Generation. Die vierte folgte im Sommer 1953 mit der Regina 4 und dem 400-cm³-Motor. Mit einem ganzen Änderungspaket am Motor, der in seiner Grundkonzeption unverändert blieb, konnten nun sportliche 22 PS erreicht werden. Allerdings war die 400er, deren Fahrwerk gegenüber den Modellen 1 bis 3 unverändert geblieben war, mehr als Beiwagenmaschine und weniger fürs Sportliche gedacht.

Mit dem Beginn der Motorradkrise schob Horex noch eine Regina nach. Die 250 V sollte für deutlich unter 2000 DM Käufer anlocken, denen eine einfache schwarze Lackierung genügte, und die auf verchromte Felgen und Tankspiegel und einigen anderen Schnickschnack

> Auf 74,5 mm aufgebohrt und dann mit einem Hubraum von 399 cm³ werkelte der alte Columbus-Motor in der Horex Regina 4.

verzichten konnten. Immerhin gab es für ein paar Mark mehr auch die »V« in »Fischsilbergrau« mit Zierlinien an Tank und Felgen. Bis 1956 blieben die Reginas mit 250, 350 und 400 cm³ im Horex-Programm.

Schon Ende 1950 stellte Horex einen Imperator-Prototypen mit 500-cm³-Zweizylinder-Motor, der 30 PS leistete, vor und fing mit den ersten Testkilometern an. Doch außer in den Horex-Rennmaschinen sah man vorerst keinen Twin mehr in der Öffentlichkeit; bei Horex brummte die Regina-Fertigung auf Hochtouren. Das änderte sich schon im Jahre 1954, in dem Horex begann, die Belegschaft von ehemals 600 Mitarbeitern drastisch abzubauen. Zu Weinachten 1954 wurde dann doch die neue Horex »Imperator« präsentiert; mit 400-cm³-Zweizylinder-Motor und 26 PS. Dieser saß in einem neu konstruierten Fahrwerk, bestehend aus dem so genannten »Schweberahmen« aus Stahlrohr mit doppeltem Unterzug, einer Hinterradschwinge, wahlweise der Telegabel der Regina oder einer neuen halblangen Schwinge (»Schwinggabel«) und 18-Zoll-Rädern. Sitzbank und Seitenkästen wurden dem modischen Trend der Zeit angepasst.

Doch die Imperator lief schlecht. Steigende Versicherungsprämien für die größeren Hubraumklassen, das allgemein einbrechende Motorradgeschäft und dazu noch technische Probleme am Twin ließen die Zweizylindermaschine auf dem Markt nur so dahindümpeln.

Bleibt noch nachzutragen, dass es von der Imperator diverse käufliche Sport-Ausführungen gab. Zum einen zwei GS-Modelle mit 350 und 400

> Als Horex Regina 2 ging die 250er mit Leichtmetall-Zylinderkopf in die Motorradgeschichte ein.

> 1953 erhielten die Horex-Maschinen einen Zylinderkopf aus Aluminium. Für die 350er Regina bedeutete das die Nr. 3 in der Ziffernfolge.

cm³ Hubraum und 28 bzw. 30 PS und in den gleichen Hubraumklassen zwei Rennsportmaschinen mit 34 bzw. 37 PS. Letztere brachte es immerhin auf eine Spitzengeschwindigkeit von 170 km/h.

Horex Regina 2	1953–1956	
1-Zyl.-4-Takt	248 cm³ ohv	17 PS / 6640 U/min
Horex Regina 250 V	**1955–1956**	
1-Zyl.-4-Takt	248 cm³ ohv	17 PS / 6640 U/min
Horex Regina 3	**1953–1956**	
1-Zyl.-4-Takt	342 cm³ ohv	19 PS / 6250 U/min
Horex Regina 4	**1953–1956**	
1-Zyl.-4-Takt	399 cm³ ohv	22 PS / 5750 U/min
Horex Imperator	**1954–1959**	
1-Zyl.-4-Takt	392 cm³ ohv	26 PS / 6500 U/min

> Die Horex Imperator war eine komplette Neukonstruktion, die mit Telegabel oder Schwinge zur Vorderradführung geliefert werden konnte.

Maico

Bevor Maico komplett neue Modelle herausbrachte, wurde ein äußerlich deutlich erkennbar neu gestalteter Motor-Getriebeblock, der schon für eine neue Maico-Generation bestimmt war, für das Modelljahr 1953 noch einmal in das alte 175er Fahrgestell gesetzt und dem Motorrad der Beiname »Fanal« verliehen. Mit gleicher Technik und Optik erschien diese Maschine im selben Jahr mit einem auf 197 cm³ aufgebohrten Motor und der Typenbezeichnung M 200.
Mit dem alten Fahrwerk und dem überarbeiteten Antriebsblock erschienen die Mittelklässler im 1954er Maico-Programm als Passat 175 und Passat 200. Optisch fiel bei diesen Motorrädern der neue, große Kraftstofftank auf, der 16 Liter fasste und allen Maico-Motorrädern ab diesem Zeitraum gemein war.
Ein wenig tiefer in den Geldbeutel musste greifen, wer eines der beiden Motorräder in einem moderneren Design, wahlweise mit einer Sitzbank und vor allem mit einer Hinterradschwinge, die sich auf zwei hydraulisch gedämpfte Federbeine stützte, ordern wollte. Die M 175 S und die M 200 S, die sich deutlich durch unterschiedlich gestaltete und verrippte Zylinder und Zylinderköpfe unterschieden, dominierten dennoch die Maico-Palette Mitte der 1950er Jahre.

> Mit altem Fahrwerk, aber größerem Tank und neuem Zweitaktmotor waren die Maico-Modelle M 175 Passat und M 200 Passat optisch identisch.

Maico ging mit einer gewaltigen Modelloffensive in das Jahr 1954. Erstmals gab es eine 250er mit den Fahrwerkmerkmalen und dem Design der kleineren S-Modelle, aber gut erkennbar am deutlich größeren Zylinder des Zweitakters. In dieser Ausstattung gab es die »Blizzard«, wie Maico seine 250er nannte (interne Typenbezeichnung M 50 S), nur wenige Monate.
Im wahrsten Sinne des Wortes aus dem Rahmen fallend und dennoch dem Zeitgeist entsprechend, erschien ebenfalls 1954 das Zweizylinder-Modell »Taifun«. Während die üppige Blechverkleidung Geschmacksache und die Langschwinge am Vorderrad zeitgemäß waren, gerieten Motor-Getriebeblock und Hinterradaufhängung doch recht unkonventionell. So bildeten Schwinge, Motor und Hinterrad eine Einheit, wobei der rechte Schwingenholm als Kettenkasten diente. Nicht ganz unproblematisch das Ganze; die Kundendienstabteilung bei Maico wusste ein Lied von diversen Lagerschäden am Antriebsritzel zu singen, wenn die Schwingenlagerung nicht ganz exakt eingestellt

> Mit Telegabel wurde die Maico M 250 S Blizzard nur für das Modelljahr 1954 gefertigt.

> Optisch identisch waren auch die Maico-Typen M 175 S und M 200 S mit Hinterradschwinge und zwei Federbeinen.

war. Je nach Bohrung der Zylinder konnte die große Maico als 350er oder 400er ausgeliefert werden. Der Versuch, mit der Taifun potenzielle Autokäufer ans Motorrad zu binden, scheiterte. Nach einer sehr überschaubaren Zahl produzierter tropischer Wirbelstürme wurde deren Produktion 1958 eingestellt.

Maico M 175 Fanal	1953	
1-Zyl.-2-Takt	174 cm³	9,2 PS / 5350 U/min
Maico M 200	**1953**	
1-Zyl.-2-Takt	197 cm³	11 PS / 5000 U/min
Maico Passat M 175	**1954–1956**	
1-Zyl.-2-Takt	174 cm³	9,5 PS / 5600 U/min
Maico M 175 S	**1954–1956**	
1-Zyl.-2-Takt	174 cm³	9,5 PS / 5600 U/min
Maico Passat M 200	**1954–1956**	
1-Zyl.-2-Takt	197 cm³	11 PS / 5000 U/min
Maico M 200 S	**1954–1955**	
1-Zyl.-2-Takt	197 cm³	11 PS / 5000 U/min
Maico Taifun 350	**1954–1958**	
2-Zyl.-2-Takt	348 cm³	19,5 PS / 5100 U/min
Maico Taifun 400	**1954–1958**	
2-Zyl.-2-Takt	395 cm³	22,5 PS / 5250 U/min
Maico M 250 S Blizzard	**1954**	
2-Zyl.-2-Takt	247 cm³	14,5 PS / 5200 U/min

> Zu den markanten Erscheinungen im deutschen Motorradbau der 1950er Jahre gehörte auch die Maico Taifun, die es in den Ausführungen mit 350 oder 400 cm³ gab.

Mars

Mit tiefgezogenen Schutzblechen, einem Schwingsattel und einer schöneren Lampe gab es 1954 noch einmal eine Auffrischung des alten Mars-Mofas. SP 100 wurde es jetzt genannt, wobei das P für Pedale stand, denn im selben Jahr brachte Mars auch ein 98er Kickstarter-Modell mit der Bezeichnung SK 100 auf den Markt. Während sich andere Hersteller zu dieser Zeit längst von den kleinen Maschinen abgewandt hatten, konnte Mars dank einer starken Nachfrage aus Vietnam (!) die Fertigung noch bis 1956 aufrechterhalten.

> Ungewöhnlich: Mars brachte noch 1954 mit der SK 100 ein 98er Modell im Stil der alten Motorfahrräder heraus.

In das nahezu unveränderte Fahrgestell, jetzt mit Vollnabenbremsen, die zuletzt auch die 150er erhalten hatte, setzte Mars 1953 den 175 cm³ großen Zweitakter von Fichtel & Sachs ein und nannte die Maschine Stella 175 oder Stella 175 K (für den geschlossenen Kettenkasten). Dieses Modell fand wenig Interesse und schon im Jahr darauf stand mit der 175 S eine Nachfolgerin bereit. Mit verändertem Heck, das jetzt zwei Federbeine gegen die Schwinge abstützten, und einer Sitzbank hob sich das Motorrad nun nicht mehr allzu sehr von der breiten Masse ab.

> Die Mars Stella 175 war im Prinzip eine 150er, jetzt aber mit dem größeren Sachsmotor.

> Wie bei den meisten anderen Konfektionären auch, trug die Mars Stella 175 S zunächst nur am Hinterrad eine Schwinge.

Schließlich kam 1955 auch noch die Stella 175 DS (Doppelschwinge) heraus, die nun zudem mit den Pressstahlblechen der vorderen Schwinggabel recht plump aussah und so den allgemeinen Abwärtstrend auch nicht mehr aufhalten konnte. 1957 wurden noch ganze 47 Motorräder ausgeliefert!
Der Versuch, mit einer kleinen 100er (Stella 100 DS) den Markt zu beleben, schlug fehl. Und die beliebten Monza-Sportmopeds allein konnten die Firma auch nicht mehr retten. Mars ging 1958 in Konkurs.

Mars 100 SK	1954–1955	
1-Zyl.-2-Takt	98 cm³	3 PS / 4000 U/min
Mars Stella 175	**1953–1954**	
1-Zyl.-2-Takt	174 cm³	9,5 PS / 5250 U/min
Mars Stella 175 S	**1954–1955**	
1-Zyl.-2-Takt	174 cm³	9,5 PS / 5250 U/min
Mars Stella 175 DS	**1955–1957**	
1-Zyl.-2-Takt	174 cm³	10 PS / 5250 U/min
Mars Stella 100 DS	**1956**	
1-Zyl.-2-Takt	97 cm³	5,2 PS / 5500 U/min

> Und als Stella 175 DS besaß sie dann ab 1955 ein Vollschwingenfahrwerk und der Mode entsprechend mehr Blech.

> Die Phänomen S 76 war baugleich mit der Meister M 58 S und der Mammut M 258.

Meister / Mammut / Phänomen

Ab 1953 stellten die Bielefelder die Hubraumklasse 175 cm^3 auf einen Sachs-Motor um und lieferten das jetzt M 58 S genannte Motorrad nur noch komplett gefedert aus; ebenso die im gleichen Jahr erschienene M 61 J. Mit dem 197 cm^3 großen Ilo-Zweitakter blieb dieses Motorrad das hubraumstärkste im Meister-Programm.

> Eine Mammut 261 wurde auch als Meister M 61 J und als Phänomen 81 verkauft.

Erhard Doppelt wollte sich bald nicht mehr den verschärften Bedingungen eines im Niedergang befindlichen deutschen Motorradmarktes stellen und liquidierte 1957 seinen Betrieb selbst. Die Bielefelder Fahrzeugfabrik Goebel übernahm einen Teil der Produktion.

Meister M 58 S	1953–1956	
1-Zyl.-2-Takt	174 cm^3	9,5 PS / 5250 U/min
Meister M 61 J	**1953–1956**	
1-Zyl.-2-Takt	197 cm^3	11 PS / 5000 U/min

Miele

Für das 1953er Miele-Programm änderten die Bielefelder die Bezeichnung des Leichtmotorrades 730 in Modell 100, da im gleichen Jahr die Miele 150 mit dem 147-cm^3-Sachs-Motor erschien. Hier gab es jetzt eine Teleskopgabel für alle; die Jurisch-Hinterrad-Federung dagegen blieb dem Export-Modell vorbehalten.

1953 endete die Mofa-Ära bei Miele und zwei Jahre später stellte man auch die Fertigung von Motorrädern ein. Lediglich Mopeds waren noch bis in die 1960er Jahre hinein von der Marke mit der Weltkugel erhältlich.

> Der Miele-Prospekt für das 1953er Motorradprogramm zeigt das Modell 150.

> Für 1953 modernisierte Miele das aus dem Mofa heraus entwickelte Kickstartermodell 730 und nannte es Miele 100.

Miele 100 (K 31)	1953–1955	
1-Zyl.-2-Takt	98 cm³	3 PS / 4000 U/min
Miele 150 (K 51)	**1953–1955**	
1-Zyl.-2-Takt	147 cm³	6,5 PS / 4500 U/min

NSU

Gegen den Trend rückläufiger Absatzzahlen sollte die Superfox mit einem von der NSU Max abgeleiteten 123-cm³-Viertaktmotor und einer modern-sportlichen Linienführung ab 1955 ankämpfen. Alle grundlegenden Fahrwerkattribute blieben erhalten; dazu zählte auch die zu dieser Zeit noch untypische Hinterradschwinge mit Zentralfeder. Vollnabenbremsen, gekapselter Kettenkasten und wahlweise eine Doppelsitzbank waren dagegen zeitgemäß und ließen die Superfox, zusammen mit den vorgenannten Eigenschaften, zur beliebtesten 125er in den ersten Krisenjahren des deutschen Motorradbaus werden.

Das Hauptmodell bei NSU blieb aber die Max, die ab 1954 mit Vollnabenbremsen, einem von 12 auf 14 Litern vergrößerten Tank und dem Diffuser-Auspufftopf noch einige Veränderungen erfuhr und nun »Spezialmax« hieß. Mit einem auf 300 cm³ vergrößerten Zylinder wurden etwa 2750 Spezialmäxe als NSU Max 300 hauptsächlich nach Österreich exportiert. 1955 legte NSU eine Kleinserie von »Sportmäxen« mit 28-PS-Motor auf (H. P. Müller holte sich mit einer dieser Maschinen 1955 den Weltmeistertitel) und im gleichen Jahr wurde auch mit der Fertigung von »Geländemäxen« begonnen.

Auch die Lux erhielt 1954 die für die Max beschriebenen Detailverbesserungen. Dazu wurde die Leistung des Motors von 8,6 auf 11 PS gesteigert und das Motorrad in »Superlux« umbenannt. 1956 lief das Modell aus und beendete die Ära der Zweitaktmotorräder von NSU.

Foto: bike-urious

> 15.530 Maschinen konnte NSU immerhin noch von der Superfox mit 125er Viertaktmotor absetzen.

> Die NSU Superlux beendete 1956 die Ära der Zweitaktmotorräder aus Neckarsulm.

> Spezialmax nannte NSU sein ab 1954 gebautes Spitzenmodell mit dem in seiner Leistung gesteigerten 250er Viertaktmotor. Die hier abgebildete Maschine hat noch den kleineren Tank des Vorgängermodells.

> Ab 1955 entstanden auch einige Geländemäxe, die bei nationalen und internationalen Veranstaltungen eingesetzt wurden.

> Von der NSU Sportmax entstanden insgesamt 36 Maschinen, die 1955 ganz vorn in der Motorrad-WM mitmischten.

NSU Superfox	**1955–1957**	
1-Zyl.-4-Takt	123 cm³ ohv	8,8 PS / 6500 U/min
NSU Spezialmax	**1954–1956**	
1-Zyl.-4-Takt	247 cm³ ohv	17 PS / 6500 U/min
NSU Max 300	**1955–1956**	
1-Zyl.-4-Takt	297 cm³ ohv	21 PS / 6600 U/min
NSU Superlux	**1954–1956**	
1-Zyl.-2-Takt	198 cm³	11 PS / 5250 U/min
NSU Sportmax	**1955**	
1-Zyl.-4-Takt	247 cm³ ohv	28 PS / 7000 U/min
NSU Geländemax	**1955**	
1-Zyl.-4-Takt	247 cm³ ohv	19,5 PS / 6500 U/min

Panther

Im neuen 1953er Panther-Programm sahen die 150er ein bisschen formschöner aus (u. a. durch die optionale, geschlossene Jurisch-Kettenkapselung und die Pränafa Vollnaben-Bremstrommeln mit Steckachsen) und hießen jetzt KS 151 und KS 152. Technisch identisch hatte Letztere als Luxusmodell einen verchromten Tank, einen verchromten Auspufftopf, verchromte Felgen mit roten Linien und verchromte Telegabel-Holme.

Ebenfalls 1953 erschienen mit den Modellen KS 175 und KS 176 erstmals Panther-Motorräder in der Hubraumklasse bis 175 cm³. Fahrwerkseitig unterschieden sich diese Maschinen nur durch eine stärkere Telegabel von den 150er Modellen. Auch hier stand die KS 176 für die Luxusvariante mit den eben beschriebenen, meist in Chrom gehaltenen Verschönerungen.

> Länger als die meisten Konfektionäre hielt Panther an der 150-cm³-Klasse fest. Im Bild die einfach ausgestattete KS 151.

> Nachdem PAMAG die Motorradfertigung 1953 an Panther übergeben hatte, boten die Braunschweiger ihr 150er Spitzenmodell KS 152 auch als Anker AKS 152 an.

> Die Panther-Typen KS 175 und KS 176 unterschieden sich nur durch die geringfügig andere Form der Motoren von den 150er Modellen.

Panther KS 151	1953–1957	
1-Zyl.-2-Takt	147 cm³	6,5 PS / 5000 U/min
Panther KS 152	**1953–1958**	
1-Zyl.-2-Takt	147 cm³	6,5 PS / 5000 U/min
Panther KS 175	**1953–1957**	
1-Zyl.-2-Takt	173 cm³	9 PS / 5200 U/min
Panther KS 176	**1953–1959**	
1-Zyl.-2-Takt	173 cm³	9,5 PS / 5200 U/min

Rabeneick

Schon 1952 begann bei Rabeneick die Ablösung der SM-Modelle ohne einheitliches Typenschema. Die Änderungen waren meist optischer Natur; fahrwerkseitig gab es ebenso wenig grundlegende Änderungen wie bei der Antriebstechnik. Wenn man davon absieht, dass nun auch die 200-cm³-Zweitaktklasse besetzt wurde. Optisch stachen jetzt vor allem der große Werkzeugkasten im hinteren Rahmenviereck und die verchromten Auspuff-Zigarren heraus. Die GD 150 folgte der SM 150 und nach der SM 175 konnte man zwischen der LS 175 mit Sachs-Motor oder der GM 175/4 mit Ilo-Motor wählen. Beide waren zum gleichen Preis von 1.525 Mark zu haben. 70 Mark mehr musste man für die neue LI 200

> Die Rabeneick LS 175 mit Sachs-Motor gab es zeitweilig in der gleichen Hubraumklasse als GM 175/4 mit Ilo-Motor.

> Auch Rabeneick hielt an der 150er Klasse fest und bot die GD 150 mit Sachs-Motor bis 1957 an.

bezahlen, deren bekannter 197-cm³-Ilo-Motor 11,2 PS leistete. Und damit nur 1,6 PS weniger als die neue F 250/1, die aber wiederum 200 Mark mehr kostete. Top-Modell blieb bis 1956 die 250er mit dem Zweizylindermotor, die jetzt F 250/2 hieß.

> Die vom Ilo-Zweizylindermotor angetriebene Rabeneick F 250/2 blieb auch weiterhin das Spitzenmodell der Bielefelder. Versuche mit einem 500er Motor scheiterten.

> 1952 stieg Rabeneick mit dem neuen Ilo-Zweitakter auch in die 200-cm³-Klasse ein. Die LI 200 (auch GI 200 genannt) wurde bis 1957 angeboten.

Rabeneick LS 175	1952–1957	
1-Zyl.-2-Takt	173 cm³	9,5 PS / 5250 U/min
Rabeneick GD 150	**1952–1957**	
1-Zyl.-2-Takt	147 cm³	6,5 PS / 4700 U/min
Rabeneick GM 175/4	**1953–1955**	
1-Zyl.-2-Takt	173 cm³	8,2 PS / 5000 U/min
Rabeneick LI 200	**1952–1957**	
1-Zyl.-2-Takt	197 cm³	11,2 PS / 5300 U/min
Rabeneick F 250/1	**1953–1954**	
1-Zyl.-2-Takt	247 cm³	12,8 PS / 4750 U/min
Rabeneick F 250/2	**1953–1957**	
2-Zyl.-2-Takt	244 cm³	15,1 PS / 6000 U/min

Rixe

Den Höhepunkt im Rixe-Motorradbau stellten die ab 1954/55 eingeführten RS-Modelle mit Hinterradschwinge dar. Allerdings zeigte die Krise im Motorradbau längst Wirkung und bei Rixe wurde das Motor-

> Der Beiname »Senator« passte ganz gut für die massiv wirkende Rixe RS 250/2.

radprogramm auf drei Modelle reduziert. Schon 1954 wurde die RS 250/2 Senator vorgestellt, die unverändert vom Ilo-Zweizylinder-Motor angetrieben wurde, aber durch die 18-Zoll-Räder, den mit viel Blech umkleideten Rahmen und die (optionale) durchgehende Doppelsitzbank auffiel. Nach wie vor auf dem 19-Zoll-Fahrwerk basierend und mit dem 9,5 PS starken Sachs-Zweitakter ausgerüstet, blieb in der beliebten 175er Klasse die RS 175 bis 1959 im Angebot. Zu diesem Zeitpunkt waren alle anderen Rixe-Motorräder über 100 cm³ längst aus dem Programm genommen.

> Wie bei vielen anderen deutschen Herstellern war es auch bei Rixe eine 175er, hier in Gestalt der RS 175, die oberhalb von 100 cm³ am längsten im Programm blieb.

Rixe RS 175 Senator	1955–1959	
1-Zyl.-2-Takt	173 cm³	9,5 PS / 5250 U/min
Rixe RS 250/2 Senator	**1954–1958**	
2-Zyl.-2-Takt	244 cm³	15,1 PS / 6000 U/min

Tornax

Zur IFMA 1953 brannte Tornax ein wahres Feuerwerk an Innovationen ab. Allen voran die neue S 250. Eine 250er Zweizylinder-Maschine mit Vollschwingenfahrwerk – und dafür stand das S – gab es zu dieser Zeit in Deutschland noch nicht. Zusammen mit den 16-Zoll-Rädern, dem üppigen Blechkleid, der durchgehenden Sitzbank und den riesigen Vollnaben-Bremstrommeln setzte dieses Motorrad in der Tat Maßstäbe im deutschen Motorradbau. Carl Hertweck, der damalige Chefredakteur der Zeitschrift *Das Motorrad* taufte die S 250 in Anlehnung an die Tänzerin Josefine Baker »Schwarze Josefine«. Nicht nur wegen der schwarzen Lackierung (es gab auch Metalleffekt-Lackierungen), sondern hauptsächlich in Anlehnung an die weiten »Federwege«.
Die Opti-Werke in Essen, eigentlich ein Hersteller von Reißverschlüssen, boten einen von Richard Küchen konstruierten, modernen Viertakt-OHC-Motor mit 247 cm³ Hubraum an, den Tornax in zwei seiner Fahrwerkvarianten eingebaut hatte und diese anlässlich der IFMA 1953 ebenfalls der Öffentlichkeit präsentierte. Zum einen im 19-Zoll-Fahrwerk der V-Modelle mit Telegabel und Geradweg-Hinterradfederung, zum anderen im Vollschwingen-Fahrwerk der S 250. Das erstgenannte Modell erschien dann 1954 als ZV 250 im Verkaufsprogramm, das zweite wurde als V 250 angeboten.
Die Anzahl der gefertigten Modelle hielt sich auf sehr niedrigem Niveau. Die Lieferung der Opti-Motoren kam nicht richtig in Gang und der Motorradabsatz hatte seinen Höhepunkt überschritten. Noch ehe die Viertaktmotorrad-Fertigung bei Tornax forciert werden konnte, gingen die Tornax-Werke Ende 1954 in Konkurs. Man war seinen eigenen Ansprüchen an Innovation und Qualität bei plötzlich sinkendem Interesse an motorisierten Zweirädern erlegen.

> Die Tornax S 250, auch »Schwarze Josefine« genannt, war die erste deutsche 250er, bei der beide Räder von einer Schwinge geführt wurden.

Tornax S 250	1953–1954	
2-Zyl.-2-Takt	244 cm³	15 PS / 6000 U/min
Tornax ZV 250	**1953–1954**	
1-Zyl.-4-Takt	247 cm³ ohv	15 PS / 6000 U/min
Tornax V 250	**1953–1954**	
1-Zyl.-4-Takt	247 cm³ ohv	15 PS / 6000 U/min

> Nur wenige Exemplare verkaufte Tornax von seinen Modellen V 250 (Foto) und ZV 250 mit Opti-Viertaktmotor.

Triumph

Triumph hielt weiterhin an seiner 125er fest, die ab 1953 äußerlich dem Zeitgeschmack angepasst erschien: tiefer gezogene Schutzbleche, neuer, größerer Tank, neues Auspuffendrohr, Vollnabenbremsen und geschlossener Kettenkasten. Mit der Einführung von Leichtmetallzylindern mit verchromter Bohrung auch bei der 125er unterschieden sich ab dem gleichen Jahr zwei Modelle: die BDG 125 L mit herkömmlichem Graugusszylinder und die BDG 125 LS mit Leichtmetallzylinder. Beiden gemein war die jetzt serienmäßige Hinterradfederung.

Mit den Designänderungen ab 1953, wie sie die 125er erfuhren, erschienen auch die 250er, die aber u. a. noch eine Werkzeugbox im hinteren Rahmenteil und eine hydraulische ATE-Bremse am Hinterrad erhielten. Die Typenbezeichnungen änderten sich in BDG 250 L (Grauguss-Zylinder) und BDG 250 LS (Leichtmetallzylinder). Ab 1955 wurde nur noch die BDG 250 LS angeboten.

Zur großen deutschen Modelloffensive des Jahres 1953 trug auch Triumph in Nürnberg nicht unerheblich bei. Um sich ein Stück vom Kuchen der 200er Klasse abzuschneiden, erschien mit 197 cm³ Hubraum, im Leichtmetallzylinder, in dem wieder zwei Kolben arbeiteten, die »Cornet«, eine modern gezeichnete Maschine, die mit einer Hinterradschwinge versehen war. Mit 10,1 PS lag die Leistung des Zweitakters zwar unter dem Klassendurchschnitt, dafür entfaltete der Motor seine Kräfte aber schon bei niedrigen Drehzahlen. Auffallend an der Cornet war der wie eine aufgeblasene Banane aussehende Auspuffkrümmer, der zusammen mit einem großvolumigen Ansauggeräuschdämpfer für eine Verminderung des Fahrgeräusches sorgen sollte. Auffallend – und heiß diskutiert – ebenfalls der ab 1955 optional lieferbare elektrische Anlasser.

> Auch die Motoren der Triumph-Modelle BDG 250 L und BDG 250 LS trugen unterschiedliche Zylinder.

> Ein Prospekt aus dem Jahre 1955 zeigt die Triumph BDG 125 L, die sich vom Typ LS nur durch den Zylinderwerkstoff unterschied.

> Bei der 16 PS starken Triumph Boss setzten die Nürnberger noch auf eine traditionelle Geradweg-Teleskopfederung am Hinterrad.

Die ungewöhnliche Bauart des Doppelkolbenmotors machte es möglich, dass Triumph mit der »Boss« 1953 ein Einzylinder-Zweitakt-Motorrad mit 350 cm³ Hubraum auf den Markt brachte. Auch dieser Motor war mit 16 PS nicht unbedingt Spitze; er war aber ebenfalls im unteren Drehzahlbereich sehr stark und somit besonders für den Gespannbetrieb geeignet. Der Zylinder war übrigens im damals aufkommenden Alfin- oder Alferverfahren hergestellt, was bedeutete, dass die Laufbüchse aus Grauguss mit dem Leichtmetall-Rippenmantel in einer metallischen Verbindung zusammengefügt wurde. Ansonsten basierte der 350er Motor auf dem letzten Stand der 250er Modelle mit einem entsprechend vergrößerten Motor-Getriebeblock. Jede Zylinderbohrung erhielt bei der 350er einen eigenen Vergaser. Auch das Fahrgestell basierte auf dem der BDG 250 Modelljahr 1953. Deshalb blieb es bei der Boss auch bei den einfachen Teleskopstoßdämpfern für das Hinterrad.

Rund 20.000 Motorräder hatte Triumph 1953 gebaut; nur drei Jahre später blieben davon noch ganze zehn Prozent übrig. Im Jahr darauf waren es gar nur noch 1200 Exemplare. Da half auch die Verkaufsgemeinschaft mit Adler und Hercules nichts, die man 1956 gegründet

> Eine spätere Ausführung der Triumph BDG 250 SL, unter anderem mit neuem Schalldämpfer.

> Die UT TS 175 F mit Fichtel & Sachs-Motor war ansonsten baugleich mit dem Ilo-Modell TS 175 J.

> Mit der modern gezeichneten Cornet mit Hinterradschwinge wollte sich Triumph endlich auch ein Stück vom 200er Zweitaktkuchen abschneiden.

hatte. Als dann Max Grundig zu Beginn des Jahres 1957 auch bei Triumph das Sagen hatte, war das Ende der Motorradfertigung der deutschen Triumph-Werke besiegelt. Im September wurde die Fertigung eingestellt, die Produktion von Büromaschinen dagegen erweitert.

Triumph BDG 125 L	1953–1957	
1-Zyl.-2-Takt	123 cm³	6,4 PS / 4800 U/min
Triumph BDG 125 LS	**1953–1957**	
1-Zyl.-2-Takt	123 cm³	6,4 PS / 4800 U/min
Triumph BDG 250 L	**1953–1954**	
1-Zyl.-2-Takt	248 cm³	10,5 PS / 3600 U/min
Triumph BDG 250 LS	**1953–1957**	
1-Zyl.-2-Takt	248 cm³	12 PS / 4000 U/min
Triumph Cornet	**1953–1957**	
1-Zyl.-2-Takt	197 cm³	10,1 PS / 5000 U/min
Triumph Boss	**1953–1957**	
1-Zyl.-2-Takt	344 cm³	16 PS / 3800 U/min

UT

Die im vorangegangenen Kapitel bereits eingeläutete TS-Modellpalette, jetzt übrigens mit ölgedämpften Telegabeln, vervollständigte die 1953 auf der IFMA vorgestellte TS 175, die als Typ J mit dem weiterentwickelten Ilo-Triebwerk geliefert werden konnte und als Typ F vom 175er Zweitakt-Triebwerk von Fichtel & Sachs aus Schweinfurt angetrieben wurde.

> Eine der markantesten Erscheinungen im deutschen Motorradbau der 1950er Jahre: Victoria V 35 Bergmeister.

UT TS 175 J	1954–1956	
1-Zyl.-2-Takt	173 cm³	9,6 PS / 5050 U/min
UT TS 175 F	**1954–1956**	
1-Zyl.-2-Takt	173 cm³	9,5 PS / 5250 U/min

Victoria

Als ausgewachsenes Motorrad konnte man die 1953 erschienene V 35 Bergmeister mit einem Zweizylinder-Viertaktmotor, der in V-Anordnung quer zur Fahrtrichtung eingebaut war, bezeichnen. Das Triebwerk, eine Entwicklung des berühmten Konstrukteurs Richard Küchen, war zwar schön anzusehen, galt aber nicht als ausgereift und bereitete der Kundendienstabteilung, speziell im thermischen Bereich, einiges Kopfzerbrechen. Daran war der unter der glattflächigen Abdeckung versteckte Vergaser, der beide Zylinder versorgte, nicht ganz unschuldig. In der Praxis und da vor allem im sportlichen Bereich wurde oft auf zwei außenliegende Vergaser umgerüstet. Optisch änderte die Bergmeister 1954 ihr Aussehen in der Version Sport, als sie den gedrungenen Tank und die durchgehende Sitzbank der Aero-Sport erhielt. Zwar konnten in den ersten Monaten noch gute Absatzzahlen mit der 350er erzielt werden, doch schon 1954 brach der Absatz ein und im Jahr darauf musste die imposante Maschine nach rund 5000 Stück aus dem Programm genommen werden.

> Mit der Sportversion der Victoria V 35 Bergmeister schielten die Nürnberger vor allem nach dem US-amerikanischen Markt.

Eine moderne 200er Zweitaktmaschine mit Vollschwingenfahrwerk sollte die Motorradfertigung von Victoria weiter sichern. So erschien Ende 1955 die von Norbert Riedel (Imme) zusammen mit dem Roller »Peggy« entwickelte KR 21 »Swing« mit einem liegenden Motor, der mit der Schwinge eine Einheit bildete (Triebsatzschwinge) und also mitfederte. Die mit viel Blech versehene Maschine war optisch gewöhnungsbedürftig und technisch ein echtes Unikat. Die einarmige Hinterradschwinge, die zugleich als Kettenkasten und Achsträger diente, war

> Nicht weniger markant trat die von Norbert Riedel konstruierte Victoria KR 21 Swing auf.

rechts angeordnet und von einem Federbein abgestützt. Um den Eindruck eines üblichen Schwingenmodells zu vermitteln, baute Victoria an die rechte Seite eine Schwingenarm- und Federbeinattrappe an! Einzigartig auch das Viergang-Getriebe, das elektromagnetisch vom Lenker aus geschaltet wurde und ständig Probleme verursachte. War es der Abwärtstrend im deutschen Motorradbau, war es die seltsame Erscheinung der Maschine oder beides zusammen? – Der KR 21 Swing war kein Erfolg beschieden und beschleunigte so noch die finanzielle Talfahrt von Victoria.

Victoria V 35 Bergmeister	1953–1955	
2-Zyl.-4-Takt	345 cm³ ohv	21 PS / 6350 U/min
Victoria KR 21 Swing	**1955–1957**	
1-Zyl.-2-Takt	197 cm³	11,3 PS / 5300 U/min

Zündapp

Im Dezember 1953 kam das 500.000ste Zündapp-Motorrad zur Auslieferung; es war eine DB 205 Elastic 200, die noch im gleichen Jahr die Derby-Modelle ablöste. »Elastic« stand bei Zündapp für die auf zwei Federbeinen abgestützte Hinterradschwinge. Diese 200-cm³-Maschine war eine völlige Neuentwicklung, lediglich die Telegabel und das Getriebe wurden von der parallel gebauten Norma-Luxus übernommen. Optisch war die neue Maschine – speziell für die traditionelle Zündapp-Kundschaft – gewöhnungsbedürftig, was vor allem am »Kommissbrot«-Tank lag. Optische Verfeinerungen mit Chrom, Zierlinien und Sitzbezug sollten bei den späteren Serienmodellen das Gesamtbild etwas freundlicher erscheinen lassen. Der Rahmen der 200er war übrigens immer noch so ausgelegt, dass ein Beiwagen montiert werden konnte. Das galt auch für die 1954/55 gefertigte größere Schwester DB 255 Elastic 250. Optisch hob diese sich durch Leichtmetall-Vollnabenbremstrommeln und dem unter dem Sitz integrierten Kasten, der den Ansauggeräuschdämpfer und die Batterie aufnahm, ab.

Zündapp DB 205 Elastic 200	1953–1955	
1-Zyl.-2-Takt	198 cm³	9,5 PS / 4700 U/min
Zündapp DB 255 Elastic 250	**1954–1955**	
1-Zyl.-2-Takt	246 cm³	13 PS / 5200 U/min

> Mit dem Modell DB 205 Elastic 200 führte Zündapp 1953 eine neue Zweitakt-Modellreihe mit Hinterradschwinge und »Kommissbrot«-Tank ein.

> Nur die geringfügig größere Zylinderbohrung unterschied die Zündapp DB 255 Elastic 250 vom 200er Modell.

Die deutsche Motorradindustrie zerfällt

1957–1960

> Eine Art Lebensretter für Maico war ein Auftrag der Bundeswehr über 5500 Militärmaschinen vom Typ M 250 B, lieferbar ab 1959.

Die Modellvielfalt und die teuren Konstruktionen bei gleichzeitig sinkendem Absatz bedeuteten für viele Hersteller den schnellen Tod. Das Motorrad als Spaß- und Freizeitobjekt wurde erst in den 1960er Jahren entdeckt. Da war den meisten deutschen Herstellern der Atem längst ausgegangen oder, was fast noch schlimmer war, gewinnorientierte Vorstände hatten ihre Motorradsparte geschlossen oder verkauft.

Am Großteil der Bevölkerung ging diese Entwicklung vorbei, ohne dass davon groß Notiz genommen wurde. Vierrädrige Fahrzeuge hatten die Motorisierung des deutschen Nachkriegsvolkes – jedenfalls in Westdeutschland – übernommen und für die kurzen Strecken war ja das Moped da. Apropos Moped: So mancher Hersteller versuchte sein Heil in dieser Fahrzeugklasse und überlebte doch nur wenige Jahre. Die Entwicklung vom einfachen Moped hin zum Kleinkraftrad war rasant und überrollte vor allem kleine und mittlere Konfektionäre.

Adler

Insgesamt nicht einmal mehr 1000 Exemplare baute man bei Adler von den zu Jahresbeginn 1956 vorgestellten MBS-Modellen. Das »S« stand für Schwinge und während die unteren Hubraumklassen wegen dramatischer Umsatzrückgänge im gleichen Jahr ausliefen, sollten wenigstens die 250er mit modernem Fahrwerk das Überleben der Adler-Motorräder sichern.

Die MBS 250 Sprinter baute auf dem MB-Rahmen, der am Heck modifiziert wurde, um unter anderem die Schwinge mit einstellbaren Federbeinen montieren zu können. Größere 18-Zoll-Räder machten auch Änderungen an der Vorderradgabel erforderlich. Außerdem erforderte ein gewachsener Radstand auch längere Auspuffrohre. Mit Doppelsitzbank und blauer oder grüner Metallic-Lackierung (Standard!) machte

> Nur noch etwa 320 Exemplare konnte Adler von der 2.265 Mark teuren MBS 250 Sprinter absetzen.

die Sprinter eine ausgezeichnete Figur und erhielt beste Kritiken seitens der Motorpresse. Das änderte nichts daran, dass nur etwa 320 Motorräder dieses Typs verkauft werden konnten.

Nicht viel anders erging es dem Schwester-Modell MBS 250 Favorit. Immer noch basierte der Motor auf dem der M 250 und leistete auch 1956 noch 16 PS. Im Unterschied zur Sprinter behielt die Favorit die 16-Zoll-Räder und die schwarze Lackierung mit goldenen Zierlinien in der Standard-Ausführung. Die letzten Modelle der Favorit wurden dann doch mit dem 18-PS-Motor ausgeliefert.

> Das einfacher ausgestattete Sparmodell Adler MBS 250 Favorit kostete 2.095 Mark und kam auf ca. 360 gebaute Maschinen.

Sportausführungen waren bei den neuen Schwingenmodellen offiziell nicht möglich, da die Seitenkästen für Werkzeug, Batterie und Hupe keinen höher verlegten Auspuff zuließen. Allerdings wurden unter der Bezeichnung MBS 250 S einige Sportmaschinen mit TÜV-Gutachten zur Straßenbenutzung ausgeliefert. Außerdem brachte Adler 1956 zwei unabhängig von der Serie entwickelte Geländemaschinen ins Verkaufsprogramm.

Da war zunächst die MBS 250 G Sixdays, die, auf dem Sprinter-Modell basierend, sowohl im Gelände wie auch auf der Straße eingesetzt werden konnte. Die hochgelegte Zwei-in-Eins-Auspuffanlage, das

Foto: Adler-Motor-Veteranen-Club e.V.

> Die Adler MBS 250 G Sixdays gehört heute zu den deutschen Motorrad-Legenden der 1950er Jahre, obwohl von ihr offiziell nur rund 20 Stück gebaut wurden.

19-Zoll-Vorderrad (zusätzlich mit Hemscheidt-Federbeinen verstärkt), die hochgesetzten Schutzbleche, ein Geländelenker, ein Lampenschutzgitter und vieles andere mehr, machten nicht nur damals eine echte Enduro aus, die dann auch bei der Internationalen Sechs-Tage-Fahrt 1956 drei Goldmedaillen abräumte. Mit einigen kleinen Änderungen und einer metallic-grünen Lackierung versuchte man die »Sixdays« auch erfolgreich an private Kunden zu verkaufen. Für 2315 DM fanden sich aber kaum 20 Interessenten.

Ein paar mehr waren es bei der Adler Moto-Cross. Dieses Modell unterschied sich mit der vorderen Earles-Schwinge, den großen Boge-Dämpfern hinten, dem kleineren Tank, den normal verlegten Auspuffrohren, die der Rennserie entstammten und keinerlei schalldämpfende Wirkung hatten, und vielen anderen Details deutlich sowohl von den Serienmaschinen wie auch von der MBS 250 G Sixdays. Die Maschine, die sehr erfolgreich bei Grasbahn-Wettbewerben eingesetzt worden war, wurde seitens ihrer Besitzer ständigen Modifikationen unterzogen, während werkseitig zwei Grundausführungen vom meist roten Renner im Angebot waren. Sieben Maschinen sind übrigens nach Mexiko exportiert worden sein; zum Treiben von Rinderherden.

Foto: Adler-Museum A. Strohmenger

> Rot war die typische Farbe der käuflichen Motocross-Modelle von Adler.

Die Übernahme der ruinösen Adler-Werke durch den Grundig-Konzern 1957 stoppte jegliche Aktivitäten im Motorradbau. Bis 1959 wurden noch einzelne Maschinen aus Restbeständen von der Firma Schroth in Frankfurt aufgebaut und verkauft. Einmal mehr war eine große deutsche Motorrad-Marke vom Markt verschwunden.

Adler MBS 250 Sprinter	**1956–1957**	
2-Zyl.-2-Takt	247 cm³	18 PS / 6200 U/min
Adler MBS 250 Favorit	**1956–1957**	
2-Zyl.-2-Takt	247 cm³	16 PS / 5600 U/min
Adler MBS 250 G Sixdays	**1956–1957**	
2-Zyl.-2-Takt	247 cm³	18 PS / 6200 U/min
Adler Moto-Cross	**1956–1957**	
2-Zyl.-2-Takt	247 cm³	20 PS / 6800 U/min

BMW

Geschobene Langschwinge (Earles-Gabel) vorn, gezogene Schwinge hinten, alles kegelrollengelagert, das war das neue Fahrgestell-Konzept, mit dem für BMW 1955 ein neues Zeitalter anbrach.

Bei den Einzylinder-Modellen konnte die R 25/3-Nachfolgerin R 26 mit Vollschwingenfahrwerk nicht mehr an frühere Verkaufszahlen anknüpfen. Bei ihrem Erscheinen 1956 steckte der deutsche Motorradbau bereits in einer tiefen Krise. Immerhin kam die nun 15 PS starke Maschine mit einer vollständig gekapselten Kardanwelle in der rechten Schwinge noch auf über 30.000 Stück und trug wesentlich zum Überleben der BMW-Motorräder bei. Die R 26 konnte wahlweise mit Einzelsitz oder Sitzbank geliefert werden.

Für die 500er Boxermaschine wurde der Motor nahezu identisch von der R 51/3 übernommen, leistete jetzt aber 26 PS. Kupplung und Getriebe der R 50 waren neu.

Der sportliche Nachfolger der R 68 hieß ab 1955 R 69. Das Fahrwerk entsprach hier dem der R 50, während der Motor, bis auf die neue Tellerfeder-Kupplung, derjenige der R 68 war. Optisch war die sportliche BMW durch den anders verrippten Zylinderdeckel, den Sitzbank-ähnlichen Soziussitz und – optional – den hochgezogenen Auspuff von den Touren-Modellen zu unterscheiden.

Und diese Tourenmaschine, die zur Legende wurde und wie kaum eine andere das BMW-Image prägte, war die ebenfalls 1955 erschienene R 60. Wenngleich in den Krisenjahren nach 1955 nur noch gut 3500 Mal verkauft, sicherte sie doch das Image von BMW als Hersteller unverwüstlicher Reisebegleiter.

Nur knapp war der insgesamt angeschlagene Konzern Ende 1959 der Übernahme durch Daimler-Benz entgangen – glücklicherweise muss man sagen, denn mit dem Motorradbau wäre es unter der Stuttgarter Ägide wohl vorbei gewesen.

> Mit weit über 30.000 Exemplaren war die BMW R 26 mit Abstand das meistgebaute Motorrad der Bayern in der zweiten Hälfte der 1950er Jahre.

> Gut ausgestattet ließ es sich auch mit einer BMW R 50 bequem auf die große Reise gehen.

> Gleich 900 Mark mehr als eine R 50 kostete die BMW R 69, mit ein Grund dafür, dass keine 3000 Maschinen abgesetzt werden konnten.

> BMW sah die R 60 als die ideale Beiwagenmaschine an, die mit unverändertem Motor die Nachfolge der R 67/3 antreten sollte.

BMW R 26	1956–1960	
1-Zyl.-4-Takt	247 cm^3 ohv	15 PS / 6400 U/min
BMW R 50	1955–1960	
2-Zyl.-4-Takt Boxer	494 cm^3 ohv	26 PS / 5800 U/min
BMW R 69	1955–1960	
2-Zyl.-4-Takt Boxer	594 cm^3 ohv	35 PS / 6800 U/min
BMW R 60	1953	
2-Zyl.-4-Takt Boxer	594 cm^3 ohv	28 PS / 6600 U/min

DKW

Die 175er und die 200er waren von 1956 an als VS-Modelle mit Vollschwingenfahrwerk unterwegs. Beide unterschieden sich weiterhin nur durch den Zylinderinhalt. Die 175er war 1958 das letzte aus dem DKW-Programm genommene Motorrad, was nicht zuletzt einem Bundeswehrauftrag zu verdanken war.
Auch die Viertellitermaschine hatte 1956 als RT 250 VS ein Vollschwingenfahrwerk erhalten. War die große RT 1953 mit fast 28.000 Exemplaren noch die meistverkaufte DKW gewesen, brach die 250er in den Folgejahren stark ein und musste nach nur noch 3384 Stück 1956 im Jahr darauf die Segel streichen. DKW war längst nicht mehr der Trendsetter, so wie noch 15 Jahre zuvor; man lief den Trends nur noch hinterher und das war tödlich in einer inzwischen motorrad- und zweitakt-desinteressierten Welt. Als 1957 nach der 125er auch die RT 250 aus dem Programm genommen wurde, hatte sich an der Triebwerkskonstruktion prinzipiell seit 20 Jahren nichts verändert! Mit dem Niedergang der Motorradproduktion und der beginnenden Krise bei den Zweitakt-Automobilen geriet die Auto Union in finanzielle Schwierigkeiten. 1958 wurde Mercedes Benz infolgedessen Mehrheitsgesellschafter der Auto Union GmbH. Und in Stuttgart hatte man mit Motorrädern überhaupt nichts am Hut. Damit war das Schicksal der fast 40-jährigen Motorrad-Tradition von DKW/Auto Union noch im gleichen Jahr besiegelt.

DKW RT 175 VS	**1956–1958**	
1-Zyl.-2-Takt	174 cm³	9,6 PS / 5000 U/min
DKW RT 200 VS	**1956–1958**	
1-Zyl.-2-Takt	197 cm³	11 PS / 5000 U/min
DKW RT 250 VS	**1956–1957**	
1-Zyl.-2-Takt	244 cm³	15 PS / 5000 U/min

> Bis auf den Zylinderinhalt exakt baugleich mit der 175er: Die DKW RT 200 VS im damals typischen blauen Farbton.

> Einst war die 250er das Spitzenprodukt der Ingolstädter, aber an der DKW RT 250 VS manifestierte sich der Niedergang der westdeutschen Motorradindustrie.

> Die DKW RT 175 VS hielten die Ingolstädter bis zum Schluss im Programm; die letzten Maschinen wurden dann von der Nürnberger Zweirad Union verkauft.

Dürkopp

Die MD 200 war die letzte eigene Dürkopp-Entwicklung gewesen. Sie wurde 1956 von den Ardie-Motorrädern BD 176 und BD 201 abgelöst. Die Modelle mit der Hinterradschwinge bekamen bei Dürkopp die Bezeichnungen MD 176 und MD 201. Sie verkauften sich nicht besser als die Ardie-Maschinen, so dass es ab 1959, bis auf Restbestände, auch keine Dürkopp-Motorräder mehr gab. Nur Mopeds und Motorroller überlebten noch ein paar Monate …

Dürkopp MD 176	**1956–1959**	
1-Zyl.-2-Takt	172 cm³	10,5 PS / 5600 U/min
Dürkopp MD 201	**1956–1958**	
1-Zyl.-2-Takt	194 cm³	12,5 PS / 5900 U/min

> Die Dürkopp-Modelle mit Hinterradschwinge – im Bild die MD 176 – waren baugleich mit den Ardie-BD-Typen.

> Und so entsprach diese Dürkopp MD 201 exakt dem Schwestermodell Ardie BD 201.

> Mit der Radex 255 hielt Express bis zum bitteren Ende 1958 an der Viertelliter-Klasse fest. (Foto: Konrad Neumann)

EXPRESS RADEX 102

> Auch Express versuchte sich mit einer 100er über Wasser zu halten – letztlich vergeblich.

Express Radex 255	1955–1958	
2-Zyl.-2-Takt	244 cm³	15,1 PS / 6000 U/min
Express Radex 102	**1956–1959**	
1-Zyl.-2-Takt	98 cm³	5,2 PS / 5500 U/min

Express

Das 1955 eingeführte Zweizylinder-Modell Radex 255, das bis zum Ende der Express-Selbständigkeit 1958 im Programm blieb, kann zweifellos als Höhepunkt der Express-Motorradfertigung bezeichnet werden. Es wies auch die in Neumarkt entwickelte gezogene Kurzschwinge mit ölgedämpften Federbeinen auf, die im Motorradbau selten zu finden ist, von den Testern aber höchstes Lob erfuhr. Dem stark rückläufigen Geschäft versuchte man ab Mitte der 1950er Jahre mit einer kleinen 100er mit Sachs-Motor entgegenzuwirken, die zunächst mit einfachem Fahrwerk als Radex 101 (bereits im vorigen Kapitel vorgestellt) ohne Hinterradfederung auskommen musste und als Radex 102 dann ein Vollschwingenfahrwerk besaß. Es half aber alles nichts, ab Ende 1958 musste die Marke Express zusammen mit Victoria und DKW (Motorräder) in der Nürnberger Zweirad-Union ihr Dasein fristen und geriet dort auch bald in Vergessenheit.

Göricke

Die Modellpalette der Bielefelder blieb weiterhin schwer durchschaubar, als es Ende 1954 bei gleichbleibenden Typenbezeichnungen zumindest optisch wieder vier neue Motorräder gab. Dem Trend folgend jetzt mit Sitzbank (oder gepolstertem Einzelsitz), tief herunter gezogenen Kotflügeln, einer Teilverkleidung des Rahmens und 16-Zoll-Rädern mit Leichtmetall-Vollnaben statt der bisherigen Neunzehnzöller. Diese Modelle waren bis 1958/59 im Programm, ehe sich Göricke dann auf die Fertigung von Mopeds und Mokicks konzentrierte. Aus letzterer Entwicklung heraus entstand 1956 noch einmal eine 100er mit Sachs-Motor.
Um im Segment der 100er weiter konkurrenzfähig zu bleiben, brachte Göricke 1956 mit der Gö 100 S ein kleines, aber feines Motorrad mit

> Auch in der Weiterentwicklung gab es die Göricke Gö 175 S mit einem Motor von Fichtel & Sachs (Foto) oder von Ilo.

> Viel Blech und eine durchgehende Sitzbank an der Göricke Gö 200 S, die bis 1959 im Programm blieb.

> Die Göricke Gö 100 S war die Antwort der Bielefelder auf den Trend, sich mit 100-cm³-Motorrädern auf dem Markt zu behaupten.

Vollschwingenfahrwerk, Doppelsitzbank und schönen Blechverkleidungen auf den Markt. Stets weiterentwickelt, rettete die kleine 100er der Bielefelder Firma den Verbleib im Motorradbau bis in die 1960er Jahre hinein.

Göricke Gö 150 S	1954–1958	
1-Zyl.-2-Takt	147 cm³	6,5 PS / 4700 U/min
Göricke Gö 175 S	**1954–1959**	
1-Zyl.-2-Takt	173 cm³	9,5 PS / 5200 U/min
Göricke Gö 175 S	**1954–1959**	
1-Zyl.-2-Takt	173 cm³	8,2 PS / 5000 U/min
Göricke Gö 200 S	**1954–1959**	
1-Zyl.-2-Takt	197 cm³	11,2 PS / 5300 U/min
Göricke Gö 100 S	**1956–1960**	
1-Zyl.-2-Takt	97 cm³	5,2 PS / 5500 U/min

Hercules

Auch bei Hercules pflegte man die beliebte 175er Klasse weiter. Mit der A 175 bzw. K 175 legte Hercules noch einmal ein Motorrad auf, das sich bis 1966 im Programm hielt. Dem Zeitgeist entsprechend wiesen die Zweitaktmotorräder 16-Zoll-Räder, eine voluminöse Vergaserabdeckung und tief heruntergezogene Kotflügel auf. Völlig ungewöhnlich in dieser Zeit war die Dynastartanlage des A-Modells, die aus dem Sachs-Roller- und Kleinstwagen-Programm stammte. Interessanterweise führte Hercules keine Vorderradschwinge bei den hubraumgrößeren Modellen ein.

> Bis auf den Elektrostarter im A-Modell waren die Hercules-Typen K 175 (Bild) und A 175 baugleich.

Hercules A 175	1956–1966	
1-Zyl.-2-Takt	173 cm³	9,5 PS / 5250 U/min
Hercules K 175	**1956–1966**	
1-Zyl.-2-Takt	173 cm³	10 PS / 5250 U/min
Hercules K 100	**1956–1961**	
1-Zyl.-2-Takt	97 cm³	5,2 PS / 5500 U/min

1956 brachte Hercules auch die K 100 mit Vollschwingenfahrwerk, äußerst sportlichem Design und möglicher Doppelsitzbank. Die K 100 setzte zu dieser Zeit und in dieser Klasse Maßstäbe und sicherte das Überleben der Marke. Erstmals bot Hercules einen Umbausatz an, der die K 100 unter anderem mit hohem Lenker und hochgezogenem Auspuff geländetauglich machen sollte.

Horex

Die »Resident« mit Vollschwingenfahrwerk und 18-Zoll-Rädern trat 1955 die Nachfolge der Regina an. Während der Rahmen von der Imperator übernommen wurde, kamen Getriebe und Kupplung von der Regina. Die Vorderradführung konnte wieder wahlweise als Telegabel oder halblange Schwinge geordert werden. Der neu konstruierte Motor stand zunächst mit 350 cm³ Hubraum und 24 PS zur Verfügung. Schon wenig später gab es auch einen 250er Ableger, der immerhin noch 18,5 PS leistete. Wenngleich es anfangs einige technische Probleme zu bewältigen gab, erhielt die Resident gute Kritiken aus der Fachwelt und verkaufte sich zunächst auch recht ordentlich. Den Abwärtstrend konnte sie indes ebenso wenig aufhalten, wie die zwar sehr gelobten, aber dennoch nur in sehr geringen Stückzahlen verkauften Geländesport-Ableger der Resident, die GS 250 und GS 350.

Ein Exportauftrag für die USA war für Horex der letzte Versuch, mit einer großen Maschine wieder Geld zu verdienen. So erschien 1958 die Imperator 450, die bei 8000 U/min stolze 39 PS leistete. Über einen windigen Importeur kamen schließlich bis 1959 ganze 250 Horex Imperator 450 auf den amerikanischen Markt; mit amerikanisch hochgezogenem Lenker und verkürzten Auspuffenden. Allerdings getarnt mit einem Zündapp-Abzeichen am Tank und tatsächlich unter der Bezeich-

> Die Hercules K 100 in der ersten Ausführung von 1956.

> Mit dem damals üblichen Design sowie Schwingenführungen vorn und hinten trat die Horex Resident 350 1955 die Nachfolge der Regina an.

> Wie bei der Regina gab es auch von der Horex Resident einen 250-cm³-Ableger.

nung »Zündapp Citation 500«! Nicht zuletzt der aufgeflogene Markenschwindel ließ das USA-Abenteuer im Desaster enden.

Wie andere Hersteller auch, glaubte Horex mit der Einführung einer sportlichen 100-cm³-Maschine junge, weniger zahlungskräftige Leute mit einem »Motorrad« an die Marke binden zu können. So entstand aus

> Die Zündapp Citation, die eigentlich eine Horex Imperator war.

der Horex-Mopedentwicklung heraus die Horex Rebell 100 mit 5,2 PS leistendem Fichtel & Sachs-Motor. Auch die übrigen Zutaten waren in der Branche nicht neu: der Rahmen eine Kombination aus Rohr und Pressstahl-Schalen, die Hinterradschwinge mit Federbeinen, die Vordergabel mit Langhub-Federbeinschwinge und die 16-Zoll-Alufelgen. Wie die anderen Modelle der letzten Horex-Generationen wurde auch die Rebell 100 bis 1959 gebaut. Danach endete die langjährige Motorrad-Tradition bei Horex und man hielt sich mit Aufträgen für Daimler-Benz über Wasser. Im Oktober 1960 erfolgte der Verkauf an die Daimler Benz AG und im September 1969 wurde der Firmenname aus dem Handelsregister gelöscht.

Horex Resident 350	1955–1959	
1-Zyl.-4-Takt	349 cm³	24 PS / 6500 U/min
Horex Resident 250	**1955–1959**	
1-Zyl.-4-Takt	249 cm³	18,5 PS / 7100 U/min
Horex US Imperator (Citation)	**1957–1959**	
2-Zyl.-4-Takt-Reihe	452 cm³	39 PS / 6900 U/min
Horex Rebell 100	**1956–1959**	
1-Zyl.-2-Takt	97 cm³	5,2 PS / 5250 U/min

> In geringen Stückzahlen wurden von den beiden Resident-Typen auch Enduro-Varianten gebaut.

> Bei Horex wurde die kleine Hunderter, die anscheinend unvermeidlich in jedes Programm gehörte, Rebell 100 genannt.

> Die Maico M 175 S/II kostete in Zeiten der Motorradkrise 1.435 Mark, das waren immerhin 165 Mark weniger, als noch das Vorgängermodell gekostet hatte.

> Ein großer Wurf war Maico mit der M 250 S/II Blizzard gelungen, die bis 1970 im Programm blieb und das Basismodell für die Bundeswehrmaschine M 250 B war.

Maico

Während dramatisch einbrechender Absatzzahlen renovierte Maico die beiden mittleren Hubraumklassen ein weiteres Mal. Ab 1956 fanden sie als M 175 S/II und M 200 S/II immer weniger Käufer. Auffällig waren die Gummimanschetten an der Telegabel, der auf die linke Seite verlegte Auspuff, der zweigeteilte Lenker und die zeitgemäße Vergaserabdeckung. Während die 200er nur eine Saison überlebte, wurde die 175 noch bis 1959 gebaut.

Ganz anders das Blizzard-Nachfolgemodell M 250 S/II, das von 1955 bis 1970 (!) angeboten wurde. Diese Blizzard konnte wahlweise mit einer Telegabel oder einer Schwinge zur Vorderradführung bestellt werden, wies die zeitgemäße Vergaserverkleidung auf und fuhr auf 18-Zoll-Rädern.

Eine ganz andere Klientel sprach die M 175 Supersport an. Zunächst den S-Modellen in Fahrwerk und Design gleichgestellt, hatte diese 175er einen neuen Motor mit Breitrippen-Aluzylinder und hart verchromten Kolbenlaufflächen, der immerhin 15 PS leistete. Dies schaffte 1956 manche 250er noch nicht und war vor allem für Maicos sportliche Ambitionen im Gelände gedacht. Die Maschine hielt sich bis nach 1960 im Programm, erhielt wahlweise die Vorderradschwinge der Blizzard oder deren spätere Telegabel. Tank und Sitzbank wurden 1958 zu einer sportlicheren Linie umgestaltet.

Der gescheiterte Versuch, in die Kleinwagenproduktion einzusteigen, kostete Maico rund zwei Millionen DM und führte 1958 zum Konkurs der Maico-Werke GmbH in Pfäffingen. Durch dubiose Geschäftspraktiken gelang es den Maisch-Brüdern, die Werkanlagen vor den Gläubigern zu retten und in der Maico-Fahrzeugfabrik GmbH in Herrenberg die Fertigung eines gestrafften Motorrad-Programms vorerst weiterzuführen.

Maico M 175 S/II	1956–1959	
1-Zyl.-2-Takt	174 cm³	10,6 PS / 5200 U/min
Maico M 200 S/II	**1956–1957**	
1-Zyl.-2-Takt	197 cm³	11 PS / 5000 U/min
Maico M 250 S/II Blizzard	**1955–1970**	
1-Zyl.-2-Takt	247 cm³	14,5 PS / 5200 U/min
Maico M 175 Supersport	**1956–1967**	
1-Zyl.-2-Takt	174 cm³	15 PS / 6000 U/min

> Wie damals im Motorradbau üblich, entsprach die Maico M 200 S/II optisch dem kleineren 175er Modell.

Foto: motorencyclopedie.nl

> Mit der M 175 Supersport zeigte Maico seinen künftigen Weg in Richtung Sportmotorräder auf.

NSU

Die NSU Max erreichte als »Supermax« ab September 1956 ihren entwicklungstechnischen Endstand. Hauptsächlich gekennzeichnet durch die beiden hydraulisch gedämpften Federbeine, die jetzt die hintere Schwinge abstützten, hatte die neue NSU auch einen noch stärkeren Motor erhalten, der mit 18 PS der stärkste Serien-250er dieser Zeit war. So ausgestattet konnte sich die Supermax auf einem dramatisch schwindenden Motorradmarkt bis in die 1960er Jahre hinein halten.

So lange gab es auch die NSU Maxi, eine 1957 von der Supermax abgewandelte 175er Version. In dieser Hubraumklasse ließen sich ordentlich Steuern und Versicherungsgelder sparen, was nicht unwesentlich zu ihrer Beliebtheit beitrug. Weit über 30.000 verkaufte Maxi-Modelle bis 1964 waren für einen deutschen Motorradhersteller zu dieser Zeit eine stolze Zahl – dennoch lief die Motorradproduktion bei NSU mit der Maxi im gleichen Jahr aus.

NSU Supermax	1956–1964	
1-Zyl.-4-Takt	247 cm³ ohv	18 PS / 6500 U/min
NSU Maxi	**1957–1964**	
1-Zyl.-4-Takt	174 cm³ ohv	12,5 PS / 6500 U/min

> Mehr als doppelt so viele waren es vom steuerbegünstigten 175er Modell NSU Maxi.

> 15.473 Exemplare baute NSU zwischen 1956 und 1964 von der Supermax.

Panther

1957 versuchte Panther noch mit der KS 175 S ein der Mode angepasstes Motorrad auf dem stetig schwindenden deutschen Motorradmarkt zu etablieren. Das S stand für eine Hinterradschwinge, die durch Federbeine abgestützt wurde. Voluminöse Kotflügel und Seitenkästen gepaart mit einzelnen Sitzkissen machten die Maschine zu einem Motorrad ihrer Zeit. Bis 1959 ließen sie die Panther-Werke im Programm, ehe man sich nur noch auf Fahrräder und Mopeds konzentrierte.

Der Versuch, noch kurzzeitig mit der KS 101, die von dem neuen 5,2-PS-Sachs-Motor angetrieben wurde, weiter im Geschäft der 100-cm³-Motorräder zu bleiben, scheiterte an der riesigen Konkurrenz.

> **Mit der LM 100/3 fuhr Rabeneick als »Motorradhersteller noch bis in die 1960er Jahre hinein.**

> **Mit der KS 175 S war auch bei Panther eine steuergünstige 175er das letzte Motorrad-Modell.**

Panther KS 175 S	1957–1959	
1-Zyl.-2-Takt	173 cm³	9,5 PS / 5200 U/min
Panther KS 101	**1956–1957**	
1-Zyl.-2-Takt	97 cm³	5,2 PS / 5250 U/min

Rixe

Für den neuen 98er Sachs-Motor mit 5,2 PS hatte man auch bei Rixe ein modernes Vollschwingen-Leichtmotorrad entwickelt und 1956 präsentiert. Da es sich um das dritte Kickstarter-Modell in dieser Hubraumklasse handelte, bekam es die Bezeichnung RS 100/3. Dieses kleine Motorrad mit einem interessanten, geschlossenen Doppelwiegerahmen und der ölgedämpften Vorderradschwinge galt als eine der besten Konstruktionen in diesem Fahrzeugsegment und half sicherlich mit, Rixe als Produzent von Mopeds, Mofas und Leichtkrafträdern bis in die 1980er Jahre hinein überleben zu lassen.

Unter der Bezeichnung Torpedo 100 entstand baugleich mit der Rixe RS 100/3 ebenfalls 1956 noch ein Kleinkraftrad, das auch bei Rixe in Bielefeld gefertigt wurde.

Rabeneick

Die Bielefelder hatten mit der KM 100 1950 ihr erstes 98er Modell herausgebracht und 1956 schlossen sie mit der LM 100/3, einer 100er der neuesten Generation mit Vollschwingenfahrwerk, 16-Zoll-Rädern, Zentralrohrrahmen und optionaler Doppelsitzbank, diese Entwicklung vorerst ab. Nach 1957 blieb dann dieser Typ als einziges »Motorrad« im Rabeneick-Programm stehen. Die Produktion der meisten anderen Modelle war schon 1956 eingestellt worden. Restbestände wurden noch zwei Jahre später abverkauft.

Rabeneick LM 100/3	1956–1962	
1-Zyl.-2-Takt	97 cm³	5,2 PS / 5500 U/min

> **Die Rixe RS 100/3 war baugleich mit dem unter der Marke Torpedo verkauften Modell 100.**

Rixe RS 100/3	1956–1962	
1-Zyl.-2-Takt	97 cm³	5,2 PS / 5500 U/min
Torpedo 100	**1956–1962**	
1-Zyl.-2-Takt	97 cm³	5,2 PS / 5500 U/min

UT

Dem Trend im deutschen Motorradbau folgend, konnten bis auf die Maschine mit dem 250er Einzylinder die TS-Modelle ab 1955, zunächst wahlweise, auch mit einer Langschwinge als Vorderradführung geliefert werden. Mit dem Kürzel »VS« für Vollschwingen-Fahrwerk entstanden die VS 175 F, die VS 200 und die VS 252. Zum Ende der 1950er Jahre hin wurden dann fast nur noch VS-Modelle angeboten, die 175er mit Fichtel & Sachs-Motor als letztes UT-Motorrad sogar bis 1961.

Aus Schweinfurt kam auch der Motor, der ab 1956 die VS 100 antrieb. Die fast ausschließlich aus Zulieferteilen aufgebaute kleine Maschine unterschied sich kaum von den anderen 100ern, die just zu dieser Zeit bei diversen Herstellern entstanden. Obwohl der Rückgang der sowieso bescheidenen Verkaufszahlen für Neukonstruktionen keinerlei Spielräume mehr ließ, hielt die UT Motorradfabrik Schwenk & Schnürle KG noch verhältnismäßig lange durch. Der Tod von Hugo Schwenk 1961 läutete dann auch für die Schwaben das endgültige Ende ein.

UT VS 175 F	**1955–1961**	
1-Zyl.-2-Takt	173 cm³	9,5 PS / 5250 U/min
UT VS 200	**1955–1957**	
1-Zyl.-2-Takt	197 cm³	11 PS / 5000 U/min
UT VS 252	**1956–1959**	
2-Zyl.-2-Takt	246 cm³	15,1 PS / 6000 U/min
UT VS 100	**1956–1959**	
1-Zyl.-2-Takt	97 cm³	5,2 PS / 5250 U/min

Victoria

Ein besseres Bild als die Swing gab zweifellos die KR 17 Parilla ab. Der Name kam von der Mailänder Firma Moto Parilla, mit der die Nürnberger einen Vertrag über die Lieferung von 175-cm³-ohv-Viertaktmotoren abschlossen. Diesen Motor setzte Victoria in ein modernes Langschwingen-Fahrwerk mit 18-Zoll-Rädern und schön gestalteten Anbauteilen ein. Das half aber alles nichts: 400 verkaufte Motorräder bis 1958 bedeuteten das Aus der so traditionsreichen Motorradfertigung bei Victoria und den zwangsläufigen Zusam-

> Mit der Victoria Parilla versuchten die Nürnberger mit wenig Erfolg eine 175er Viertaktmaschine auf dem Markt zu platzieren.

> Auch bei der Stuttgarter Manufaktur UT versuchte man sich mit dem Modell VS 100 am 97er Sachs-Motor mit 5,2 PS.

menschluss mit den Firmen Express und DKW (Motorradfertigung) zur Nürnberger Zweirad-Union (siehe nächstes Kapitel) noch im gleichen Jahr. Das dabei von Express in den Verbund eingebrachte Modell Radex 102 wurde 1959 noch als Victoria Avanti 100 cm³ verkauft.

> Als 1959 die Avanti 100 erschien, war Victoria schon Bestandteil der Nürnberger Zweirad Union.

Victoria KR 17 Parilla	1957–1958	
1-Zyl.-4-Takt	171 cm³ ohv	12,2 PS / 6950 U/min
Victoria Avanti 100	**1959**	
1-Zyl.-2-Takt	97 cm³	5,2 PS / 5500 U/min

Zündapp

Speziell für den amerikanischen Markt, wo die deutschen Motorräder fast ausschließlich ohne Beiwagen gefahren wurden, entwickelte Zündapp für die KS 601 eine Hinterradschwinge mit verstellbaren Federbeinen. 1956/57 konnte dieses Modell als KS 601 Elastic mit dem stärkeren Motor der Sport-KS geordert werden. 1958, die große Maschine ließ sich kaum noch absetzen und damit längst nicht mehr wirtschaftlich produzieren, endete mit dem Zündapp-Umzug nach München (schon seit 1953 produzierte Zündapp in München auch Mopeds) die Produktion der wohl legendärsten aller Zündapp-Maschinen.

Kaum ein Jahr nach Einführung der Elastic-Modelle erschien 1956 die 200er – erneut überarbeitet – als Zündapp 200 S. Der Tank war wieder runder, die Schutzbleche und der Kasten unter dem Sattel noch üppiger geworden. Abgespeckt hatte man dagegen den Rahmen, der jetzt keinen Seitenwagen mehr zuließ. Die Motorleistung hatte noch einmal deutlich zugelegt und rangierte mit 12 PS an der Spitze damaliger 200-cm³-Zweitaktmotoren. Das Ganze rollte jetzt auf 16-Zoll-Rädern. Ab 1956 bot Zündapp diese Maschine als 201 S parallel mit einer geschobenen Langschwinge als Vorderradführung an. 1958 war die lange Erfolgsgeschichte der 200er Zweitaktmaschinen von Zündapp zu Ende.

Nach München retten konnte sich dagegen eine 1956 erstmals angebotene Maschine mit 175 cm³. Die 175 S, die nahezu baugleich mit der 200 S war, sollte, wie bei anderen Herstellern auch, den neuen Steuer- und Versicherungssätzen (siehe Einführung) ein Schnippchen schlagen, konnte die 200er aber in punkto Beliebtheit kaum verdrängen. Nach dem Gewinn der Welttrophy bei der Internationalen Sechs-Tage-Fahrt 1957 wurde die 175er in 175 Trophy S umbenannt. Unter gleicher

> Mit einer Hinterradschwinge und hohem Lenker war die Zündapp KS 601 Elastic vor allem für den US-amerikanischen Markt bestimmt.

> Ein spezielles Detail-Werksfoto der Zündapp 250 S mit der Vorderradschwinge, wie sie in gleicher Ausführung an den 175er und 200er Modellen wahlweise möglich war.

Bezeichnung konnte analog zur 201 S wahlweise eine Vorderradschwinge anstelle der Telegabel bestellt werden.
1956 löste auch eine neue 250er, erstmals mit hydraulischem Lenkungsdämpfer, die Elastic 250 ab. Die sehr elegante 250 S, die wieder wahlweise mit Telegabel oder Schwinge bestellt werden konnte, fristete bei Zündapp eher ein Schattendasein. Steuer- und Versicherungsprämien und der Trend zum Kabinenroller oder Kleinstwagen setzten besonders diese Hubraumklasse unter Druck. Dennoch wurde die 250er, die ab 1958 auch Trophy S hieß, neben der 175er noch bis 1963 gebaut.
Am 1. Juli 1958 wurden die Nürnberger Zündapp-Werkanlagen an Bosch verkauft. Die Motorradfertigung zog komplett nach München um und schlug ein neues Kapitel in der Zündapp-Geschichte auf.

> Die Zündapp 175 Trophy S in der Ausführung mit langer Vorderradschwinge.

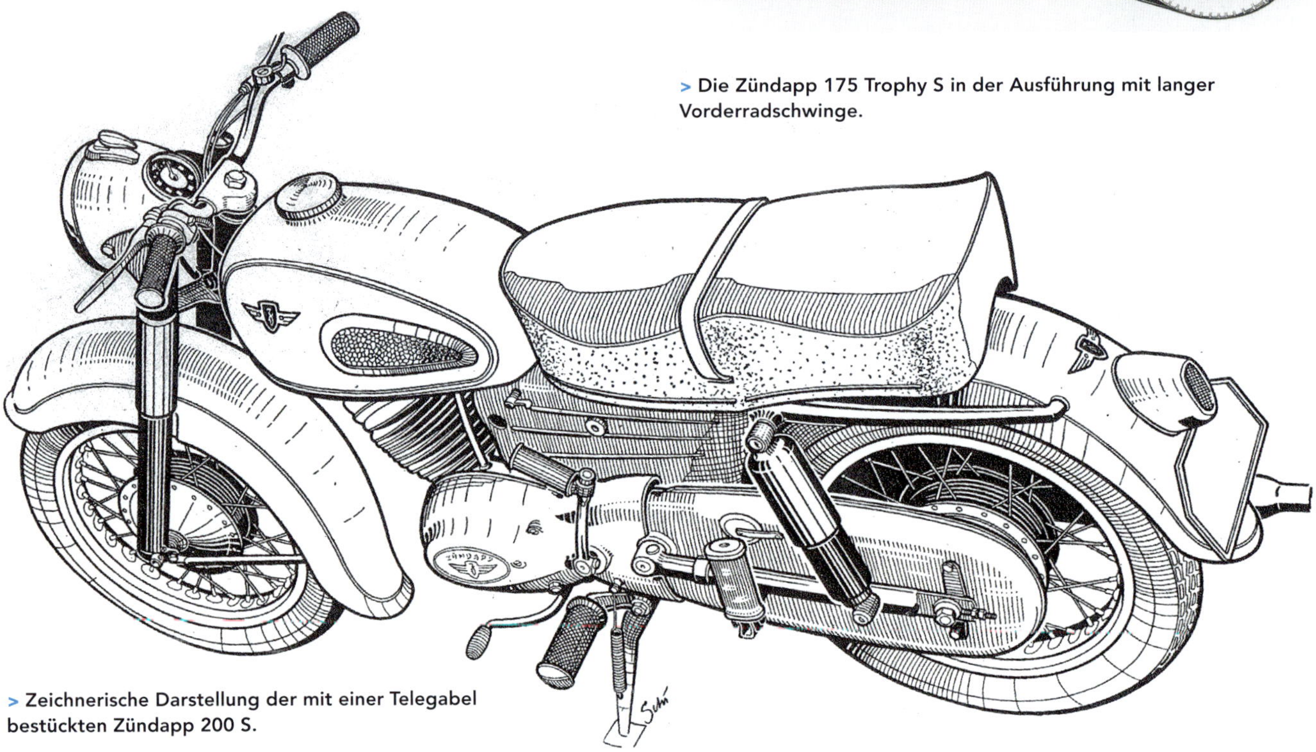

> Zeichnerische Darstellung der mit einer Telegabel bestückten Zündapp 200 S.

Zündapp KS 601 Elastic	1956–1957	
2-Zyl.-4-Takt-Boxer	597 cm³	34 PS / 6000 U/min
Zündapp 200 S	**1955–1957**	
1-Zyl.-2-Takt	197 cm³	12 PS / 5400 U/min
Zündapp 201 S	**1956–1958**	
1-Zyl.-2-Takt	197 cm³	12 PS / 5400 U/min
Zündapp 175 S	**1956–1958**	
1-Zyl.-2-Takt	174 cm³	10,5 PS / 5400 U/min
Zündapp 175 Trophy S	**1958–1963**	
1-Zyl.-2-Takt	174 cm³	10,5 PS / 5400 U/min
Zündapp 250 S	**1956–1958**	
1-Zyl.-2-Takt	245 cm³	14,5 PS / 5500 U/min
Zündapp 250 Trophy S	**1958–1963**	
1-Zyl.-2-Takt	245 cm³	14,5 PS / 5500 U/min

Die Überlebenden in den 1960er Jahren

Abgesehen von ein paar Mopedherstellern, die noch eine Hunderter als »Motorrad« in die sechziger Jahre retteten, waren in Westdeutschland um 1960 herum nur BMW, Hercules, Maico, NSU, Zündapp und mit Abstrichen die Zweirad Union als echte Motorrad-Marken übrig geblieben. Und der Abwärtstrend war noch längst nicht gestoppt. Im Wirtschaftswunderland BRD hatte das Motorrad als Familienkutsche und als fahrbarer Untersatz für Transporte aller Art schon seit Ende der fünfziger Jahre ausgedient und als Freizeit- und Hobbysportobjekt war es noch nicht entdeckt worden.

Dazu kam der explosionsartige Anstieg der Haftpflichtversicherungsprämien. Warum sollte sich also jemand in Deutschland in den sechziger Jahren ein Motorrad kaufen? Tatsächlich taten es nur ganz wenige und die Zahl zugelassener Motorräder nahm rapide ab. Waren es 1960 immerhin noch fast 1,9 Millionen Zweiräder ab 98 cm³, sank die Zahl bis 1972 auf gerade mal noch knapp 200.000 Maschinen. Motorräder waren mega-out und die wenigen übriggebliebenen Hersteller (außer BMW) schleppten sich durch das Jahrzehnt und überlebten vor allem dank des weniger dramatisch eingebrochenen Moped- und Mokick-Marktes. Doch selbst bei den Bayerischen Motoren-Werken stand die Beendigung des Abenteuers »Motorrad« mehrfach zur Debatte.

> **Fertigmontage von BMW R 50-Maschinen, die überwiegend mit einer Sitzbank geordert wurden.**

BMW

Zum Jahresende 1959 wurden in München Pläne bekannt, die den Verkauf der Bayerischen Motorenwerke an die Daimler-Benz AG zum Ziel hatten. Auf einer Generalversammlung am 9. Dezember 1959 scheiterte dann aber der Übernahmeversuch und Generaldirektor Richter-Brohm musste ebenso seinen Hut nehmen wie der Aufsichtsratsvorsitzende Feith von der Deutschen Bank. Für die Motorradfertigung bedeutete dies trotzdem noch keine Sicherheit; bestanden doch auch Pläne, diese nach Nürnberg zur gerade gegründeten Zweirad-Union zu verlegen. Aber auch dazu kam es nicht, was nicht zuletzt dem neuen Produktmanager von BMW, Helmut Werner Bönsch – ein Motorrad-Enthusiast durch und durch – zu verdanken war. Spätestens mit der Präsentation des neuen Modellprogramms am 22. August 1960 gingen die Motorradbauer in München wieder zur Tagesordnung über. Auf Grund der Turbulenzen der vorangegangenen Monate waren die Entwicklungsschritte für die neuen Modelle natürlich nicht sonderlich groß ausgefallen. Das 250-cm³-Einzylindermodell R 26, 1956 eingeführt, wurde durch einen leistungsgesteigerten Motor (von 15 auf 18 PS), der jetzt in Gummiblöcken gehalten wurde, zum Modell R 27. Äußerlich waren die beiden Motorräder kaum voneinander zu unterscheiden; dies änderte sich erst 1962 mit Einführung der Lenkerblinkleuchten. 1966 lief die R 27 aus und blieb fast 30 Jahre lang ohne Nachfolger.

> **Die BMW R 27 löste 1960 die R 26 ab. Mit über 15.000 Maschinen bis 1966 war das Einzylindermodell weiterhin die meistverkaufte BMW.**

> **Änderungen an Kurbel- und Nockenwellen und ein größeres Rücklicht ließen 1960 aus der R 50 die R 50/2 werden. Ab 1962 trugen alle BMW-Maschinen Lenkerblinkleuchten.**

Bei den großen Zweizylinder-Tourenmodellen hielten sich die Neuerungen ebenfalls in Grenzen. Aus der R 50 von 1955 wurde nur auf Grund der Verstärkung von Kurbel- und Nockenwelle und eines veränderten Lichtmaschinen-Konus das Modell R 50/2. Wie die anderen Modelle erhielt auch die R 50/2 1962 Lenkerblinkleuchten und ab 1967 konnte die Maschine für den Export mit einer Telegabel ausgerüstet werden.

Bei der R 60 wurden die gleichen Verbesserungen am Triebwerk wie bei der R 50 durchgeführt, durch eine Erhöhung von Drehzahl und Verdichtung lag die Leistung jetzt aber bei 30 statt bisher 28 PS. Ab 1967 konnte die R 60/2 wahlweise mit einer Telegabel geliefert werden. Beide Tourenmodelle blieben bis 1969 im BMW-Programm.

> Bei der R 60/2 brachte die Überarbeitung des Triebwerks zwei PS mehr, was für maximal 150 km/h reichte. R 50/2 und R 60/2 waren äußerlich lediglich an den Zylindern zu unterscheiden und konnten beide wahlweise mit einer Sitzbank geliefert werden.**

> Bei der nur bis 1962 gebauten sportlichen R 50 S leistete der Motor 35 PS bei 7650 U/min. 3.535 D-Mark kostete das nur 1.634 Mal gebaute Motorrad.

Daneben stellte BMW mit den gleichen Hubräumen zwei neue Sportmodelle mit leistungsstarken Triebwerken. Die R 50 S und die R 69 S unterschieden sich äußerlich kaum von den Touren-BMW, sieht man einmal davon ab, dass sie öfter mit einer Sitzbank statt des Einzelsitzes ausgeliefert wurden. Technisch sind bei den sportlichen Varianten der auf dem vorderen Zapfen der Kurbelwelle sitzende Schwingungsdämpfer und der hydraulische Lenkungsdämpfer zu erwähnen. Mit 175 km/h Spitzengeschwindigkeit war die R 69 S lange Zeit das schnellste in Deutschland erhältliche Serienmotorrad. Während die R 50 S schon 1962 wieder aus dem Programm genommen wurde, blieb die R 69 S bis 1969 im Angebot; ab 1967 war sie für den US-Markt mit einer Telegabel ausgerüstet.

BMW R 27	**1960–1966**	
1-Zyl.-4-Takt	250 cm^3 ohv	18 PS / 7400 U/min
BMW R 50/2	**1960–1969**	
2-Zyl.-4-Takt-Boxer	500 cm^2 ohv	26 PS / 5800 U/min
BMW R 60/2	**1960–1969**	
2-Zyl.-4-Takt-Boxer	600 cm^3 ohv	30 PS / 5800 U/min
BMW R 50 S	**1960–1962**	
2-Zyl.-4-Takt-Boxer	500 cm^3 ohv	35 PS / 7650 U/min
BMW R 69 S	**1960–1969**	
2-Zyl.-4-Takt-Boxer	600 cm^3 ohv	42 PS / 7000 U/min

> Die R 69 S blieb bis 1969 im BMW-Programm und wurde über 11.000 Mal verkauft. Ihre 42 PS reichten für eine Höchstgeschwindigkeit von 175 km/h.

Göricke

Göricke antwortete noch 1957 mit der Gö 100 S, einem kleinen, aber feinen Motorrad mit Vollschwingenfahrwerk, Doppelsitzbank und schönen Blechverkleidungen auf die Konkurrenz in dieser Klasse. Der Sachs-Motor leistete inzwischen 6,6 PS. Stets weiterentwickelt, rettete die kleine 100er der Bielefelder Firma den Verbleib im Motorradbau (eine 100er galt offiziell immer noch als Motorrad) bis in die Mitte der 1960er Jahre hinein.

> **Die Göricke 100 S war eine typische Hunderter der frühen 1960er Jahre.**

Göricke 100 S	1957–1965	
1-Zyl.-2-Takt	98 cm³	6,6 PS / 5750 U/min

Hercules

Hercules erlebte Ende der 1950er Jahre, zu einer Zeit, da nur noch wenige deutsche Motorradmarken existierten, einen echten Aufschwung. 1959 betrug der Marktanteil in Deutschland etwa 20 Prozent (1955 waren es nur zwei Prozent!), 1966, auf dem Anteilshöhepunkt, waren es dann sogar stolze 32 Prozent. Zu dieser Zeit hatte freilich schon längst (1962) der Sachs-Konzern die Nürnberger Zweiradschmiede übernommen.

> **Die Hercules K 101 unterschied sich vom Vorgängermodell K 100 unter anderem durch die Fußschaltung.**

Mitgetragen wurde der Aufschwung zu Beginn der sechziger Jahre von den Ende des vergangenen Jahrzehnts entstandenen Entwicklungen. Zusätzlich zur bereits vorgestellten K 100 kam 1959 die K 101 mit Fußschaltung, verstärktem Rahmen und Steckachsen auf den Markt. Eine recht deutlich von der normalen Maschine abweichende GS-Variante der K 101 konnte ebenfalls käuflich erworben werden. Die Motorleistung der K 101 stieg von 5,2 auf 6,6 (ab 1960) und schließlich 1963 auf 7 PS.

> **Eine Hercules K 101 GS zum Pressetermin auf dem Acker.**

Parallel zur bereits vorgestellten K 175 kam 1959 die K 175 S, die mit verkleideten Schutzblechstreben vorne eine geschobene Schwinge vortäuschen sollte. Tatsächlich behielt man aber die von Triumph stammende Telegabel bei. Die K 175 S, die es auch als GS für den Geländesport gab, wies wieder ein Fahrwerk mit 18-Zoll-Rädern auf. Eine Weiterentwicklung dieses Modells war die ab 1960 gebaute K 175 SE, die mit mehr Leistung und einem moderneren Design ausgestattet war. Vor allem der neue Tank und die zur Hälfte offenliegenden Federn der hinteren Federbeine fielen hier auf. Mit diesen drei 175ern startete Hercules in der künftig größten Hubraumklasse in das neue Jahrzehnt.
Die vorerst letzte 175er war dann die zwischen 1964 und 1966 gebaute K 176 GS, deren Motor auf dem leistungsgesteigerten SE-Motor basierte und die nun mit ihren 15 PS die deutsche Geländesport-Szene ordentlich aufmischte. Im Gegensatz zu den Straßenmodellen mit

> **Mit 18-Zoll-Rädern und noch viel Fünfzigerjahreflair: Hercules K 175 S.**

> Die Hercules K 175 SE war die letzte Straßenmaschine der Nürnberger in dieser Hubraumklasse.

> Mit 7 PS und Viergang-Getriebe: Die 85 km/h schnelle Hercules K 102 des Baujahres 1962.

> Für den Geländesport baute Hercules noch weitere 175er Maschinen, wie diese K 176 GS.

> In den kleinen Zweitaktklassen hatte Hercules die Nase vorn. Auch dank der K 103 S.

Teleskopgabel besaß die GS vorn eine halblange Schwinge, wie sie für alle Hercules-GS-Modelle der sechziger Jahre typisch war. Die Federn aller vier Federbeine lagen offen.

Im Segment der 100er ließ Hercules 1961 die K 100 auslaufen und präsentierte als Nachfolgerin die K 102 mit dem stärkeren 7-PS-Sachs-Motor, zu dem ab 1962 auch ein Getriebe mit vier Gängen gehörte. Die italienisch angehauchte Optik dieses Modells (man kann sie auch spartanisch nennen) prägten unter anderem der große Knieschlusstank und die anfangs halb-, später ganz offen liegenden Federn der Federbeine. Im Mittelteil des kleinen Motorrades war der Batterie- bzw. Werkzeugkasten als Designelement entfallen – die Batterie stand frei vor dem hinteren Schutzblech.

Dies galt auch für die 1962 ins Programm genommene K 103, die dennoch mehr Solidität ausstrahlen (das schafften vor allem die dicken Federbeinrohre) und vielleicht das reifere Publikum ansprechen sollte. Das Triebwerk war zu diesem Zeitpunkt mit dem der K 102 identisch. Erstmals kamen bei Hercules Lenkerblinkleuchten zum Einsatz.

1964 löste die K 103 S die K 103 und ein Jahr später auch die K 102 ab. Mit der schicken Zweifarbenlackierung, der zweifarbigen Sitzbank und der nun wieder verkleideten Batterie strahlte die kleine K 103 S die Souveränität eines größeren Motorrades aus und stahl der Zündapp KS 100 ein wenig die Show. Beide Maschinen waren mit dem erneut in der Leistung gewachsenen 97-cm³-Sachs-Motor ausgerüstet. Von diesem Triebwerk befeuert, bot Hercules von 1964 bis 1967 auch eine käufliche GS-Variante der K 103 an.

Hercules K 101	1959–1963	
1-Zyl.-2-Takt	98 cm³	6,6 PS / 5750 U/min
Hercules K 101 GS	**1958–1961**	
1-Zyl.-2-Takt	98 cm³	6,6 PS / 5750 U/min
Hercules K 102	**1961–1965**	
1-Zyl.-2-Takt	98 cm³	7 PS / 5750 U/min
Hercules K 103	**1962–1964**	
1-Zyl.-2-Takt	98 cm³	7 PS / 5750 U/min
Hercules K 103 S	**1964–1969**	
1-Zyl.-2-Takt	97 cm³	8,2 PS / 6000 U/min
Hercules K 103 GS	**1964–1967**	
1-Zyl.-2-Takt	97 cm³	8,2 PS / 6000 U/min
Hercules K 175 S	**1959–1961**	
1-Zyl.-2-Takt	173 cm³	10 PS / 5250 U/min
Hercules K 175 GS	**1959–1963**	
1-Zyl.-2-Takt	173 cm³	14 PS / 6500 U/min
Hercules K 175 SE	**1960–1963**	
1-Zyl.-2-Takt	173 cm³	11 PS / 5250 U/min
Hercules K 176 GS	**1964–1966**	
1-Zyl.-2-Takt	173 cm³	15 PS / 6000 U/min

> Hercules war in das Geschäft käuflicher, aber durchaus wettbewerbsfähiger Geländesport-Motorräder eingestiegen. Im Bild die K 103 GS.

Maico

Durch vermeintlich geschicktes Taktieren im Zuge des Konkurses der Maico GmbH Pfäffingen im Jahre 1958 (das Unternehmen war in drei Einzelfirmen aufgeteilt und nur die Pfäffinger GmbH ging Pleite) konnte die Maico GmbH in Herrenberg weiter produzieren. Während Otto Maisch, einer der Maico-Gründer (Maisch & Co = »Maico«), in diesem Zusammenhang 1960 wegen betrügerischen Konkurses zu 18 Monaten Gefängnis verurteilt wurde, konnte die Marke in der Folge trotz der deutschen Motorradkrise Ende der 1950er Jahre überleben und sich durch die Spezialisierung im Bereich Zweitakt-Sportmotorräder noch ein Vierteljahrhundert auf dem Markt behaupten. Volle Auftragsbücher beruhigten auch die Gläubiger bald wieder, so dass ohne weitere rechtliche Zwischenfälle produziert werden konnte.

Zunächst wurden noch Modelle gebaut, die nicht ganz neu im Maico-Programm waren. So wurden die Modelle »Blizzard«, M 250 S/II bis 1970 und die M 175 Supersport bis 1968 gebaut (siehe vorhergehendes Kapitel). Eine Art Lebensretter für Maico war ein Auftrag der Bundeswehr über 5500 Militärmaschinen, lieferbar ab 1959. Die Basis für diese M 250/B (Behördenausführung) bildete die Blizzard, wobei das Vorderrad grundsätzlich mit einer Telegabel geführt wurde. Im Unterschied zur normalen Blizzard war hier das Getriebe kürzer übersetzt, es gab kräftige Seitengepäckträger, eine hochgelegte Auspuffanlage, eine Geländebereifung und auch sonst noch ein paar Attribute aus der Geländeabteilung. Mehr als 13.000 B-Modelle wurden bis 1970 an Bundeswehr und Bundesgrenzschutz geliefert, ehe dann Hercules mit der 125er zum Zuge kam.

> Die Maico M 250/S II Blizzard in der Behördenausführung für die Bundeswehr.

1959 kamen zwei neue Geländesport-Maschinen mit 175 und 250 cm³ heraus, deren Triebwerke auf denen der eben vorgestellten, normalen Straßenmotorräder basierten. Sportvergaser, höhere Verdichtung und schärfere Steuerzeiten sorgten aber für mehr Leistung. Auch die Fahrwerke lehnten sich an die der Straßenmodelle an; natürlich hatten sie aber andere Räder (21 Zoll vorn, 18 oder 19 Zoll hinten) mit Geländebereifung. Und auch sonst gab es noch eine Fülle von Details, die den damaligen Geländeausrüstungen entsprachen und hier im Einzelnen gar nicht aufgeführt werden können. Charakteristisch war noch die Luftflasche zur Reifenbefüllung hinten links über dem Federbein.

> Bereits seit 1959 bot Maico die GS 250 (optisch identisch mit der 175er) mit 21-Zoll-Vorderrad an.

Schon 1960 bauten die Schwaben die Flotte ihrer im freien Handel erhältlichen Sportmotorräder kräftig aus. Um in der damals üblichen Hubraumklasse 350 cm³ starten zu können, wurde der 250er Zylinder von 67 auf 71 mm aufgebohrt und so ein Hubraum von 277 cm³ erreicht, der bei der GS 277 für 17,6 PS und bei der MC 277 dank höherer Verdichtung sogar für 18,5 PS sorgte. 1960 bot Maico in den drei Hubraumklassen neben den GS-Modellen nun auch Moto-Cross-Motorräder mit der Bezeichnung MC an. Neben einer anderen Übersetzung (deutlich erkennbar am großen hinteren Kettenrad) und dem fehlenden Scheinwerfer war der Motor oben am Zylinderkopf nochmals mit einer Gabel gegen den Rahmen abgestützt. Eine Maßnahme, die für alle Maico-Sportmotorräder eingeführt wurde. Nur für die MC-Modelle konnte wahlweise eine Batterie- oder Magnetzündung bestellt werden, während alle anderen Maschinen mit Batterie an Bord (Beleuchtung) fuhren.

1961 schob Maico eine Trial-Maschine mit dem 250er Triebwerk nach. Der Grundaufbau der M 250-T entsprach den Cross-Modellen, jedoch war konsequent auf Gewichtsreduzierung geachtet worden; immerhin wog die 250er Trial 20 kg weniger als die Moto-Cross-Ausführung. Dies konnte nicht zuletzt durch die Umstellung des Rahmenmaterials auf Rundrohr statt Ovalrohr (wie bei den anderen Modellen) erreicht werden. Der Radstand war um 30 mm verkürzt worden und der Motor leistete auf Grund reduzierter Verdichtung und Drehzahl für den Trial-Sport ausreichende 15 PS. Charakteristisch für das Motorrad war der von einer Schraubenfeder abgestützte, klassische Einzelsitz, alternativ war aber auch eine Sitzbank lieferbar.

> Die Maico-Moto-Cross-Maschine MC 175 mit dem 175er Motor aus der Supersport.

Neben den normalen Straßen- und Geländesport-Modellen gingen spezielle Ausführungen der Maico-Maschinen auch in die USA, einem wichtigen Exportland der Schwaben. Als »Scrambler« liefen hier die Cross-Modelle unter anderem mit 19- statt 21-Zoll-Vorderrad in verschiedenen Off-Road-Veranstaltungen. Und modifizierte Enduros wurden als Bahnrenner (»Short-Track«) eingesetzt.

> T für Trial: Die Maico M 250 T – Trial war dank des geänderten Rahmens deutlich leichter als eine Moto-Cross-Maschine.

Ende 1962 erhielt der 250er Motor endlich den sogenannten Breitwand-Zylinder, der bei der 175er schon seit Jahren eingesetzt wurde. Der Leichtmetallzylinder mit verchromter Laufbahn (auch »Cinemascope-Zylinder« genannt) verbesserte deutlich die Leistungscharakteristik des Motors, der bei ersten Tests 23 PS abgab. Die GS-Modelle erhielten jetzt den Rahmenhinterbau der Cross-Maschinen, was sie insgesamt steifer und leichter machte.

Maico M 250 B	**1959–1970**	
1-Zyl.-2-Takt	247 cm³	14,9 PS / 5250 U/min
Maico GS 175	**1959–1964**	
1-Zyl.-2-Takt	174 cm³	15,5 PS / 6400 U/min
Maico GS 250	**1959–1964**	
1-Zyl.-2-Takt	247 cm³	17 PS / 5800 U/min
Maico GS 277	**1960–1964**	
1-Zyl.-2-Takt	277 cm³	17,5 PS / 5800 U/min
Maico MC 175	**1960–1964**	
1-Zyl.-2-Takt	174 cm³	16 PS / 6400 U/min
Maico MC 250	**1960–1964**	
1-Zyl.-2-Takt	247 cm³	18 PS / 6000 U/min
Maico MC 277	**1960–1964**	
1-Zyl.-2-Takt	277 cm³	18,5 PS / 6000 U/min
Maico M 250-T	**1961–1964**	
1-Zyl.-2-Takt	247 cm³	15 PS / 5300 U/min

Maico hatte endgültig eine Nische gefunden und entwickelte sich zu einem führenden Anbieter von Sportmotorrädern abseits der Straße. Bedeutende Erfolge mit Maico-Motorrädern weltweit sorgten für die entsprechende Werbung. Dennoch war die Klientel begrenzt und nur ein kleiner Stamm von Mitarbeitern schraubte nach 1964 in Herrenberg noch Motorräder zusammen.

So richtig wahrgenommen wurden die Schwaben als Motorradhersteller nun tatsächlich nicht mehr; dies wurde auch deutlich, als 1964 gleich zwei sportliche »Normalmotorräder« im Programm standen, für die sich aber kaum jemand zu interessieren schien. Auf der Basis der neu entwickelten Fahrwerke für die Geländesport- und Moto-Cross-Maschinen und bestückt mit den neuen Breitwand-Zylinder-Motoren zeigte Maico mit der 250 SS und der 360 SS (23 und 28 PS) zwei schöne Bikes, die voll auf der Höhe der Zeit waren. Sie wurden allerdings, problembehaftet und unausgereift, von Maico immer wieder zurückgezogen und 1966 ganz aus dem Programm genommen. Der Versuch, 1964 eine preiswerte 175er mit konventionellem Fahr- und einfachem Triebwerk (nur 10,6 PS) als Modell S 2 an den Mann zu bringen, scheiterte ebenfalls.

> Für den Einsatz in der 500er Moto-Cross-Klasse schuf Maico die MC 360.

> Sah gar nicht übel aus, war aber nicht ausgereift: Die sportliche Straßenmaschine Maico 250 SS war kein Erfolg.

> Wesentlich erfolgreicher war Maico mit seinen Moto-Cross-Maschinen. Im Bild die MC 250 von 1964.

Der große Motor, wie in der SS 360 eingesetzt, mit exakt 352 cm³ war inzwischen notwendig geworden, um in der Klasse bis 500 cm³ bei Geländesport- und Moto-Cross-Veranstaltungen mitfahren zu können. Und das taten Maico-Fahrer dann auch sehr erfolgreich. Zuerst mit dem neuen Chassis für die Moto-Cross-Maschinen, das dann später ebenfalls bei den Enduro- und Trial-Maschinen eingesetzt wurde. Kernstück war der Doppelrohrrahmen aus sehr hochwertigem und auch teurem, filigranem Rohrmaterial (Chrom-Molybdän), das entscheidend zur Gewichtsreduzierung beitrug. Auch eine neue Telegabel mit Leichtmetall-Führungsrohren (aus dem Maicoletta-Roller), die markant vor der Vorderachse und fast bis zum unteren Rand der Bremstrommel geführt wurden, kam zum Einsatz. Ihr 160 mm Federweg war damals ein ausgezeichneter Wert. Selbstverständlich waren die Federelemente vorn und hinten hydraulisch gedämpft.

Für den Moto-Cross-Einsatz standen 1964 die Modelle MC 175, MC 250 und MC 360 zur Verfügung. Und mit dem gleichen Fahrwerk und den gleichen Hubraumgrößen Ende des Jahres dann die Geländesport-Maschinen mit der Bezeichnung GS. Angeboten, aber kaum noch gebaut, wurden auch die Motoren mit 277 cm³ Hubraum für den Einsatz in der 350er Klasse. Natürlich gab es auch weiterhin ein Trial-Modell. Die neue 250 Trial wies ebenfalls das neue Fahrwerk auf, behielt aber den alten Zylinder der Blizzard.

> Die Maico GS 250 von 1964/65 mit Breitwandzylinder, Doppelschleifen-Rohrrahmen und neu angelenkter Telegabel.

Für eine heute kaum noch bekannte Sportart lieferte Maico ebenfalls die Motorräder: Motoball! Charakteristisch für diese Maschinen war der kräftig dimensionierte, stark geräuschmindernde Auspuff mit seiner seltsam anmutenden Verlegung, die fehlende Hinterradfederung und

> Die weiterentwickelte 250er Trial-Maschine von Maico mit neuem Fahrwerk und neuem Rahmen, aber dem alten Blizzard-Motor.

> Sieht man nicht jeden Tag: Eine Maico Motoball 250 für all jene, die gerne Motorrad fuhren und Fußball spielten.

> Ab 1967 führte Maico den großflächigen Rechteckzylinder – hier an der GS 360 – ein.

die 16-Zoll-Bereifung vorn und hinten. Das Fahrwerk blieb wegen der nötigen Robustheit das alte mit ovalem Einrohrrahmen und spezieller Rahmenheck-Konstruktion.

Ab etwa 1967 gab es bei Maico im Moto-Cross-Bereich entsprechend dem internationalen Klassement nur noch die Hubraumgrößen 250 und 360 cm³. Im Geländesport blieb es bei 175, 250 und 360 cm³. Natürlich wurden die Maschinen im Verlaufe der Jahre zumindest in kleinen Details ständig weiterentwickelt. Offensichtlich war dabei der ab 1967 eingeführte Rechteckzylinder, der großflächiger und in der Rippenausbildung günstiger verrippt war. Zusammen mit einer neuen Kanalführung wurde der Motor leistungsfähiger und standfester.

Maico GS 175	**1964–1967**	
1-Zyl.-2-Takt	174 cm³	16 PS / 6200 U/min
Maico GS 250	**1964–1967**	
1-Zyl.-2-Takt	247 cm³	24 PS / 5800 U/min
Maico GS 360	**1964–1967**	
1-Zyl.-2-Takt	352 cm³	28 PS / 6000 U/min
Maico MC 175	**1964–1965**	
1-Zyl.-2-Takt	174 cm³	16 PS / 6200 U/min
Maico MC 250	**1964–1968**	
1-Zyl.-2-Takt	247 cm³	25/28 PS / 6000/6200 U/min
Maico MC 360	**1964–1968**	
1-Zyl.-2-Takt	352 cm³	29/31 PS / 6000 U/min
Maico 175 S2	**1964–1965**	
1-Zyl.-2-Takt	174 cm³	10,6 PS / 5200 U/min
Maico SS 250	**1964–1966**	
1-Zyl.-2-Takt	247 cm³	28 PS / 6000 U/min
Maico SS 360	**1964–1966**	
1-Zyl.-2-Takt	352 cm³	28 PS / 6000 U/min
Maico Motoball 250	**1963–k. A.**	
1-Zyl.-2-Takt	247 cm³	25 PS / 6000 U/min
Maico Trial 250	**1964–k. A.**	
1-Zyl.-2-Takt	247 cm³	15 PS / 5200 U/min

Für 1968 hatte sich die Bezeichnung der GS-Modelle kurzzeitig in GS 175 A, 250 A und 360 A geändert. Es war gleichzeitig das letzte Jahr für eine 175er von Maico. Die Änderungen waren geringfügig: Der Doppelrohrrahmen war schmäler und dennoch stabiler geworden, eine aus eigener Fertigung stammende, neue Hinterradbremse (inklusive Bremsnabe), jetzt mittels Gestänge geschaltet, wurde eingeführt und die Federelemente wurden nochmals überarbeitet. Auch die Leistung des einfachen, schlitzgesteuerten Motors konnte weiter gesteigert werden.

Im Laufe dieses Jahres erhielten die großen Maschinen dann noch einen kantigen Tank, der bei den Enduros aus Blech und bei den Crossern aus leichtem Kunststoff gefertigt war und die Typenbezeichnungen kamen wieder ohne A aus. Interessant übrigens, dass die in die USA exportierten Modelle Kunststoff-Kotflügel für das Vorderrad aufwiesen, während die Inlandsmodelle noch solche aus Aluminium hatten. Die MC 250 und 360 leisteten jetzt 28 und 35 PS, die GS 250 und 360 27 bzw. 30 PS. Im Geländesport wurde auch noch einige Jahre lang die Motorisierung mit 350 cm³ angeboten.

Maico GS 175 A	1968	
1-Zyl.-2-Takt	174 cm³	16 PS
Maico GS 250 (A)	**1968–1971**	
1-Zyl.-2-Takt	247 cm³	27 PS
Maico GS 360 (A)	**1968–1971**	
1-Zyl.-2-Takt	352 cm³	30 PS
Maico MC 250	**1968–1970**	
1-Zyl.-2-Takt	247 cm³	28 PS
Maico MC 360	**1968–1970**	
1-Zyl.-2-Takt	352 cm³	35 PS

Münch

Friedel Münch aus dem hessischen Nieder-Florstadt hatte sich als Tuner von Horex-Motoren für den Straßenrennsport bereits einen Namen gemacht, als er damit begann, an einem eigenen Serienmotorrad zu feilen. Über die Dreizylinder-Zweitaktmaschine Münch 3, die im Prototypenstadium stecken blieb, kam er Ende 1964 auf die Idee, den luftgekühlten Reihenvierzylinder-Motor des PKW NSU 1000 in einen Motorradrahmen zu setzen. Das im Heck des Autos mittels Gebläse gekühlte Triebwerk konnte, im Motorrad quer zur Fahrbahn eingebaut, jetzt vom Fahrtwind auf Temperatur gehalten werden. Es bedurfte allerdings einiger Änderungen, ehe der Motor tatsächlich als Motorradtriebwerk taugte. Getriebe- und Primärgehäuse, die Ölwanne, das Getriebe selbst (von der Horex Imperator übernommen) und viele Kleinigkeiten mussten geändert, neu konstruiert und angepasst werden, ehe das Ganze nicht nur funktionierte, sondern auch einigermaßen gefällig aussah.

Im Frühjahr 1966 stellte Münch sein neues Motorrad, das er einfach Münch 4 nannte (es hätte eigentlich »Mammut« heißen sollen, doch dieser Name war noch für die Bielefelder Firma Goebel geschützt), erstmals einer staunenden Öffentlichkeit vor; ein halbes Jahr später, zur IFMA, war schon wieder vieles verändert und verbessert worden.

> **Die erste »Serienmaschine« vom Typ Münch 4 entstand 1966. Das Grundprinzip stand, aber zahllose Änderungen folgten in den nächsten Jahren.**

Den hinteren Reifen trug eine stabile Gussfelge, die Antriebskette lief in einem geschlossenen Kasten aus Elektron (der gleichzeitig als Schwingenarm fungierte) im Ölbad und die Kupplung war verstärkt worden. Neben dem 1000er Motor stand hier auch der 1100er des NSU TT zur Auswahl.

In reiner Handarbeit entstanden noch 1966 die ersten Modelle, die, je nach Ausstattung, zwischen 7000 und 8000 Mark kosteten. Das war mehr als happig, auch in Anbetracht der Tatsache, dass der NSU Prinz TT nicht einmal 6000 Mark kostete.

Münch 4	1966–1969	
4-Zyl.-4-Takt-Reihe	1000 cm³ ohv	55 PS / 5200 U/min

NSU

Wie im vorherigen Kapitel beschrieben, wurden die NSU-Modelle Supermax und Maxi bis 63 bzw. 1964 gefertigt. Wobei von einer richtigen Produktion bei NSU schon länger nicht mehr die Rede war: 1962 konnten nur noch 64 Exemplare der Supermax und 31 Maxi-Modelle abgesetzt werden.

Bis auf das Moped »Quickly«, das 1966 auslief, war von einem der traditionsreichsten und ältesten deutschen Motorradhersteller (gegründet 1900), der mit Fox und Max die Motorradszene der fünfziger Jahre wesentlich mitgeprägt hatte und mehrmals die Straßen-Weltmeisterschaft nach Neckarsulm holte, nichts mehr zu hören und zu sehen. NSU konzentrierte sich fortan auf den Automobilbau.

> **Die NSU Supermax in der Ausführung von 1962 mit Lenkerblinkleuchten und Doppelsitzbank.**

Rabeneick

Ab 1962 war der neue Sachs-Motor mit sieben PS und Viergang-Getriebe lieferbar. Rabeneick nutzte ihn zur Modernisierung der seit 1956 gebauten LM 100/3, die ab dem gleichen Jahr als LM 104 mit Telegabel, durchgehender Sitzbank, Pressstahl-Brückenrahmen und schöner Linienführung zu haben war.

1963 wurde die August Rabeneick GmbH von der Fichtel & Sachs AG übernommen. Im Prinzip war damit das Ende der motorisierten Zweiräder aus Brackwede besiegelt. F & S konzentrierte seine Zweirad-Fertigung in Nürnberg und ließ die Bielefelder ab 1965 Kupplungsscheiben recyceln.

> Als letzte »Motorrad«-Schöpfung der Firma Rabeneick ging 1962 die LM 104 an den Start.

Rabeneick LM 104	1962–1965	
1-Zyl.-2-Takt	98 cm³ ohv	7 PS / 5750 U/min

Rixe

Zunächst war die seit 1956 gebaute RS 100/3, wahlweise als Touren- oder Sportversion, bis 1962 lieferbar. Mit leichten optischen Retuschen stand sie dann als RS 100/A noch bis 1964 im Rixe-Programm. Ebenso wie die RS 100/B, deren Motor immer noch mit nur drei Getriebegängen auskommen musste, aber immerhin schon 6,6 PS leistete. Das Spitzenmodell war jetzt die RS 100/C mit dem ganz neuen 7-PS-Viergang-Triebwerk von Fichtel & Sachs. Im Laufe des Jahres 1964, vermutlich als die letzten Dreigang-Motoren verbaut waren, verblieb dann ausschließlich das C-Modell, jetzt einfach nur noch RS 100 genannt, auf dem Markt. Die Maschine war wieder wahlweise als Sport- oder Tourenversion mit Telegabel oder Schwinge zur Vorderradführung und ab 1966 mit dem auf 8,2 PS gesteigerten Sachs-Triebwerk lieferbar. In diesem Jahr wurden in Bielefeld aber nicht einmal mehr 50 Exemplare der Hunderter gebaut, so dass man die Produktion 1967 auslaufen ließ. Rixe konzentrierte sich fortan durchaus mit gutem Erfolg auf den noch wachsenden Markt der 50er-Mofas, -Mopeds und -Mokicks und später auch der 80er-Kleinkrafträder. Ende 1984 ging Rixe schließlich dann doch in Konkurs.

Rixe RS 100/A	1962–1964	
1-Zyl.-2-Takt	98 cm³	5,2 PS / 5500 U/min
Rixe RS 100/B	**1962–1964**	
1-Zyl.-2-Takt	98 cm³	6,6 PS / 5750 U/min
Rixe RS 100/C	**1962–1964**	
1-Zyl.-2-Takt	98 cm³	7 PS / 5700 U/min
Rixe RS 100 Tour/Sport	**1964–1967**	
1-Zyl.-2-Takt	98 cm³	7/8,2 PS / 5750/6000 U/min

Zündapp

Schon seit 1953 produzierte Zündapp in einem Zweigwerk in München, das ursprünglich für die eigene Nähmaschinenproduktion gegründet worden war, auch Mopeds. Mit dem Niedergang der deutschen Motorradindustrie gab 1958 einer deren größten Protagonisten sein Werk in Nürnberg auf und verlagerte nun die gesamte Produktion an die Isar. Damit endete nicht nur die Fertigung der wohl legendärsten aller Zündapp-Maschinen, der KS 601; Zündapp verabschiedete sich auch nach und nach ganz vom Bau »richtiger« Motorräder.

Ab 1960 waren die bereits im vorigen Kapitel vorgestellten Modelle 175 Trophy S und 250 Trophy S nur noch mit einer Telegabel lieferbar, während gleichzeitig ihre Räder von 16 auf 18 Zoll umgestellt worden waren. Ebenfalls ab 1960 konnten die Sondermodelle 175 SE und 250 SE mit einer Dynastartanlage des erfolgreichen Bella-Rollers geordert werden. 1963 ließ Zündapp diese 50er-Jahre-Modelle auslaufen.

Als Motorrad galt bei den Münchnern seit 1960 ein 75-cm³-Maschinchen mit der Bezeichnung KS 75, dessen Entwicklung ab 1963 die Basis für ein weiteres Modell mit 100 cm³ Hubraum war, der KS 100. In erster Linie steuerliche Gründe sprachen zu Beginn der sechziger Jahre für diesen Hubraum, der, als günstigste Motorradklasse bei Steuer und Versicherung, billiger war als der eines Kleinkraftrades mit 50 cm³. Mit ihrer Telegabel und der hinteren, von zwei kräftigen Federbeinen abge-

> Auf der IFMA 1960 zeigte Zündapp diese 250 Trophy S mit 18-Zoll-Rädern und Telegabel.

> Im Gegensatz zu den meisten anderen deutschen Herstellern startete Zündapp mit der KS 100 erst 1963 in die Kategorie der kleinen 100-cm³-Maschinen.

> Mit der Zündapp KS 100/2 waren ab 1967 dank des 10-PS-Motors echte 100 km/h möglich.

stützten Schwinge unterschied sich die KS 100 von den hubraumschwächeren Zündapp-Modellen jener Zeit, konnte ihre Herkunft aus der Mopedentwicklung aber dennoch nicht leugnen. Die 8,2 PS des Zweitakters, mit denen die Maschine mit etwas Rückenwind 100 km/h erreichen konnte, waren zu dieser Zeit stärker als die mit Sachs-Motoren ausgerüstete Konkurrenz.
Problemlos die 100 km/h-Grenze schaffte ab 1967 die KS 100/2 (auch einfach nur weiter KS 100 oder KS 100 Sport genannt) mit ihrem 10-PS-Motor, der an dem modernen fächerförmigen Zylinderkopf zu erkennen war. Die neue Hunderter war entsprechend den zuvor eingeführten Mokicks und Kleinkrafträdern, mit denen sie auch viele Teile gemein hatte, etwas moderner gezeichnet und mit einem Fünfgang-Getriebe ausgerüstet worden.

Zündapp 175 Trophy S / SE	**1960–1963**	
1-Zyl.-2-Takt	174 cm³	10,5 PS / 5400 U/min
Zündapp 250 Trophy S / SE	**1960–1963**	
1-Zyl.-2-Takt	245 cm³	14,5 PS / 5400 U/min
Zündapp KS 100	**1963–1966**	
1-Zyl.-2-Takt	98 cm³	8,2 PS / 6300 U/min
Zündapp KS 100/2	**1967–1971**	
1-Zyl.-2-Takt	98 cm³	10 PS / 6800 U/min

Zweirad Union

Mit der in Nürnberg infolge der Zweiradkrise in die Pleite gerutschten Firma Victoria, der kaum weniger bekannten Marke Express und den Resten der DKW-Motorradfertigung entstand in Nürnberg auf Betreiben des Großindustriellen Flick die Zweirad-Union AG. Der bisherige Motorrad-Chef der Auto Union Franz Ischinger wechselte als Technischer Direktor nach Nürnberg.
Die Hoffnungen Ischingers und aller DKW-Motorradfreunde, in Nürnberg eine neue Heimat für die traditionelle Marke gefunden zu haben, wurden schnell enttäuscht. Mopeds, Mokicks und Mofas schienen den Geldgebern in Nürnberg einzig überlebensfähig und so verschwanden alle Pläne für richtige Motorräder schnell in der Schublade. Die Schnapsglasklasse dominierte fortan, wenngleich es später auch noch einmal Modelle mit 100 und 125 cm³ Hubraum geben sollte. Da hatte aber auch schon Fichtel & Sachs mit ihrem Tochterunternehmen Hercules die nicht lebensfähige Zweirad Union übernommen.
Waren vorher schon fast ausschließlich Sachs-Motoren an die Fünfziger, die, in jeweils gleicher Bauart, wahlweise die Markennamen DKW, Victoria oder Express trugen, gebaut worden, war dies nun ab 1966 zwingend vorgeschrieben. An der Praxis, gleiche Fahrzeuge mit unterschiedlichen Markensymbolen zu versehen, hielt auch Fichtel & Sachs weiterhin fest und so sind bis hoch in die 1970er Jahre hinein immer wieder kleine motorisierte Zweiräder mit der Bezeichnung DKW oder

> Inwieweit es zu einer echten Serienproduktion dieser 100er »Blechbanane« der Zweirad Union kam, ist nicht eindeutig geklärt.

> **Die DKW 125 TS mit Fünfgang-Getriebe und 110 km/h – das konnte sich Ende der 1960er Jahre durchaus sehen lassen.**

Hercules auf dem Markt erschienen. Die Markennamen Victoria und Express waren schon Ende der sechziger Jahre aus dem Programm der Zweirad Union AG verschwunden. Einzige Marke dieses von Sachs bis 1979 aufrechterhaltenen Firmennamens war fortan DKW.

Den ersten Versuch mit neuen 100-cm³-Modellen startete die Zweirad-Union 1962. In der Form der damals als modern geltenden Blechbananen (»Die neue Linie« nannte es die Zweirad Union) stellten die Nürnberger auf der fünften IFMA den Typ 100 vor, den es, völlig baugleich als DKW, Victoria oder Express geben sollte. Der als Zweirad Union-Konstruktion angegebene Zweitakter leistete beachtliche 8,5 PS, die das schwer mit Blech bepackte Vollschwingen-Modell auf immerhin 85 km/h brachte. Aus einer größeren Serienproduktion dieser Modelle wurde allerdings nichts.

1968 gab es nach zehn Jahren wieder ein richtiges Motorrad, das den Markennamen DKW trug. Allerdings war die zunächst 125 TS genannte 125er keine richtige DKW, sondern eine echte Hercules mit Sachs-Motor. Diese Politik wurde in den Folgejahren auch so beibehalten, wobei die DKW-Maschinen meist die besser ausgestatteten waren.

Zweirad Union Typ 100	1962	
1-Zyl.-2-Takt	98 cm³	8,5 PS / 6200 U/min
DKW 125 TS	**1968–1969**	
1-Zyl.-2-Takt	124 cm³	12,5 PS / 7400 U/min

Die 1970er Jahre –

BMW bekennt sich zum Motorrad

Nach 1973 kam die Wende. Wieder einmal – wie inzwischen so oft – schwappte aus den USA ein neuer Trend nach Europa herüber, der das Motorrad mit frischem Atem aus Übersee wiederbelebte. Es wurde für Freizeitaktivitäten aller Art interessant und schließlich auch als Lifestyle-Objekt immer beliebter. Die Zulassungszahlen stiegen wieder, aber außer BMW konnte kaum einer der verbliebenen deutschen Hersteller davon längerfristig profitieren. Wie Engländer und Italiener, einst ebenfalls große Motorrad-Nationen, verschliefen auch die deutschen den Trend und wurden von den innovativen Japanern förmlich überrannt.

Lag der Zulassungsanteil deutscher Motorräder im Jahre 1972 noch bei 73 Prozent, war es schon 1975 nur noch die Hälfte und 1979 betrug der Anteil ausländischer Motorräder bereits 80 Prozent! Das hatte etwas mit den Hubraumklassen und der Bauart (z. B. Soft-Enduros und Chopper, die kein deutscher Hersteller anbot) der Motorräder zu tun. Und Zweitaktmotorräder wurden immer mehr vom Markt verdrängt. 1974 gab es fast ebenso viele Motorräder mit 500 cm³ Hubraum und mehr wie hubraumschwächere Zweiräder. Das änderte sich in den Folgejahren dramatisch; Fahrzeuge unter 350 cm³ wurden zu Randnotizen degradiert und bis auf BMW ging den letzten deutschen Herstellern mehr und mehr die dünne Zweitakt-Luft aus.

BMW

BMW passte sich mit seinen 1964/65 begonnenen Neuentwicklungen dem internationalen Trend – weg vom reinen Gebrauchsmotorrad, hin zum Freizeit- und Sportgerät – an. Markant waren nun die wiedereingeführte Telegabel mit den auffälligen Faltenbälgen, der große 24-Liter-Tank, die freiliegenden Schraubenfedern der hinteren Federbeine, die durchgehende, hinten etwas hochgezogene Sitzbank, der ein wenig hochgezogene Auspuff, Rückspiegel, Vierleuchten-Blinkanlage und anderes mehr. Ein völlig neuer Antriebsblock hing im nun zweiteiligen Doppelschleifenrahmen aus konischen Stahlrohren. Im hochbauenden Triebwerksblock lag die Nockenwelle jetzt unter der gleitgelagerten Kurbelwelle; im oberen Teil, unter dem Tank, befand sich der Elektrostarter (bei R 50/5 Option).

Der Einstieg in die neue BMW-Ära begann mit der 3696 Mark teuren R 50/5, die vorrangig als Behördenmodell mit einfacherer Ausstattung gedacht war. Deutlich mehr Anklang beim privaten Publikum, besonders unter den Tourenfahrern, fand die 40 PS starke R 60/5, bei der ein Elektrostarter serienmäßig war. Beide Modelle, die 500er wie die 600er,

> Fertigungslinie der Hercules K 125 BW bei Hercules/Sachs in Nürnberg.

> Die BMW R 50/5 von 1969 war die kleinste Vertreterin der neuen Baureihe und vor allem für den Behördenmarkt bestimmt. R 50/5 und R 60/5 unterschieden sich äußerlich nicht voneinander.

> Die R 75/5 avancierte sofort zum mit Abstand meistverkauften BMW-Motorrad der frühen siebziger Jahre. Im Bild die USA-Exportausführung mit hohem Lenker.

hatten noch die herkömmlichen Bing-Rundschiebervergaser für die Gemischaufbereitung, während das neue Spitzenmodell, die R 75/5, zwei neue, zusammen mit BMW entwickelte Bing-Gleichdruckvergaser mit Drosselklappe aufwies. Nicht zuletzt deshalb mobilisierte der 745 cm^3 große Motor 50 PS und ließ Spitzengeschwindigkeiten noch jenseits der werkseitig angegebenen 175 km/h zu.

Obwohl exakt 1000 Mark teurer als die 600er konnte sich die nun größte BMW deutlich an die Spitze der Zulassungszahlen jener Jahre setzen. Apropos: auch »dero Edlen von und zu BMW« wie es Ernst Leverkus einmal formuliert hatte, profitierten ordentlich vom wiedereinsetzenden Motorradboom und von ihren neuen, in die Zeit passenden Modellen. Das mit Beginn der /5-Reihe neu in Betrieb genommene BMW-Motorradwerk in Berlin Spandau verzeichnete in den ersten Jahren ungeheure Produktionszuwächse.

1972 wurden die /5-Modelle überarbeitet. Das Tankvolumen reduzierte sich von 24 auf 18 Liter und infolgedessen war der Kraftstoffbehälter schlanker und sportlicher gestaltet worden. Sitzbank samt Haltebügel wiesen eine geschwungenere Linie auf, während der kleine Knick im Auspuffendrohr verschwand. Die Typenbezeichnung stand nun auch hinten auf der Sitzbank und am Motorgehäuse war sie durch einen dunklen Untergrund deutlicher sichtbar. So blieben die /5-Maschinen noch ein Jahr im BMW-Programm, ehe 1973 weiter überarbeitete Maschinen bzw. Neuentwicklungen angeboten wurden.

Dabei blieb die 500er auf der Strecke; das neue Einstiegsmodell war ab 1973 die R 60/6, die nun als Behördenmodell vorgesehen war und nicht zuletzt deshalb weiterhin komplett mit Trommelbremsen verzögert wurde, während die anderen /6-Modelle vorn eine Scheibenbremse hatten. Allen gemein war ein Fünfgang-Getriebe und ab 1975 neue, jetzt nicht mehr im Lampengehäuse integrierte Armaturen. Weiterhin im Angebot auch die R 75/6, die aber nun vom neuen Flaggschiff der Reihe, der R 90/6 getoppt wurde. 898 cm^3 Hubraum, soviel hatte

> Eine R 60/5 von 1971, mit dem großen 24-Liter-Tank, der jetzt 29 D-Mark Aufpreis kostete, aber unter anderem auch schon mit der Chromabdeckung unter der Sitzbank, dem weniger gebogenen Schalldämpfer, dem neuen Haltebügel und der schwarz unterlegten Typenbezeichnung der überarbeiteten Modelle.

> Mit diversen optischen Änderungen erschienen die /5-Maschinen zum Modelljahr 1972. Besonders auffällig war der kleinere 18-Liter-Tank mit Chromspiegel. Die Leistungsdaten blieben unverändert.

> Bei den ab August 1973 gebauten /6-Modellen war jetzt die 600er das Basismodell, das vorn noch mit einer Trommelbremse auskommen musste.

es bei BMW bisher noch nie gegeben, mobilisierten 60 PS, die für 188 km/h Höchstgeschwindigkeit reichten.
Das absolute Top-Modell jener Jahre war allerdings die R 90 S, die erstmals die 200 km/h-Schallmauer durchbrach. Damit kam die BMW zwar an die Kawasaki 900 Super 4 heran, war aber auch schon damals deutlich teurer. 1973 gab es für 8510 Mark ein richtig sportliches Motorrad mit Sitzbank- und Cockpit-Verkleidung, italienischen Dell'Orto-Vergasern und zwei Rückspiegeln. Ab dem Modelljahr 1975 fielen der orange-goldene Farbton (vorher grau), neue Instrumente und die gelochten Bremsscheiben auf. Die R 90 S galt als weiterer Meilenstein in der BMW-Motorrad-Geschichte.

BMW R 50/5	**1969–1973**	
2-Zyl.-4-Takt-Boxer	500 cm³ ohv	32 PS / 6400 U/min
BMW R 60/5	**1969–1973**	
2-Zyl.-4-Takt-Boxer	600 cm³ ohv	40 PS / 6400 U/min
BMW R 75/5	**1969–1973**	
2-Zyl.-4-Takt-Boxer	750 cm³ ohv	50 PS / 6200 U/min
BMW R 60/6	**1973–1976**	
2-Zyl.-4-Takt-Boxer	600 cm³ ohv	40 PS / 6400 U/min
BMW R 75/6	**1973–1976**	
2-Zyl.-4-Takt-Boxer	750 cm³ ohv	50 PS / 6200 U/min
BMW R 90/6	**1973–1976**	
2-Zyl.-4-Takt-Boxer	900 cm³ ohv	60 PS / 6500 U/min
BMW R 90 S	**1973–1976**	
2-Zyl.-4-Takt-Boxer	900 cm³ ohv	67 PS / 7000 U/min

Foto: Priwo

> Die R 75/6 in der besonders beliebten weißen Lackierung. Der große Tank war weiterhin gegen einen geringen Aufpreis lieferbar, ebenso wie eine Doppelscheibenbremse fürs Vorderrad.

> Bis auf den Hubraum entsprach die R 90/6 der 750er. Bis 1976 entstanden 21.070 Exemplare, die in der Grundversion 7.150 D-Mark kosteten.

> An der BMW R 90 S war erstmalig im Serienmotorradbau eine GFK-Verkleidung eingesetzt worden. Mit der ab 1975 möglichen Farbgebung »Daytona-Orange« erreichte die Maschine schon zu Lebzeiten Kultstatus.

> Im Herbst 1976 lösten die neuen /7-Modelle die Vorgängerserie ab. R 60 und R 75 (Foto) waren optisch identisch; auch die kleinste BMW hatte jetzt vorn eine Scheibenbremse.

> Die BMW R 80/7 wurde bis 1984 18.522 Mal gebaut. Ab Modelljahr 1979 mit Gussrädern und »S-Sitzbank«.

> Die BMW R 100/7 wurde bis 1978 in gut 12.000 Exemplaren gebaut.

Mehr als Zwischenmodelle denn als großer neuer Wurf galten bei den /7-Modellen vor allem die R 60/7 und die R 75/7. Kennzeichnend für diese letzte Entwicklungsstufe der Modelle von 1969 war die Form des Tanks, der von der R 90 S übernommen, aber jetzt mit eingelassenem Tankdeckel produziert wurde. Ansonsten hatten diese Motorräder außer neuen Ventildeckeln, Bremssätteln, komplett frei liegenden Schraubenfedern der hinteren Federbeine und Signalhörnern nicht viel Neues zu bieten.

Als Behördenmodell schaffte es die R 60/7 immerhin bis 1980 im Programm zu bleiben, während die R 75/7 schon 1977 von der R 80/7 abgelöst wurde. Trotz 52 cm³ größerem Hubraum ließ die 800er auch nur 50 PS zu, allerdings konnte gegen Aufpreis auf 55 PS aufgerüstet werden (es musste hier Super statt einfachem Benzin getankt werden). Apropos Aufrüstung: Das Zubehörprogramm bei BMW hatte inzwischen stattliche Ausmaße angenommen; der Individualität waren kaum Grenzen gesetzt, diese markierte eher der Geldbeutel. Die R 80/7 blieb immerhin bis 1984 im Programm, zu dieser Zeit schon längst mit S-Sitzbank, Gussrädern, Doppelscheibenbremse und anderen Detailänderungen.

1976 löste auch schon ein weiter aufgebohrter Motor die 900-cm³-Modelle ab. Die R 100/7 und die R 100 S folgten der R 90/6 und der R 90 S. Wie die kleineren /7-Modelle hatten auch die neuen Einliter-Motorräder eine kräftigere Hinterradschwinge und eine Rahmenverstrebung knapp unterhalb des Tanks erhalten. Die beiden 1000er blieben nur zwei Jahre im BMW-Programm; vor allem die neue, ebenfalls 1976 herausgekommene R 100 RS zog die BMW-Kundschaft deutlich stärker in ihren Bann. In 4,6 Sekunden sprintete diese erste vollverkleidete BMW von 0 auf 100 km/h. RS stand ja auch für Rennsport, wobei BMW dennoch den Tourencharakter des neuen Flaggschiffs hervorhob. Demzufolge sollte die Verkleidung in erster Linie auch Wind- und Wetterschutz sein.

Da dieses Modell immerhin sieben Jahre lang im Programm blieb, erfuhr es im Laufe der Zeit einige Modifikationen. Die Drahtspeichenräder wurden durch solche aus Guss und die anfängliche Trommelbremse hinten 1978 durch eine Scheibenbremse ersetzt. Außerdem vergrößerte sich die Ölwanne, der Luftfilter wurde erneuert und eine elektronische Zündanlage eingeführt.

> Die BMW R 100 S in ihrer klassischen roten Lackierung. Dieses Modell von 1977 hat schon Gussfelgen, aber immer noch die Trommelbremse im Hinterrad. Ab 1978 mit Scheibenbremse hinten und 70-PS-Motor.

Im Herbst 1978 stellte BMW einen aus der RS abgewandelten Langstreckentourer vor. Er sollte Goldwing und Harley ein wenig Konkurrenz machen und wurde als »RT« zu einem neuen Begriff in der BMW-Modellpalette. Eine ausladende Vollverkleidung mit hoher, einstellbarer Scheibe und verschließbaren Luftdüsen unter den Blinkern und zwei serienmäßige Seitenkoffer kennzeichnen die RT, die 1980 ebenfalls eine elektronische Zündung erhielt.
Die 60-PS-Version des 980 cm³ großen Motors in der R 100/7 ließ BMW 1978 auslaufen, ersetzte sie durch das 65 PS starke Triebwerk und nannte die neue Maschine R 100 T. Das angefügte T stand für »Touring« und tatsächlich konnte das »Naked Bike« mit Koffern, Windschutzscheibe und anderem Zubehör ordentlich für die Tour aufgerüstet werden.

> BMW stellte 1978 mit der R 100 RT einen echten Reisedampfer auf die Räder, der die Marke in den Folgejahrzehnten ganz wesentlich mitprägte.

> Das BMW-Topmodell Ende 1976 hieß R 100 RS. Die erste vollverkleidete Serien-BMW avancierte trotz ihres hohen Preises von 11.210 Mark schnell zum beliebtesten BMW-Motorrad jener Jahre.

BMW R 60/7	**1976–1980**	
2-Zyl.-4-Takt-Boxer	600 cm³ ohv	40 PS / 6400 U/min
BMW R 75/7	**1976–1977**	
2-Zyl.-4-Takt-Boxer	750 cm³ ohv	50 PS / 6200 U/min
BMW R 80/7	**1977–1984**	
2-Zyl.-4-Takt-Boxer	800 cm³ ohv	50/55 PS / 7000/7250 U/min
BMW R 100/7	**1976–1978**	
2-Zyl.-4-Takt-Boxer	1000 cm³ ohv	60 PS / 6500 U/min
BMW R 100 S	**1976–1978**	
2-Zyl.-4-Takt-Boxer	1000 cm³ ohv	65 PS / 6600 U/min
BMW R 100 RS	**1976–1984**	
2-Zyl.-4-Takt-Boxer	1000 cm³ ohv	70 PS / 7250 U/min
BMW R 100 RT	**1978–1984**	
2-Zyl.-4-Takt-Boxer	1000 cm³ ohv	70 PS / 7250 U/min
BMW R 100 T	**1978–1980**	
2-Zyl.-4-Takt-Boxer	1000 cm³ ohv	65 PS / 6600 U/min

Foto: Traebbe

> 5463 Mal wurde die BMW R 100 T gebaut, die jetzt bei den großen Boxermodellen das einzige »Naked Bike« war, aber zum vollausgestatteten Reise-Tourer aufgerüstet werden konnte.

Hercules

1968 griff der Sachs-Konzern noch einmal das Konzept von 125-cm³-Motorrädern auf, die als Straßenmodelle allerdings vorerst nicht den Schriftzug Hercules trugen, sondern als DKW RT 125 eine alte Legende wieder aufleben ließen. Sachs hatte sich nämlich 1966 die nicht lebensfähige Zweirad-Union einverleibt, die 1958 aus den Marken Victoria, Express und DKW (Motorrad) hervorgegangen war.
Aus dieser DKW RT 125-Entwicklung heraus leitete man für die Marke Hercules aber ebenfalls für die Saison 1968 eine Geländesport-Maschine ab, die mit 100 oder 125 cm³ in Serie gefertigt wurde. Beide Maschinen blieben bis 1975 im Programm, änderten bis dahin aber mehrfach ihre

> **Die GS-Versionen der Hercules K 100 und K 125 von 1968 unterschieden sich äußerlich nicht voneinander.**

> **Und noch einmal Hercules GS 100 und GS 125, jetzt von 1972 mit schlankerem Tank, Telegabel und Fächerzylinder.**

technischen Daten sowie ihr Aussehen. So wurde unter anderem um 1970 herum der für diese Zeit typisch fächerartig verrippte Zylinder mit Zylinderkopf eingeführt, 1972 ersetzte eine Telegabel die bis dato für Hercules typische halblange Schwinge und ein neuer Tank kam zum Einsatz, der dann zum Modelljahr 1974 noch einmal geändert wurde.
Erst 1970 gab es auch ein normales Straßenmotorrad von Hercules mit 125 cm³ Hubraum. Die K 125 X hatte den inzwischen 15 PS leistenden Motor der GS und deren Fahrgestell geerbt. Ansonsten vermittelte die gestreckte Linienführung mit dem nun schlankeren Tank das Bild einer hubraumgrößeren Maschine – dies galt aber auch für die Konkurrenz aus Fernost und dem eigenen Land (Zündapp, Maico). Zweifellos gehörte diese 125er neben der RT 125 aus eigenem Hause und der Zündapp KS 125 zum Besten, was es in dieser Klasse in Deutschland zu kaufen gab. Allerdings führten die 125er zu dieser Zeit insgesamt nur ein Schattendasein auf dem Markt.
Nahezu zeitgleich kam mit kleinerer Zylinderbohrung auch die Hercules K 105 X heraus, die immerhin auch 12 PS leistete und äußerlich nicht von der 125 X zu unterscheiden war. Dies galt nicht für die preiswertere K 105 ohne X, deren konventioneller Motor nur 10 PS leistete und die mit dem älteren, größeren Tank auch nicht so sportlich auftrat. Alle vorgenannten Modelle waren zur Vorderradführung immer noch mit der halblangen Schwinge, die sich auf zwei Federbeine stützte, ausgerüstet.
Diese Fahrwerkskomponente blieb bei der K 125 BW sogar bis 1984 erhalten. Ab 1971 lieferte Hercules als Ersatz für die bis dahin bezogene Maico M 250 BW die 125er Enduro in einer speziellen Behörden-Ausführung an die Bundeswehr. K 125 Military nannte man die Maschine oder eben nur K 125 BW. Der Motor war etwas robuster ausgelegt und in Drehzahl und Leistung reduziert. Eigentlich konnte er die Erwartungen der Kradmelder nie wirklich erfüllen. Anders das robuste Fahrwerk mit deutlich verstärkten Schwingen und doppeltem Rahmenunterzug. Der große 15-Liter-Tank stammte von einer früheren Ausführung der hauseigenen DKW-Modelle.
Bei den zivilen Modellen wurde 1973 mit der K 125 T die Telegabel eingeführt, ebenso das Sechsgang-Getriebe und ein 125er Zweitaktmotor, der schon zu dieser Zeit stolze 17 PS leistete. Damit war die 108 kg leichte Maschine immerhin 120 km/h schnell – das schaffte eine MZ zu dieser Zeit auch, allerdings mit doppeltem Hubraum.
Diese Geschwindigkeit und natürlich der Stand der Motorradtechnik verlangten nach einer Scheibenbremse für das Vorderrad, die aus der K 125 T 1975 die K 125 S werden ließ. Als diese dann 1977 noch Guss-

> **Die Hercules K 125 GS in der letzten Ausführung von 1974/75.**

> **98 cm³ und 12 PS: Die Hercules K 105 X, Modelljahr 1971.**

räder und den modischen Heckbürzel a la BMW R 90 S an der Sitzbank erhielt, war sie sicher auch eine der schönsten 125er, die in Deutschland erhältlich war. Allerdings auch mit Abstand die teuerste und nicht nur deshalb nur für ein Randpublikum interessant.

> Die letzte Ausführung der Hercules-Straßenmaschine K 125 X.

> Die Hercules K 125 BW Military in der ersten Ausführung für die Bundeswehr. Die Maschine wurde bis 1984 gebaut.

> Das T stand für Telegabel: Die Hercules K 125 T von 1974 mit 17 PS und Sechsgang-Getriebe.

> Sparmodell: Die Hercules K 105 mit 10-PS-Motor und altem Tank.

Hercules K 100 GS	**1968–1975**	
1-Zyl.-2-Takt	98 cm³	12,5 PS / 7400 U/min
Hercules K 125 GS	**1968–1975**	
1-Zyl.-2-Takt	123 cm³	15/18 PS / 7300 U/min
Hercules K 125 X	**1970–1973**	
1-Zyl.-2-Takt	123 cm³	15 PS / 7400 U/min
Hercules K 105	**1970–1975**	
1-Zyl.-2-Takt	97 cm³	10 PS / 7300 U/min
Hercules K 105 X	**1971–1973**	
1-Zyl.-2-Takt	97 cm³	12 PS / 7400 U/min
Hercules K 125 BW	**1970–1984**	
1-Zyl.-2-Takt	123 cm³	12,5 PS / 7000 U/min
Hercules K 125 MC	**1971–1976**	
1-Zyl.-2-Takt	123 cm³	19/20 PS / 8000/8500 U/min
Hercules K 125 T	**1973–1975**	
1-Zyl.-2-Takt	123 cm³	17 PS / 7500 U/min
Hercules K 125 S	**1975–1979**	
1-Zyl.-2-Takt	123 cm³	17 PS / 7500 U/min
Hercules K 175 GS	**1974–1975**	
1-Zyl.-2-Takt	173 cm³	24 PS / 7000 U/min

Ein riesiges Interesse, aber ähnlich bescheidene Verkaufszahlen erlebte die wohl spektakulärste aller Hercules-Maschinen, die W 2000. Das W stand hier für den von Fichtel & Sachs ursprünglich für Snowmobile gebauten Kreiskolbenmotor, Patent Wankel. Nach gescheiterten Versuchen anderer Hersteller (z. B. MZ) war die Hercules W 2000 das einzige Motorrad der Welt, das mit einem derartigen Triebwerk in Serie gebaut wurde. Eine Großserie wurde, wie schon angedeutet, allerdings nicht daraus; zum einen fehlte es an einem wirksamen Marketingkonzept, zum anderen waren DM 4905 für ein 27-PS-Motorrad 1978 ein mehr als stolzer Preis. Zum Vergleich: eine Yamaha RD 250 DX mit gleicher Leistung oder eine Kawasaki KH 250 mit 28 PS kosteten 3852 Mark, eine Honda CB 500 T mit Zweizylinder-Viertaktmotor und 42 PS DM

> 1975 gab es für die 125er Straßenmaschine eine Scheibenbremse für das Vorderrad. Sie stand nun als Hercules K 125 S im Verkaufskatalog. Zuletzt wurde das Modell mit Gussrädern und Heckbürzel ausgeliefert.

4598. So war die Hercules W 2000, die motor- und fahrwerkseitig gute Testnoten erhielt, kein Verkaufsschlager, blieb aber aus Prestigegründen dennoch bis 1979 im Verkaufsprogramm.
1974 stellte Hercules den beiden bestehenden Geländesportmotorrädern der Hubraumklassen 100 und 125 cm³ noch eine 175er zur Seite. Diese basierte weitestgehend auf der K 125 GS, was vor allem für die Kupplung problematisch war, die durch die höhere Leistung leicht ins Rutschen kam.

1971/72 stellte Hercules auch die erste käufliche Moto-Cross-Maschine vor. Im Zuge der ab 1975 eingeführten Weltmeisterschaft in der 125er Klasse erschien für Privatfahrer die K 125 MC, die ebenfalls auf der Basis der 125er GS entwickelt worden war, in größerer Stückzahl. An dieser Stelle muss vielleicht einmal angefügt werden, dass die damals käuflichen GS- und MC-Modelle reine Sportmotorräder waren, vor allem gedacht für Nachwuchs- und Privatfahrer. Somit hatten sie also nichts mit den heutigen sogenannten Reiseenduros gemein.

> Der Staubsauger: Die Hercules W 2000 – spektakulär, aber kommerziell nicht sonderlich erfolgreich.

> Die Wankel-Maschine gab es, speziell für den Export, auch mit Getrenntschmierung (»Oil-Injection«) und hohem Lenker.

> Die Hercules K 175 GS des Modelljahres 1976.

> Die letzte Entwicklungsstufe der Hercules K 125 MC von 1975.

> So startete Hercules in die Produktion von Moto-Cross-Maschinen: Die K 125 MC in der ersten Ausführung von 1971.

> Die neuen Siebengang-Triebwerke von Fichtel & Sachs waren auch für die beiden Zweitakt-Crosser Hercules MC 125 (Foto) und MC 250 vorgesehen.

Ende der siebziger Jahre war der Markenname Hercules innerhalb des Sachs-Konzerns mehr und mehr den 50ern und 80ern vorbehalten; den wenigen, noch verbliebenen »echten« Motorrädern ab 125 cm³ Hubraum wurde wahlweise auch der Sachs-Schriftzug an den Tank geklebt. So geschehen mit einer ab 1976 völlig neu aufgelegten Serie von Geländesport- und Moto-Cross-Motorrädern in den Hubraumklassen von 125 bis 350 cm³. Neue Rahmen, längere Federwege, fünffach verstellbare hintere Federbeine und vor allem sieben Getriebegänge kennzeichneten die bunten Maschinen, die – speziell für den Export nach Italien – auch mit dem Markennamen DKW versehen werden konnten (siehe Kapitel Zweirad-Union). Die Maschinen waren wieder den bei internationalen Veranstaltungen erfolgreich an den Start gebrachten Werksmaschinen nachempfunden und sollten Nachwuchs- und Privatfahrern zur Verfügung stehen. Die Geländesport-Szene, speziell in Westdeutschland, flaute allerdings gerade ab und der Nachwuchs blieb aus. Einmal mehr schwierige Zeiten für den Absatz dieser tollen Sportgeräte.

Die GS-Modelle starteten zunächst mit 125, 175 und 250 cm³ Hubraum. Letzterer ist besonders hervorzuheben, war es doch das erste Mal, dass sich Sachs beim Bau von Zweitakt-Motorradmotoren in diesen Hubraumbereich vorwagte. Getoppt wurde er ein Jahr später noch durch eine 350er Version mit aufgebohrtem Zylinder (mit gerade mal 255 cm³), die aber nur ein PS mehr Leistung brachte (33 PS) als die 250er. Wichtiger war für Sachs/Hercules aber, dass man in dieser Wettbewerbsklasse eine Maschine anbieten konnte.

Für den Moto-Cross-Einsatz kamen die Modelle Hercules MC 125 und MC 250 in Frage. Deutlich längere Federwege, erkennbar an den sehr schräg gestellten, hinteren Federbeinen, unterschieden diese Modelle (neben der fehlenden Lampe) von den Enduros.

Hercules W 2000	**1974–1979**	
Wankel	294 cm³	27 PS / 6000 U/min
Hercules GS 125	**1976–1980**	
1-Zyl.-2-Takt	122 cm³	22 PS / 9200 U/min
Hercules GS 175	**1976–1980**	
1-Zyl.-2-Takt	173 cm³	26 PS / 8500 U/min
Hercules GS 250	**1976–1980**	
1-Zyl.-2-Takt	245 cm³	32 PS / 8000 U/min
Hercules MC 125	**1976–1980**	
1-Zyl.-2-Takt	122 cm³	22 PS / 9200 U/min
Hercules MC 250	**1976–1980**	
1-Zyl.-2-Takt	245 cm³	32 PS / 8000 U/min
Hercules GS 350	**1977–1980**	
1-Zyl.-2-Takt	255 cm³	33 PS / 8000 U/min

> 1976 präsentierten sich die Geländesport-Motorräder aus Nürnberg wesentlich überarbeitet. Im Bild die Hercules GS 125.

> Und so präsentierten sich die Hercules-GS-Maschinen der Hubraumklassen 175, 250 und 350 cm³ in ihrer letzten Ausbaustufe.

Maico

Die Hauptrolle im Maico-Programm spielte ab 1968 die neue 125er Straßenmaschine mit Drehschieber-Motor. Die hatte Maico schon 1966 vorgestellt und kam dann 1967 als Maico MD 125 Supersport auf den Markt. Alle Kritiker waren sofort von der Maschine überzeugt. Denn 14,5 PS und über 125 km/h waren damals für ein 125-cm³-Straßenmotorrad Werte, die die Konkurrenz erst ein paar Jahre später erreichte. Und dabei war der mittels Platten-Drehschieber gesteuerte (Einlass), größer wirkende Zweitaktmotor mit Alu-Zylinder und Graugussbüchse noch längst nicht ausgereizt. Die Bezeichnung Supersport (die bei Maico Tradition hatte) war auch im Bezug auf das sehr »italienische« Aussehen der Maschine nicht übertrieben. Aus Italien stammten übrigens auch diverse Zulieferteile wie Telegabel und Bremsen.

Klar, dass Maico als mittlerweile führender Hersteller von Sportmotorrädern mit dem neuen Motor noch mehr vor hatte. Und so gab es dann offiziell 1968 sowohl eine GS-, wie auch eine MC-Version der 125er mit 14,5 bzw. 18 PS. Charakteristisch war das Design mit dem kantigen Tank (Kunststoff für MC, Stahlblech für GS), das zu dieser Zeit ja allen Off-Road-Modellen zu eigen war. Die Schutzbleche bestanden nach wie vor aus Aluminium.

Es war eine echte Sensation für den deutschen Motorradbau, als Maico im Herbst 1968 eine Straßenrennmaschine auf Basis der MD 125 zum Kauf anbot. Für DM 4400 konnte man die zu dieser Zeit schnellste, auf dem freien Markt befindliche Rennmaschine mit 23 PS erwerben, die immerhin fast 200 km/h schnell war. Der Motor sah nahezu serienmäßig aus, war aber von Chefkonstrukteur Günter Schier »scharf« gemacht

> Eine frühe Ausführung der Maico MD 125 SS mit flachem Lenker nach italienischem Vorbild.

> Die Maico MD 125 in ihrer letzten Ausführung 1975/76.

> Die Maico GS 125, wie sie ab 1968 zum Kauf angeboten wurde.

> Das Feuerzeug. Mit ihren 23 PS schaffte die nur 79 kg schwere Maico RS 125 knapp 200 km/h. Im Bild die unverkleidete Maschine von 1970.

> Eine Maico MC 125 des Baujahres 1972 und schon mit Kunststoff-Kotflügeln.

> 1975 montierte Maico die letzte Version der seit 1968 gebauten MC 125.

und mit einem enggestuften Renngetriebe versehen worden. Spezielle Bauteile, wie die Ceriani-Telegabel und ein ultraleichter Rohrrahmen ermöglichten ein Wettkampfgewicht von nur 79 kg (inklusive Verkleidung). In den Folgejahren, in denen die Maschine stetig verbessert wurde (6-Gang-Getriebe, 25 PS) konnte sie sich zweimal unter den ersten Drei in der Gesamtwertung der Straßen-WM platzieren und holte ausgerechnet beim Großen Preis der DDR 1972 auf dem Sachsenring mit Fahrer Borje Jansson aus Schweden einen von zwei Siegen.
Auch die drei anderen 125er Drehschiebermodelle wurden weiterentwickelt. Das 6-Gang-Getriebe wurde für alle Modelle eingeführt, wobei wahlweise für die Wettbewerbsmaschinen auch noch ein 5-Gang-Getriebe bestellt werden konnte. Die Leistung bei der SS- und der GS stieg auf 16 PS, bei den Crossern bis auf 20 PS. Designänderungen können anhand der Bilder nachvollzogen werden. Die Produktion der MD 125 für den Normalbürger wurde 1976 eingestellt. Einen Nachfolger gab es nicht.

Maico MD 125 SS	1967–1976	
1-Zyl.-2-Takt	124 cm³	14,5/16 PS / 7200/7800 U/min
Maico GS 125	**1968–1975**	
1-Zyl.-2-Takt	124 cm³	14,5/16 PS / 7200/7800 U/min
Maico MC 125	**1968–1975**	
1-Zyl.-2-Takt	124 cm³	18/19/20 PS / 8200/8800/9000 U/min
Maico RS 125	**1968–1974**	
1-Zyl.-2-Takt	124 cm³	23/25 PS / 9500/11.000 U/min

Im Frühjahr 1970 präsentierte Maico seine neuen Moto-Cross-Modelle für die kommende Saison. Neben der oben beschriebenen 125er war die 250er in vielen kleinen Details überarbeitet worden; aber vor allem ersetzte in der Halbliterklasse die neue MC 400 die bis dahin gebaute MC 360. Durch eine Verlängerung des Hubes konnte der für einen Einzylinder-Zweitakter ungewöhnlich große Hubraum von 386 cm³ erreicht werden, der für 41 PS gut war. Fahrwerkseitig gab es bei diesen Maschinen noch keine gravierenden Änderungen, anfänglich war auch der Aluminiumkotflügel vorn noch obligatorisch. Der wurde dann spätestens mit der Einführung der Leichtmetall-Fächer-Zylinder (Spezial-Schrägverrippung nannte man es im Fachjargon) für das Modelljahr

> Die Maico MC 250/400 von 1970, noch mit quadratisch verripptem Zylinder und Zylinderkopf.

> Und die gleiche Maschine des Modelljahrs 1972, jetzt mit dem damals üblichen, fächerförmig verrippten Zylinder.

> Enduro-Modelle spielten nur noch die zweite Geige in Pfäffingen. Im Bild die Maico GS 250/400 vom Modelljahr 1973.

> Ein richtiger Zweitakt-Dampfhammer und nur etwas für echte Könner: Maico MC 501.

1972 durch ein Kunststoffteil, wie es für den USA-Export schon lange gebräuchlich war, ersetzt. Durch den neuen Zylinder konnte eine – wenn auch geringe – Leistungssteigerung erzielt werden.

1972 erschienen dann auch noch neue GS-Modelle. Wobei gesagt werden muss, dass Maico das Hauptaugenmerk inzwischen klar auf den Moto-Cross-Sektor legte, auf dem man zum führenden Hersteller in der Welt geworden war, die mit Straßenzulassung erhältlichen GS-Modelle wurden im Zuge dessen eher zum Nebengeschäft (die Zeit der Reiseenduros war noch längst nicht angebrochen). Über kurz oder lang unterschieden sie sich nur noch durch einen straßentauglichen Auspuff, einfachere Trommelbremsen und eine Lichtanlage von den Crossern.

Doch mit der MC 400 nicht genug – für Amerika, wo nichts groß genug sein konnte, musste der halbe Liter her. Man konnte bei der Maico MC 501 tatsächlich von einem Dampfhammer reden, der auch mit Blick auf den USA-Export und die dortigen Wüstenrennen entwickelt worden war. 501 cm³ aus einem konventionellen, schlitzgesteuerten Zweitakt-Einzylindermotor waren kaum vorstellbar und dennoch bescheinigten die Tester ein recht ordentliches Fahrverhalten, gaben aber der 400er klar den Vorzug.

Alle Modelle über 125 cm³ Hubraum kamen übrigens immer noch mit vier Getriebegängen aus – die Motorcharakteristik ließ dies zu und Maico vornweg fahren. 1974 – die Maico-Crosser erschienen in diesem Jahr unter anderem durch einen geänderten Tank in neuem Design – wurde noch ein 450er Modell zwischen MC 400 und MC 501 geschoben. Die 454 cm³ sollten europäischen Bedürfnissen in der 500er Moto-Cross-Klasse eher gerecht werden als die doch etwas unhandliche 501.

> Im Sportmotorradbau führend, hatte Maico mit seinen Straßenmotorrädern wie der MD 250 wenig Glück.

Maico MC 250	1970–1975	
1-Zyl.-2-Takt	247 cm³	28/33 PS / 6500/7400 U/min
Maico MC 400	**1970–1975**	
1-Zyl.-2-Takt	386 cm³	41/42 PS / 6700/7000 U/min
Maico GS 250	**1972–1975**	
1-Zyl.-2-Takt	248 cm³	33 PS / 7300 U/min
Maico GS 400	**1972–1975**	
1-Zyl.-2-Takt	386 cm³	41 PS / 7000 U/min
Maico MC 501	**1972–1976**	
1-Zyl.-2-Takt	501 cm³	45/49 PS / 7000 U/min

> Mit Wasserkühlung: Die überarbeitete Straßenrennmaschine Maico RS 125 von 1975.

Maico räumte schon zu Beginn der siebziger Jahre unzählige Titel auf der Straße und vor allem im Gelände ab. Aber irgendwie partizipierte man doch nicht so recht am ungeheuren Motorrad-Boom dieser Zeit. Das sollte sich mit einer neuen sportlichen 250er für die (normale) Straße ändern. Schon 1971 vorgestellt, konnte die Zweitaktmaschine mit Drehschiebereinlass doch erst zu Beginn des Jahres 1974 ausgeliefert werden. Zu viele Probleme hatten von einer zu kleinen Crew bei Maico gelöst werden müssen, ehe die Maschine wirklich serientauglich war. Und im Prinzip fing hier schon das Problem an. Viele Interessenten waren inzwischen abgesprungen und hatten sich der japanischen Konkurrenz zugewandt. Und die Vorbestellungen konnten nur langsam bearbeitet werden, da die Schwaben täglich gerade einmal sieben Maschinen zusammenbauten.

Wer schließlich eine MD 250 sein Eigen nennen konnte, besaß aber ein tolles Motorrad, das sich im Wettbewerb mit den führenden Herstellern nicht zu verstecken brauchte. Auch nicht beim Preis, dafür sorgten diverse italienische Zulieferteile, die günstig eingekauft wurden. Und es war das einzige (west)deutsche Angebot in dieser zu jener Zeit noch interessanten Motorradklasse. Freilich wirkte das Erscheinungsbild ein wenig schwäbisch bieder, aber ob die MD 250 deshalb kein wirklicher Verkaufshit wurde? Dennoch hielt sich das Motorrad lange im Programm und wurde erst 1978 von einer Weiterentwicklung mit Wasserkühlung abgelöst.

Als die MD 250 endlich lief, war es für Maico keine Frage, nach der sehr erfolgreichen RS 125 auch eine 250er Straßenrennmaschine mit dem neuen Drehschieber-Motor zu bauen. Im Frühjahr 1974 wurde die fertige Maschine erstmals vorgestellt und konnte das Fachpublikum durchaus überzeugen. Die Maschine wog kaum 90 Kilogramm, woran der neukonstruierte Doppelschleifenrahmen samt Schwinge mit nur acht Kilogramm einen nicht geringen Anteil hatte. Marzocchi-Telegabel (32 mm Standrohrdurchmesser) und Hinterradfederung entstammten der Serie ebenso wie der nahezu unveränderte Motor. Das Getriebe war der 125er Cross Maschine entnommen, die Bremsen stammten aus italienischer Fertigung und waren selbstverständlich größer dimensioniert als die aus der MD 250. Als Serienmodell war die neue 250er natürlich in erster Linie für Nachwuchsfahrer und nationale Wettbewerbe gedacht, aber wie in der 125er Klasse wollten die Schwaben nun auch mit der 250er Weltmeisterschaftspunkte einfahren. Allerdings kam man über einen fünften Platz durch Rolf Minhoff beim Großen Preis von Jugoslawien am 8. September 1974 nicht hinaus – ein Achtungserfolg immerhin!

> 1974 stellte Maico mit der RS 250 eine käufliche Viertelliter-Rennmaschine auf die Räder.

Aber auch in der 125er Klasse fuhren die Schwaben inzwischen nicht mehr ganz vorne mit. Deshalb brauchte der kleine Renner, der inzwischen schon zweihundert Mal verkauft werden konnte, eine Auffrischung. So wurde das Fahrwerk auch unter Verwendung von Teilen der MD 250 und der GS 250 überarbeitet. Die 320-mm-Girling-Federbeine, die das Hinterrad abstützten, kamen aus dem Cross-Bereich. Auch das Motorgehäuse stammte von der 125er Crossmaschine; statt der verrippten Zylinder gab es jetzt aber eine Wasserkühlung. An die Weltspitze kamen die Maicos dennoch nicht mehr heran, räumten bei nationalen Wettbewerben aber noch einige Zeit ordentlich ab.

Durch die Überarbeitung der optisch dominierenden Teile Tank, Luftfilterkasten, Sitzbank und Schutzbleche war das Design der Moto-Cross- und Geländesport-Maschinen schon 1974 verändert worden. Änderungen technischer Natur, die es notwendig erscheinen lassen, von neuen Typen zu sprechen, gab es dann für die Saison 1975. Auffällig war die Anlenkung der hinteren Federbeine weit vor der Achse. Schon 1976 wurden diese Federbeine dann noch deutlich schräger gestellt und der Federweg weiter verlängert. Die Schwinge blieb aller-

> Ab 1975 in neuem Design: Maico MC 250/400/450.

> Die Maico GS 125 /b folgte in Technik und Design dem Moto-Cross-Modell.

> Ebenfalls von 1975 stammt diese Werksaufnahme der Maico-Modelle GS 250, 400 und 450, die optisch kaum zu unterscheiden waren.

dings nahezu unverändert, was den Kritikern auch nicht verborgen blieb. Nichtsdestotrotz errang Maico 1975 mit der 125er die Deutsche Moto-Cross-Meisterschaft und vier Maico-Fahrer holten im gleichen Jahr bei der Internationalen 6-Tagefahrt Goldmedaillen.

Die Telegabel war weiter verstärkt und der Federweg auch hier verlängert worden; die Bremsen wurden einmal mehr verbessert.

Die entscheidende Weiterentwicklung der Antriebseinheit bei den größeren Modellen betraf das Getriebe, das jetzt fünf Gänge hatte. Weitere Detailveränderungen sorgten dafür, dass Maico immer noch eine der ersten Adressen für Offroad-Motorräder war und sich vorerst weiterhin gegen die zunehmende Konkurrenz aus Europa (vor allem in Italien schossen die Hersteller von MC- und GS-Maschinen wie Pilze aus dem Boden) und Japan behaupten konnte.

> Eine stärkere Telegabel mit mehr Federweg und ein Sechsgang-Getriebe – das waren, in Kurzform, die wichtigsten Unterschiede der Maico MC 125 /b gegenüber dem Vorgängermodell.

> Optisch bis auf Auspuff und Lichtanlage nahezu identisch: Maico GS 250/400/440 (Foto) und die MC-Modelle mit den gleichen Hubräumen im Jahre 1977.

Der im letzten Abschnitt bereits erwähnten MC 450 war jetzt auch wahlweise eine GS-Variante zur Seite gestellt worden.

Maico MD 250	1974–1978	
1-Zyl.-2-Takt	245 cm³	27 PS / 7000 U/min
Maico RS 250	**1974–1975**	
1-Zyl.-2-Takt	245 cm³	43 PS / k. A.
Maico RS 125	**1975–1976**	
1-Zyl.-2-Takt	123,5 cm³	29 PS / 11.600 U/min
Maico MC 450	**1974–1977**	
1-Zyl.-2-Takt	454 cm³	47 PS / 7500 U/min
Maico MC 125 (/b)	**1975–1977**	
1-Zyl.-2-Takt	124 cm³	22 PS / 9000 U/min
Maico GS 125 (/b)	**1975–1977**	
1-Zyl.-2-Takt	124 cm³	22 PS / 9000 U/min
Maico MC 250	**1975–1977**	
1-Zyl.-2-Takt	247 cm³	36 PS / 7500 U/min
Maico GS 250	**1975–1977**	
1-Zyl.-2-Takt	247 cm³	36 PS / 7500 U/min
Maico MC 400	**1975–1977**	
1-Zyl.-2-Takt	386 cm³	43 PS / 7000 U/min
Maico GS 400	**1975–1977**	
1-Zyl.-2-Takt	386 cm³	43 PS / 7000 U/min
Maico GS 450	**1975–1977**	
1-Zyl.-2-Takt	454 cm³	47 PS / 6800 U/min

> **Deutsche Behörden griffen nicht zu, wohl aber andere Armeen: Rund 250 Maico M 250 Military gingen in den Sudan.**

Basierend auf der 250er GS-Maschine, aber in etwas zivilerem Outfit, bot Maico in den 1970er Jahren eine Military-Variante als Nachfolgemodell der ehemaligen Bundeswehrmaschine an. Im Laufe der Jahre mit unterschiedlichen Anbauteilen und Lackierungen versehen, konnte diese Maico auch schon als eine Art Reiseenduro gelten. Entwickelt wurde sie aber schon eher für den behördlichen Einsatz bei Militär oder Polizei. Von den insgesamt etwa 500 verkauften Modellen sollen allein 250 in den Sudan exportiert worden sein.

Für die Saison 1977 wurden die Maico-Sportmotorräder einer gründlichen Modellpflege unterzogen, die es nun erforderlich macht, MC- und GS-Modelle erneut in neue Typen zu unterteilen. Dabei gilt hier wie auch schon bei den vorangegangenen Modellvorstellungen: Die technischen Datenangaben von Maico variierten ständig und kleine Detailverbesserungen flossen laufend in die Serienproduktion ein.

Sieht man von dem etwas dünneren Rohr des Chrom-Molybdän-Rahmens und der schwächer ausgelegten Hinterradbremse bei den 125er Modellen ab, waren die Fahrwerke bis hin zu den 400-cm³-Motorrädern nahezu gleich. Auffallend neben der aggressiven, roten Lackierung waren die nochmals nach vorn versetzten hinteren Federbeine und die geänderte Heckkonstruktion des Rahmens mit einer jetzt nadelgelagerten Schwinge. 1978 kam für alle noch eine grundlegende optische Überarbeitung in Form eines runden Tanks, eines stilistisch ins Bild passend verlegten Auspuffs und neuer Plastikanbauteile dazu. Bei der Telegabel sprach man von der Maico-Luftgabel, die mit unterschiedlichem Luftdruck auf Fahrergewicht und Streckenverhältnisse abgestimmt werden konnte. Die hinteren Gasdruck-Federbeine mit separatem Reservoir stammten von Corte & Cosso.

Selbstverständlich wurden die Motoren der angebotenen Hubraumklassen ebenfalls weiterentwickelt, blieben aber in ihrer Grundstruktur als schlitzgesteuerte (Umkehrspülung) Zweitakter, von einem Vergaser gespeist, unverändert. Zu den 125ern, 250ern und 400ern kam nun an Stelle des 450er Modells eine MC und GS 440 mit 438 cm³ Hubraum. Das große 501er Triebwerk wurde nur noch in der Variante GS angeboten und schlug sich in den großen Wettbewerben ausgezeichnet. Da ab 1981 die Hubraumklasse über 500 cm³ den Viertaktern vorbehalten blieb, lief der große Einzylinder als Modell 504 im Jahr 1980 aus.

> **Der 1977er Jahrgang der Maico MC 125.**

Dafür erschien 1978 wieder eine 350er GS mit 345 cm³ Hubraum, so dass Maico Ende der siebziger Jahre gleich sechs verschiedene GS-Modelle im Angebot hatte.

> Die Maico-Modellreihe MC 250/400/440 des Jahrgangs 1978.

> Eine Maico GS 125, ebenfalls aus dem Jahre 1978.

Während also in Ammerbuch/Pfäffingen ständig sehr intensiv an der Weiterentwicklung der Wettbewerbsmaschinen gearbeitet wurde, fristete die MD 250 eher ein Schattendasein. Als nun Ende der siebziger Jahre die Wasserkühlung auch für kleinere Zweitaktmotorräder modern war, schloss sich Maico diesem Trend an und brachte 1978 die MD 250 wk auf den Markt. Ebenfalls Trend waren inzwischen Scheibenbremsen, mit denen dann auch die neue Maico vorn und hinten ausgerüstet wurde.

Etwa 300 Maschinen konnten in einem Jahr abgesetzt werden – zu wenig, um dringend benötigtes Geld in die leeren Maico-Kassen fließen zu lassen. Zum einen waren 250-cm³-Einzylinder-Zweitaktmotoren im Westen nicht mehr gefragt und zum anderen war die MD eher ein raues Sportgerät denn eine einigermaßen komfortable Tourenmaschine. So waren die Schwaben gezwungen, in den Folgejahren den Preis für die MD zu reduzieren (im Einführungsjahr DM 4852, 1981 DM 3975), um sie überhaupt noch am Markt halten zu können. 1983 wurde die Produktion der letzten Maico-Straßenmaschine eingestellt.

Maico M 250 Military	**1976–1979**	
1-Zyl.-2-Takt	247 cm³	20/17 PS / 7000/6000 U/min
Maico MC 125	**1977–1979**	
1-Zyl.-2-Takt	124 cm³	24/27 PS / 9800/10.400 U/min
Maico GS 125	**1977–1979**	
1-Zyl.-2-Takt	124 cm³	16 PS / 7800 U/min
Maico MC 250	**1977–1979**	
1-Zyl.-2-Takt	247 cm³	38 PS / 7800 U/min
Maico GS 250	**1977–1979**	
1-Zyl.-2-Takt	247 cm³	17/25 PS / 6000/7000 U/min
Maico MC 400	**1977–1979**	
1-Zyl.-2-Takt	386 cm³	43/44 PS / 6600/6900 U/min
Maico GS 400	**1977–1981**	
1-Zyl.-2-Takt	386 cm³	25 PS / 6900 U/min
Maico MC 440	**1977–1979**	
1-Zyl.-2-Takt	438 cm³	47 PS / 6900 U/min
Maico GS 440	**1977–1980**	
1-Zyl.-2-Takt	438 cm³	42 PS / 6900 U/min
Maico GS 501 / 504	**1977–1980**	
1-Zyl.-2-Takt	501 cm³	48 PS / 7000 U/min
Maico GS 350	**1978–1980**	
1-Zyl.-2-Takt	345 cm³	27 PS / 5800 U/min
Maico MD 250 wk	**1978–1983**	
1-Zyl.-2-Takt	245 cm³	27 PS / 7000 U/min

> Der nur schwer zu bändigende Zweitakt-Dampfhammer: Die Maico GS 501 von 1978.

> **Mit Wasserkühlung: Maico MD 250 wk. Trotz durchaus gefälliger Linienführung ein Fall für Spezialisten.**

Münch

Eine Geldspritze des amerikanischen Verlegers Floyd Clymer ermöglichte den Bau der Münch-Fabrik im hessischen Altenstadt, wo nun eine richtige Kleinserie der jetzt zwangsläufig Clymer-Münch genannten Maschine aufgelegt werden konnte.
Ab 1969 kam für die nächsten Jahre der Motor des NSU 1200 TT mit 1177 cm³ Hubraum zum Einsatz. 88 PS leistete dieses Triebwerk nach intensivem Tuning in dem Motorrad, das nun als Münch 4 TTS 1200 in den Katalogen geführt wurde. Erst jetzt war auch das endgültige Aussehen mit Doppelscheinwerfer (ein einfacher Scheinwerfer war optional möglich), Büffeltank (über 30 Liter! – ein kleinerer Tank war optional lieferbar) und dem aus Elektron gegossenen Heckteil, das zugleich Schutzblech, Sitzbankträger, Werkzeug- und Batteriegehäuse war, gefunden.

> **Eine Münch 4 TTS 1200 in der Ausführung mit Einzelsitz und Einzelscheinwerfer.**

Auffällig auch die riesigen Duplex-Bremsen, die für die bald 300kg schwere Maschine keineswegs überdimensioniert waren. Insgesamt wirkte die Maschine ein wenig grobschlächtig, zeigte aber eben auch so viel Charakter wie kaum ein anderes Motorrad zu jener Zeit. Den musste man aber mögen und das nötige Kleingeld (1970 rund 10.000 DM) war auch mitzubringen. Das taten zu Beginn der siebziger Jahre zu wenige und so musste die Münch KG schon 1971, nach etwa 250 verkauften Motorrädern, zum ersten Mal Konkurs anmelden.
Mit Hilfe zweier Geldgeber konnte das Schlimmste zunächst verhindert werden und so war es Münch möglich, 1973 noch eine Einspritzanlage für sein Motorrad zu realisieren. Hierbei wurden die zwei Weber-Doppelvergaser durch eine Benzineinspritzung von Kugelfischer, die immerhin 100 PS ermöglichte, ersetzt. Die so ausgerüstete Maschine erhielt die Bezeichnung TTS-E und wurde dann neben der normalen Vergaserversion angeboten.
1973 ging die Firma erneut in Konkurs und wurde vom Frankfurter Lebensmittelgroßhändler Heinz W. Henke übernommen. Münch war jetzt nur noch Angestellter und trennte sich schließlich 1976 von Henke und seiner ehemals eigenen Firma. Bis dahin hatte er aber noch den Hubraum des NSU-Motors auf 1287 cm³ Hubraum vergrößert, was für maximal 104 PS ausreichte. 1976 löste dieser Motor den 1200er ab. Während Münch sich seinem Horex-Projekt zuwendete, baute Henke die Münch-Motorräder auf Bestellung weiter.

> **Eine Münch TTS-E mit Benzineinspritzung mobilisierte ab 1976 104 PS. Die Halbverkleidung war optional erhältlich.**

Münch 4 TTS 1200	1969–1976/1976–1979	
4-Zyl.-4-Takt-Reihe	1177/1278 cm³	88/98 PS / 6500 U/min
Münch 4 TTS-E 1200	**1973–1976/1976–1979**	
4-Zyl.-4-Takt-Reihe	1177/1278 cm³	100/104 PS / 6500 U/min

Zündapp

Die aus dem Geländesport kommende 125er Hubraumklasse war Ende der 1960er Jahre in Deutschland wieder hoffähig geworden und so verwundert es nicht, dass die erste käufliche 125er der Zündapp-Neuzeit ein GS-Modell war. Zündapp hatte sich schon immer stark im Geländesport engagiert und war 1968 mit dem Gewinn der Trophy bei der Internationalen Sechs-Tage-Fahrt in die MZ-Phalanx eingedrungen. Ab 1970 versuchte Zündapp nun, allerdings mit wenig Erfolg, entsprechend serientauglich gemachte Wettbewerbsmaschinen zu vermarkten. Irgendwie nicht Fisch und nicht Fleisch war die GS 125 den Zündapp-Werksrennern nicht ebenbürtig und für die normale Straße zu unbequem. Mit 18 PS lag man mit der Konkurrenz von Hercules oder Maico etwa auf gleichem Niveau.

> Die GS 125 war die erste 125er der Zündapp-Nachkriegsgeschichte.

> Auf der Basis der GS-Modelle lieferte Zündapp auch Moto-Cross-Maschinen. Im Bild die erste Ausführung der MC 125.

Von der straßenzulassungsfähigen GS abgewandelt, bot Zündapp mit der MC 125 auch eine Moto-Cross-Maschine an. Die Motorräder unterschieden sich durch das Weglassen der Beleuchtungseinrichtung und den nicht straßentauglichen MC-Auspuff (der unter anderem für ein PS mehr Leistung sorgte) voneinander. Bis 1976 gebaut, änderte sich das Design der beiden Sportmotorräder im Laufe der Jahre.
Wie auch beim 1971 erschienenen, 15 PS starken Straßenmotorrad KS 125. Dieses erhielt schon in seiner zweiten Saison einen größeren Tank und eine auf 17 PS gesteigerte Motorleistung, die für immerhin 120 km/h gut war. Der Motor und auch die Telegabel kamen nun direkt von den Wettbewerbsmaschinen. Die sportlichen Gene waren zweifellos mit

> Die Zündapp GS 125 in ihrer letzten Ausführung von 1975.

> Die Zündapp KS 125 Sport erschien zur Saison 1971 zunächst mit 15 PS, leistete dann im Jahr darauf bereits 17 PS.

> Die Zündapp KS 175 in ihrer ersten Ausführung von 1977. Optional war eine Cockpitverkleidung lieferbar.

dafür verantwortlich, dass die KS 125 fahr- und triebwerkseitig eine der besten 125er ihrer Zeit war. Aber das bedeutete nicht viel; die westdeutschen 125er waren nicht mehr als eine Randnotiz im internationalen Motorradgeschäft.
Das galt durchaus auch für die KS 175, die Ende 1976 als Nachfolgemodell der KS 125 debütierte und 1978 als beste 17-PS-Maschine des Jahres gekürt worden war. Mit dieser neu geschaffenen, günstigen Versicherungsklasse warb Zündapp natürlich, denn sie war ein wesentlicher Grund für die Einführung der 175er, die ja nicht mehr Leistung bot als die KS 125, aber deutlich mehr kostete. 175-cm³-Zweitaktmotoren waren inzwischen nur noch bei ganz wenigen Herstellern zu finden; Zündapp versuchte mittels moderner Wasserkühlung den einfachen Zweitakter zu kaschieren. Die KS 175 konnte als völlig nackte Maschine oder mit einer knappen Lampenverkleidung geordert werden. Die änderte sich für das Modelljahr 1979 ebenso wie unter anderem der neue Heckbürzel mit geänderter Rücklichtanordnung, die Telegabel und die nun von 260 mm auf 280 mm vergrößerte Bremsscheibe.

1981 endete die Zündapp-Motorradära dann endgültig und die Münchner konzentrierten sich auf das seit Jahren viel stärkere 50-cm³-Geschäft und die aufkommende 80-cm³-Leichtkraftradklasse. Bis 1984 dann der Konkurs dem namhaften deutschen Hersteller den Garaus machte. Ironie des Schicksals: 1984 gewann Zündapp in der neu geschaffenen 80-cm³-Klasse erstmals eine Motorradweltmeisterschaft!

Zündapp GS 125	1970–1976	
1-Zyl.-2-Takt	123 cm³	18 PS / 7900 U/min
Zündapp MC 125	**1970–1976**	
1-Zyl.-2-Takt	123 cm³	19 PS / 7900 U/min
Zündapp KS 125	**1971–1976**	
1-Zyl.-2-Takt	123 cm³	15/17 PS / 7500/7900 U/min
Zündapp KS 175	**1977–1981**	
1-Zyl.-2-Takt	163 cm³	17 PS / 7000 U/min

Zweirad Union

Kurz nach der Einführung des Modells 125 TS erfolgte die Umbenennung in die traditionelle und – so hoffte man – werbeträchtige Bezeichnung RT 125. In der Weiterentwicklung der Hercules-Modelle zu Beginn der 1970er Jahre erhielt die 125er ein etwas anderes Aussehen, wobei der unterzogene Rohrrahmen erhalten blieb. Die technischen Daten blieben weitgehend unverändert. Die ES-Varianten hatten einen hochgezogenen, die E-Modelle einen normal verlegten Auspuff. Das gesamte Sachs/Hercules/Zweirad Union-Programm wurde nun in völliger Design- und Farbengleichheit produziert. Zum Teil entschieden erst die großen Händler, welcher Marke die Modelle zugeordnet werden sollten und brachten dann selbst die entsprechenden Aufkleber an.
Neben den Serien-125ern verkaufte Hercules seine Geländesport- und Moto-Cross-Maschinen ab etwa 1972 vornehmlich in Italien und den USA unter dem Markennamen DKW und weiterhin unter dem offiziellen Dach der Zweirad Union AG.

> Unter anderem mit modernem Fächerzylinderkopf wurde 1969 aus dem Zweirad Union-Modell TS 125 eine neue DKW RT 125.

> Ausschließlich für Exportmärkte bestimmt, baute die Zweirad Union (Hercules) die Modelle DKW Boondocker 125 GS (Bild) und 125 MC…

> … und DKW Hornet 125 GS und 125 MC (Bild)

> In der Weiterentwicklung entstanden mit neuem, leistungsstärkerem Motor die Modelle DKW RT 125 E (Bild) und RT 125 ES.

> Mit dem DKW-Label und der Zweirad Union als offiziellem Hersteller entstanden auch 175er Zweitakter wie diese DKW MC 175 von 1976.

> 1977 entstanden unter Hercules die letzten, nur für den Export bestimmten, Sportmodelle mit dem DKW-Label. Im Bild die GS 125.

> Und die hubraumstärkste und letzte DKW-Maschine, die GS 250.

So war die DKW Boondocker 125 U.S.A. eine ausschließlich für diesen Markt gebaute Spezial-Geländemaschine mit dem 18 PS leistenden Fichtel & Sachs-Zweitakt-Motor. Die Maschine war mit Telegabel und Beleuchtung als GS-Modell, ohne Beleuchtung und mit Langschwinge vorn als MC-Modell erhältlich. Genau umgekehrt verhielt es sich mit dem ebenfalls für die USA gebauten Modell Hornet 125, hier hatte die GS-Version die Langschwinge vorn und die MC-Variante eine Telegabel. Mit wenig Aufwand sorgte hier der Hercules-Baukasten für ein buntes Programm.

1976/77 wurden diese Modelle durch eine neue MC/GS-Reihe abgelöst, die den Namen DKW weiterhin in den Hubraumklassen 125, 175 und 250 cm³ repräsentierten. Allerdings nach wie vor nur im Ausland, in Deutschland waren diese Motorräder ausdrücklich nicht erhältlich. Nach 1977 erschienen diese DKW-Modelle, die eigentlich Hercules-Motorräder waren, nicht mehr in den Katalogen; im Export wurden sie nun unter der Bezeichnung Sachs angeboten. Die Zweirad Union AG hatte innerhalb des Sachs-Konzerns noch bis 1979 Bestand.

DKW RT 125	**1969–1971**	
1-Zyl.-2-Takt	124 cm³	12,5 PS / 7400 U/min
DKW RT 125 E / ES	**1971–1975**	
1-Zyl.-2-Takt	122 cm³	17 PS / 7500 U/min
DKW Boondocker 125 GS / MC	**1972–1975**	
1-Zyl.-2-Takt	122 cm³	18 PS / 8000 U/min
DKW Hornet 125 GS / MC	**1972–1975**	
1-Zyl.-2-Takt	122 cm³	18 PS / 8000 U/min
DKW 125 GS	**1976–1977**	
1-Zyl.-2-Takt	122 cm³	19 PS / 7500 U/min
DKW 175 GS	**1976–1977**	
1-Zyl.-2-Takt	173 cm³	24 PS / 7000 U/min
DKW MC 125	**1977**	
1-Zyl.-2-Takt	122 cm³	24 PS / 9500 U/min
DKW GS 250	**1977**	
1-Zyl.-2-Takt	245 cm³	–

Kapitulation vor Fernost

1980–1989

Trotz der Einführung der versicherungsgünstigen 17-PS-Klasse im Jahre 1977 konnten sich Zündapp, Maico und Hercules nur mit Mühe in die achtziger Jahre retten, um dann doch bald das Zeitliche zu segnen. Mit ihren biederen, aber teuren Maschinen konnten sie den vielseitigen Japanern kein Paroli bieten. Einzig BMW schaffte dies; in Sachen Hubraum sowieso, aber auch beim Design und in Bezug auf Sportlichkeit gelang es BMW z. B. mit der R 90 S eigene Trends zu setzen und den großen Maschinen aus Fernost die Stirn zu bieten. Und mit dem Erscheinen der R 80 G/S im Jahre 1980 war wenigstens ein deutscher Hersteller als ernstzunehmender Konkurrent auf den Weltmarkt zurückgekehrt und er ist bis heute Trendsetter bei den großen Reiseenduros geblieben. Dennoch musste man BMW immer als einen Nischenanbieter betrachten.

> Dieses Foto von 1984 aus dem Berliner BMW-Werk zeigt die parallele Montage von Boxer- und Vierzylinder-Modellen am Hängeband.

25.000 bis 30.000 Motorräder pro Jahr waren für den deutschen Hersteller wohl zweifellos erfreulich, für den Weltmarktführer Honda wären solche Zahlen der Ruin gewesen. Er bot 1983 gleich 49 Motorradmodelle an, um der zu Beginn der achtziger Jahre zurückgehenden Motorradkonjunktur entgegenzuwirken. Die Zeit der großen Steigerungsraten bis um das Jahr 1981 herum war erst einmal vorbei und der Bedarf war weitestgehend gedeckt. Die japanischen Hersteller hatten sich darauf nicht rechtzeitig eingestellt, und so riesige Mengen auf Halde produziert. Diese mussten abgebaut werden und das ging schon vor 35 Jahren am besten mit Rabattschlachten. Die waren für die wenigen übrig gebliebenen renommierten und teuer produzierenden deutschen Hersteller Gift. Nach Hercules mussten auch Zündapp und Maico die Werkstore für immer schließen, denn die Japaner waren inzwischen längst auch in den lange von deutschen Marken bestimmten Markt unterhalb von 125 cm³ eingedrungen.

BMW

Ab 1980 stand die T mit elektronischer Zündung, aber ohne sonstige erkennbare Änderungen nur noch als R 100 im BMW-Programm.
Auch die Fertigung der R 100 S war 1978 ausgelaufen. Mit dem 70 PS starken Motor aus RS und RT baute BMW nun von 1980 bis 1984 die R 100 CS, die zum schnellsten BMW-Serienmotorrad ihrer Zeit wurde. Gussräder und Sonderlackierung in Verbindung mit viel poliertem Aluminium änderten aber

> Die R 100 war 1980 aus der R 100 T hervorgegangen, leistete jetzt 67 PS und kostete 9.590 D-Mark. 10.111 Exemplare entstanden bis 1984.

> Die R 100 CS bekam zwar die Cockpitverkleidung der R 90 S, konnte aber deren Erfolg noch nicht einmal im Ansatz wiederholen.

nichts daran, dass die R 100 CS bei weitem nicht an die Verkaufszahlen der anderen Top-Modelle herankam.
Mit 31.515 Motorrädern verzeichnete BMW 1977 die bisher höchste Jahresproduktion aller Zeiten. Dennoch erkannte man bei BMW die Notwendigkeit, wieder in unteren Hubraumklassen präsent zu sein, um auch Einsteiger oder finanziell Minderbemittelte an ein BMW-Motorrad heranzuführen. Immer noch auf das /5-Triebwerk zurückgreifend, entstand mit 473 cm³ ein neuer Hubraum, mit dessen Hilfe problemlos die für Deutschlands Steuer- und Versicherungsrecht günstigen 27 PS erreicht werden konnten (vor allem für den Export waren auch 35 PS möglich). Ein wenig schnörkelloser versuchten die Bayern die kleine BMW zu machen und eine etwas sparsamere Ausstattung sollte außerdem Kosten sparen. Doch das war bei BMW schon damals schwierig; als die »kleine« BMW im September 1978 auf der Kölner IFMA präsentiert wurde, war sie das deutlich teuerste Bike ihrer Klasse. Dennoch hatte sich mit gut 28.000 verkauften R 45 bis 1985 das Engagement gelohnt, wenngleich man bei BMW mit noch größerem Zuspruch gerechnet hatte.

> »Muthig«: Die von Hans A. Muth geschaffene neue BMW-Linie, welche die R 65 LS für ein jüngeres Publikum attraktiv machen sollte. Der Erfolg hielt sich in Grenzen.

> Um neue Käuferschichten zu erschließen, brachte BMW 1978, nach fünf Jahren Pause in der 500er Klasse, mit der R 45 wieder ein echtes Einsteigermotorrad auf den Markt, das mit 5.880 D-Mark dennoch kein Schnäppchen war.

Eine Zweizylinder-BMW unter 650 cm³ gab es künftig jedenfalls nicht mehr. In genau diese Klasse stieg man gleichzeitig zusammen mit der R 45 ein und präsentierte die R 65 mit 649 cm³ und zunächst 45 PS. Optisch mit der kleineren BMW identisch, war die 650er ein typisches Exportmodell, wobei meistens eine zweite Bremsscheibe vorn und diverse sonstige Extras ergänzt wurden. Als die R 60/7 1980 endgültig aus dem Programm genommen wurde, spendierten die Ingenieure der R 65 noch einmal fünf zusätzliche Pferdestärken. Die sollten der R 65 LS zusammen mit einer etwas seltsam anmutenden Cockpitverkleidung, einem geschwungenen Lenker, schwarzen Auspuffrohren, einer schwarzen Tankunterseite, einem neuen Sitzbankabschluss und neudesignten, weißen Gussfelgen zu einer sportlichen Note verhelfen.
Nur wenige BMW-Kunden sahen ein, dass sie für die R 65 LS rund 1400 Mark mehr als für die einfache R 65 berappen sollten. 1985 wurde diese Maschine wieder aus dem Programm genommen. Die Geschichte der R 65 erlebte dagegen eine Fortsetzung. 1985 ersetzte eine neue R 65 nahtlos das Modell von 1978. Bei dieser R 65 hatte man sich am Design der ein Jahr zuvor erschienenen, neuen R 80 orientiert (siehe nächstes Teilkapitel); auch sie konnte bleifrei betankt werden. Sie verdankte ihre Existenzberechtigung vor allem der Tatsache, nun einziges BMW-Motorrad zu sein, das mit 27 PS geliefert werden konnte. Ausschließlich in dieser Leistungsklasse blieb die 1987 nachgereichte R 65 GS. Fahrwerk und Ausrüstung stammten hier noch von der R 80 G/S (siehe nächstes Teilkapitel), der Motor entsprach dem der aktuellen R 65. In der gedrosselten Version war die kleine GS nicht zu unterschätzen; mit einem Drehmoment von 43 Nm bei nur 3500 U/min kam die Maschine kraftvoll von unten heraus. Dennoch fand dieses heute sehr seltene Modell damals kaum Interessenten.

> Auf der Basis des gleichen Motors hatten die BMW-Ingenieure parallel zur R 45 mit der R 65 eine für die Bayern ganz neue Hubraumklasse auf den boomenden Markt gebracht.

> Die günstige Versicherungsklasse für 27-PS-Motorräder in Deutschland machte es möglich, dass die R 65 im Gewand der R 80 ihren dritten Frühling erlebte.

> Eine der seltensten BMW-Maschinen überhaupt: Die 9.200 D-Mark teure R 65 GS wurde nur ganze 1727 Mal gebaut.

Ab 1979 hatte sich BMW nach einigen Jahren Pause werkseitig wieder an Geländesport-Wettbewerben beteiligt. Die dafür notwendigen Maschinen waren so entwickelt worden, dass sowohl zivile wie rein sportliche Ableger möglich waren. Die zivile Ausführung wurde am 1. September 1980 in Avignon der Weltöffentlichkeit präsentiert und kann heute getrost als echter Meilenstein der Motorradgeschichte bezeichnet werden. Eine solche Straßen-Enduro hatte es bis dahin nicht gegeben: 50-PS-Boxermotor, elektrischer Anlasser (anfangs Option, ab 1982 Serie), reichlich Platz für zwei Personen und viel Gepäck, großer Tank und stabiles Fahrwerk mit der revolutionären Einarmschwinge fürs Hinterrad. Diese, gleichzeitig als Kardantunnel dienend, wurde von nur einem, am Rad vorbeiführenden Federbein gestützt. Die R 80 G/S (die Buchstaben standen für Gelände und Straße) verkaufte sich bald prächtig und legte den Grundstein für BMW als bis heute führender Hersteller großer Reiseenduros.

BMW R 100	1980–1984	
2-Zyl.-4-Takt-Boxer	1000 cm³ ohv	67 PS / 7000 U/min
BMW R 100 CS	**1980–1984**	
2-Zyl.-4-Takt-Boxer	1000 cm³ ohv	70 PS / 7000 U/min
BMW R 45	**1978–1985**	
2-Zyl.-4-Takt-Boxer	500 cm³ ohv	27/35 PS / 5000/5500 U/min
BMW R 65	**1978–1985**	
2-Zyl.-4-Takt-Boxer	650 cm³ ohv	45/50 PS / 7250 U/min
BMW R 65 LS	**1981–1985**	
2-Zyl.-4-Takt-Boxer	650 cm³ ohv	50 PS / 7250 U/min
BMW R 65	**1985–1993**	
2-Zyl.-4-Takt-Boxer	650 cm³ ohv	48/27 / 7250/5500 U/min
BMW R 65 GS	**1987–1992**	
2-Zyl.-4-Takt-Boxer	650 cm³ ohv	27 / 5500 U/min

> Die Erfolge bei der Rallye Paris-Dakar nutzend, legte BMW 1984 eine Sonderserie der R 80 G/S auf, die mit den gleichen Leistungsdaten wie die normale G/S aufwartete.

> Die Mutter aller großen Reiseenduros: Die R 80 G/S feierte 1980 Weltpremiere. Das Konzept war auf dem Markt der Serienmotorräder völlig neu und daher auch für BMW ein zunächst nicht geringes Wagnis.

> ST stand wohl für Straße und allein dafür war der G/S-Ableger R 80 ST gedacht.

Als echte Straßenversion der G/S erschien 1982 die R 80 ST mit identischem Fahrwerk, aber dem Aussehen eines Tourenmotorrades. Angeblich wurde diese Maschine auf Wunsch von BMW-Kunden, die einen reinen Straßenableger der G/S wollten, ins Programm genommen. Als diese Kunden dann aber ausblieben, verschwand das Modell 1984 schon wieder.
Gleichzeitig erschien ein Sondermodell der G/S, nachdem der Franzose Hubert Auriol 1981 und 1983 mit einer speziell für diesen Wettbewerb präparierten R 80 G/S die Rallye Paris-Dakar gewinnen konnte. Die R 80 G/S »Paris-Dakar« hatte im Gegensatz zur normalen G/S einen mächtigen 32-Liter-Tank, einen roten Einzelsitz, einen verchromten Auspuff und eine große Gepäckbrücke.
An die R 100 RT angelehnt erschien im Herbst 1982 noch die R 80 RT mit dem herkömmlichen BMW-Fahrwerk. Diese Maschine wirkte etwas klobig und hatte tatsächlich ein kleines Defizit im Verhältnis von Leistung und Gewicht. Schon 1984 erschien ein Nachfolger.

Foto: Dietmar Grabher

> Die erste Generation der R 80 RT war kein sonderlich überzeugendes Fahrzeug. Fahrleistung und Gewicht passten einfach nicht zusammen.

BMW R 80 G/S	1980–1987	
2-Zyl.-4-Takt-Boxer	800 cm³ ohv	50 PS / 6500 U/min
BMW R 80 G/S Paris-Dakar	1984–1987	
2-Zyl.-4-Takt-Boxer	800 cm³ ohv	50 PS / 6500 U/min
BMW R 80 ST	1982–1984	
2-Zyl.-4-Takt-Boxer	800 cm³ ohv	50 PS / 6500 U/min
BMW R 80 RT	1982–1984	
2-Zyl.-4-Takt-Boxer	800 cm³ ohv	50 PS / 6500 U/min

Eine Sensation war es nicht mehr, als im September 1983 die neue BMW K 100 mit einem Reihen-Vierzylindermotor vorgestellt wurde. Seit 1979 war diese Maschine entwickelt und im Vorfeld vielfach erwähnt worden. Dennoch war es natürlich etwas Besonderes, erstmals ein BMW-Serienmotorrad mit einem solchen, wassergekühlten, mit zwei obenliegenden Nockenwellen agierenden und längs im Rahmen liegenden Motor zu sehen. Zwei Ventile pro Zylinder mussten noch ausreichen. Die Bosch LE-Jetronic-Einspritzung war dagegen fortschrittlich. Während man fahrwerkseitig die schon bekannte Einarmschwinge mit Federbein in der neuen K-Reihe einsetzte, waren der Gitterrohrrahmen, der den Motor als tragendes Teil mit einschloss und das den Wasserkühler berücksichtigende Design neu. Standard für alle K-Modelle wurde die Doppelscheibenbremse vorn und für die meisten auch die Scheibenbremse hinten.

> Zusammen mit der RS war die nackte K 100 1983 das erste Modell mit dem neuen Vierzylinder-Motor.

Zusammen mit der nackten K 100 stellte BMW ebenfalls noch 1983 die vollverkleidete K 100 RS vor, die zunächst die R 100 RS ablösen sollte. Dass diese Maschine ein absoluter Hit wurde, hob einmal mehr die besondere Stellung von BMW auf dem Motorradmarkt hervor. Denn eigentlich konnte die RS zum Beispiel mit einer fast gleichzeitig präsentierten Kawasaki Z 900 GP R mit Vierventiltechnik, 100 PS und 235 km/h Spitze nicht mithalten. Schon gar nicht in Bezug auf den Preis. Sieben Jahre lang blieb der Sporttourer im BMW-Programm; diverse Modifikationen natürlich eingeschlossen. Ab 1988 konnte für alle K-100-Modelle optional ein ABS-Bremssystem geordert werden, was BMW in diesem Bereich zum Vorreiter machte. Und natürlich fiel in diesen Produktionszeitraum auch die Umstellung auf unverbleiten Kraftstoff.

> Mit fast 35.000 gebauten Exemplaren wurde das neue BMW-Spitzenmodell K 100 RS auf Anhieb ein Bestseller.

Eine höhere, noch mehr zum Touren einladende Verkleidung erhielt die im folgenden Jahr ins Programm genommene K 100 RT, die ansonsten technisch mit der RS identisch war. Der Supertourer mit den zwei serienmäßigen Seitenkoffern löste auch hier zunächst das Boxermodell R 100 RT ab, verkaufte sich aber deutlich besser als Letzteres. 15.600 Mark waren damals für das vorläufige BMW-Flaggschiff zu bezahlen, 20 Jahre später reicht diese Summe in Euro längst nicht mehr zur Bezahlung aktueller BMW-Topmodelle aus.

> 17.750 D-Mark kostete das Sondermodell K 100 RS Special, das 1987 auf den Markt kam, nachdem die RS zum vierten Mal in Deutschland zum Motorrad des Jahres gewählt worden war.

> Als drittes Vierzylinder-Modell folgte 1984 die K 100 RT, die sich nur wenig vom RS-Modell abhob, aber 200 D-Mark mehr kostete.

Getoppt wurde die K 100 RT 1986 vom anfangs als Sondermodell der RT gedachten K 100 LT. L stand hier für Luxus und den gab es für DM 18.530 auch wirklich pur: Radio, Topcase, Luxussitzbank und Sonderlackierung, um nur das Augenfälligste zu nennen. Aus dem Sondermodell wurde ein normales Serienmodell, das ab 1990 alleiniges Tourer-Modell der K-Reihe blieb.

Mit der Einführung der Reihenmotoren bei BMW war gleichzeitig der Gedanke verbunden, sich von den nicht mehr zeitgemäß scheinenden Boxermotoren zu verabschieden. Um weiterhin in zwei Hubraumgrößen entsprechend vertreten zu sein, war zeitgleich mit dem großen Vierzylindermotor ein 750-cm³-Dreizylinder-Triebwerk entwickelt worden. Aus modellpolitischen Gründen (die Boxer blieben BMW bekanntlich erhalten) wurde der kleinere Reihenmotor erst 1985 in zwei Modellen nachgeschoben. Die K 75 C musste noch mit einer Trommelbremse am Hinterrad auskommen, hielt sich aber sonst im Design – abgesehen von der kleinen Cockpitverkleidung – an die große K 100.

> Die BMW K 100 LT: Luxus pur für die große Fahrt. Auch preislich setzte BMW mit 18.350 D-Mark zum Höhenflug an.

> Die K 75 C mit einfacher Cockpitverkleidung kostete 12.890 D-Mark und wurde bis 1990 in 9500 Exemplaren gebaut.

Ebenfalls hinten per Scheibe gebremst und mit einer sportlichen Verschalung (ab 1989 auch für den Motor) versehen, kam die K 75 S auf den Markt. Den sportlichen Charakter unterstützten außerdem noch die verkürzten Federwege. Tatsächlich hatte das zehn Kilogramm leichtere Dreizylinder-Triebwerk eine bessere Leistungscharakteristik als sein größerer Bruder und erreichte unter anderem dank einer höheren Verdichtung eine Literleistung von 100 PS. Dies bedeutete 75 PS für die K 75-Reihe, und damit war das Mittelklasse-Motorrad agiler und auch handlicher als die 1000er K-Modelle. Die beiden K 75 trugen mit dazu bei, dass BMW – trotz schwächelnder Motorradkonjunktur in den achtziger Jahren – mit rund 37.000 gebauten Motorrädern für 1985 das

> Zeitgleich mit dem C-Modell erschien die K 75 S als sportlicher Teil der Dreizylinder-Reihe. Die Motorverschalung war ab 1989 in die Serienfertigung übernommen worden.

> Die nackte K 75 erschien erst im zweiten Produktionsjahr dieser Baureihe. Das zeitlos schöne Motorrad gewann viele Freunde, auch unter jüngeren Fahrern.

> Die neue Boxer-Modelloffensive begann 1984 mit der nackten R 80, die weiterhin mit dem bewährten 50-PS-Motor auskam.

beste Jahr in der Unternehmensgeschichte vermelden konnte. Der Marktanteil lag zu dieser Zeit in Deutschland bei knapp 12 %.

Der BMW-typischen Modellpolitik folgend, erschien erst im Jahr darauf die Basisversion K 75 als völlig nacktes Motorrad mit klassisch rundem Scheinwerfer. Wie die K 75 S blieb auch diese Maschine volle zehn Jahre im BMW-Programm, diverse Änderungen wie 1990 das Sportfahrwerk der K 75 S mit dem kleineren Hinterrad und der Scheibenbremse hinten inbegriffen. Die K 75 machte einen richtig frischen Eindruck und sprach durchaus auch junge Motorradfahrer an.

Das war allein schon wegen ihres sehr hohen Preises bei der letzten K 75-Variante, der erst 1989 vorgestellten RT, eher nicht der Fall. Der Tourer war ein Ableger der K 100 RT und avancierte, obwohl nur knapp sieben Jahre lang gebaut, zum meistverkauften Motorrad der Dreizylinder-Baureihe.

BMW K 100	1983–1990	
4-Zyl.-4-Takt-Reihe	1000 cm³ dohc	90 PS / 8000 U/min
BMW K 100 RS	**1983–1990**	
4-Zyl.-4-Takt-Reihe	1000 cm³ dohc	90 PS / 8000 U/min
BMW K 100 RT	**1984–1989**	
4-Zyl.-4-Takt-Reihe	1000 cm³ dohc	90 PS / 8000 U/min
BMW K 100 LT	**1986–1991**	
4-Zyl.-4-Takt-Reihe	1000 cm³ dohc	90 PS / 8000 U/min
BMW K 75 C	**1985–1990**	
3-Zyl.-4-Takt-Reihe	750 cm³ dohc	75 PS / 8500 U/min
BMW K 75 S	**1985–1995**	
3-Zyl.-4-Takt-Reihe	750 cm³ dohc	75 PS / 8500 U/min
BMW K 75	**1986–1996**	
3-Zyl.-4-Takt-Reihe	750 cm³ dohc	75 PS / 8500 U/min
BMW K 75 RT	**1989–1996**	
3-Zyl.-4-Takt-Reihe	750 cm³ dohc	75 PS / 8500 U/min

> Altgediente BMW-Fahrer schwärmen noch heute von der Langstreckentauglichkeit und dem hervorragenden Fahrverhalten der K 75 RT.

Nachdem die Boxer-Frage bei BMW positiv beantwortet worden war, begannen die Münchner 1984 für die Hubraumklassen 800 und 1000 cm³ eine neue Modellreihe aufzulegen. Den Anfang machten die R 80, die es bisher noch gar nicht gegeben hatte, und eine neue R 80 RT. Neben dem gänzlich veränderten Gesamtdesign, zu dem unter anderem neue Gussräder gehörten, waren die Maschinen auch technisch auf den aktuellen Stand gebracht worden. Dazu gehörten ein höheres Drehmoment dank verbesserter Ansaug- und Auspuffanlage, die Einarmschwinge (Monolever) und die Doppelscheibenbremsen vorn. Hinten mussten beide R 80 noch mit der alten Bremstrommel auskommen. Beide Maschinen waren übrigens die ersten von BMW, die bleifreien Sprit konsumieren konnten. Die nun agilere RT verkaufte sich deutlich besser als ihre Vorgängerin und die nackte R 80.

> Mit über 22.000 verkauften Exemplaren war die R 80 RT der absolute Hit unter den 800er Boxern. Sie blieb ganze elf Jahre im Programm.

Nach zwei Jahren Pause erschien mit der R 100 RS 1986 wieder ein BMW-Boxermodell in der 1000-cm³-Klasse. Optisch und technisch an die neuen 80er Modelle angelehnt (also auch mit einer Trommelbremse fürs Hinterrad!), geriet erstmals eine BMW RS zu einem echten Flop. 60 PS und 185 km/h waren nicht nur ein Rückschritt gegenüber der alten RS, sondern auch ein zu großes Defizit gegenüber den K-Modellen und der fernöstlichen Konkurrenz. Nicht viel anders erging es der R 100 RT, die ein Jahr später mit den gleichen Leistungsdaten wie die RS, aber wie üblich mit einer üppigeren Verkleidung aufwartete. Auch hier hielten sich die Verkaufszahlen in Grenzen; dennoch überlebte die R 100 RT die RS um einige Jahre.

BMW R 80	1984–1992	
2-Zyl.-4-Takt-Boxer	800 cm³ ohv	50 PS / 6500 U/min
BMW R 80 RT	**1984–1995**	
2-Zyl.-4-Takt-Boxer	800 cm³ ohv	50 PS / 6500 U/min
BMW R 100 RS	**1986–1992**	
2-Zyl.-4-Takt-Boxer	1000 cm³ ohv	60 PS / 6500 U/min
BMW R 100 RT	**1987–1996**	
2-Zyl.-4-Takt-Boxer	800 cm³ ohv	60 PS / 6500 U/min

> Auch das Sondermodell Classic zum Ende ihrer Bauzeit konnte nichts daran ändern, dass die R 100 RS nicht sonderlich beliebt war. Nur knapp über 8000 Exemplare entstanden vom 60 PS schwachen Sport-Tourer.

> Nicht besser lief es für die R 100 RT, die BMW aber bis 1996 offiziell im Programm ließ.

Hercules

Bis 1984 wurde die Hercules K 125 BW als zuletzt noch einziges Motorrad der Nürnberger an die Bundeswehr ausgeliefert, ehe ab dem gleichen Jahr eine zweite Variante kam, die noch bis 1990 gebaut wurde. Diese hatte nun eine Telegabel und eine 12-V-Bordspannung. Außer einem neuen Flachscheinwerfer waren äußerliche Veränderungen kaum wahrnehmbar. Innerlich schienen den Nürnberger Technikern einige Verbesserungen gelungen zu sein (wobei die Leistung unverändert blieb), denn die neue Military galt als wesentlich besser abgestimmt als ihre Vorgängerin.

Hercules K 125 BW	1984–1990	
1-Zyl.-2-Takt	123 cm³	12,5 PS / 7000 U/min

> Die zweite Generation der Hercules-Bundeswehrmaschine K 125 BW wurde zwischen 1984 und 1990 gebaut. (Foto: Dirk 1981 CC BY-SA 3.0)

Maico

Inzwischen waren viele namhafte Motorradhersteller, vor allem aus Japan, auf den Zug des boomenden Offroad-Motorradgeschäftes aufgesprungen und so hatte das Nischendasein für Maico ein Ende gefunden. Hinzu kam, dass Spezialisten wie KTM oder Husqvarna längst auf der Überholspur waren. Die Luft wurde also für den kleinen schwäbischen Hersteller immer dünner und die Erfolge auf den internationalen Pisten immer weniger. Dennoch versuchte man mit großem Aufwand wettbewerbsfähig zu bleiben.

So wurde im Laufe des Jahres 1979 eine weitere Generation von Moto-Cross-Modellen mit den altbekannten Hubräumen auf die Räder gestellt. Es war die letzte mit der von zwei Federbeinen abgestützten Hinterradschwinge und den schlitzgesteuerten Zweitaktmotoren. Dennoch waren Motor und Fahrwerk noch einmal kräftig überarbeitet und unter anderem die Leistung erhöht und die Federwege verlängert worden. Neue Anbauteile bescherten auch eine neue Optik. Dies hatte dann für die folgenden Jahre Methode, wo im jährlichen Rhythmus und mit wechselnden Hubräumen eine Fülle neuer Maschinen (auch Enduro-Modelle) entstand, von denen hier nur eine kleine Auswahl wiedergegeben werden kann und auf eine tabellarische Aufstellung verzichtet werden muss.

Von der MD 250 wk hatte Maico 1980 nur noch rund 100 Exemplare absetzen können. Maisch-Junior Peter Maisch hatte die Idee, mit einer für Straßenrennen zurechtgemachten MD eine Nachwuchs-Wettbewerbsserie zu starten, um so den Verkauf anzukurbeln. Die Firma Motorradtechnik Borchardt in Alsdorf sollte dazu die bis zu einem bestimmten Punkt vorgefertigte MD 250 wk in ein Renn-Design kleiden. Dazu zählten unter anderem eine in Maico-Farben lackierte Vollverkleidung, ein größerer Tank und eine verkleidete Höckersitzbank.

Im Unterschied zur normalen MD wurde diese Maschine mit einer geänderten Auspuffanlage, die 37 PS ermöglichte, gelochten Bremsscheiben vorn, versetzten Fußrasten und anderen kleineren Änderungen ausgeliefert. Das Fahrwerk blieb nahezu unverändert. Nach einigen Problemen zu Beginn der Auslieferung (ab April konnte die 173 km/h schnelle Maschine für 5865 Mark erworben werden) konnten 1981 dann tatsächlich 50 Maschinen verkauft und an den Start gebracht werden. Mit einer Straßenzulassung und etwas gezähmt erschien sie dann als MD 250 Cup auch für jedermann käuflich in den Katalogen.

> Auch der Versuch von Maico, mit dem MD 250 Cup das Konzept des eigenen Straßen-Zweitakters in den Achtzigern attraktiv zu halten, schlug fehl.

> Eine Maico GS 440 von 1979 leistete gewaltige 50 PS, die von einem erfahrenen Fahrer beherrscht werden wollten.

> Eine Maico GS 490. Die 82er GS-Modelle waren die letzten mit zwei Federbeinen am Hinterrad.

> Die Maico MC 250 mit membrangesteuertem Motor und Zentralfederbein von 1981/82.

Das neue Monoshok-Federsystem von Maico machte erstmals im Frühsommer 1981 von sich reden. Honda-Pro Link, Kawasaki-Uni trak oder Suzuki-Full Floater hießen zu Beginn der achtziger Jahre einige der neuen Hinterradfedersysteme, die mit einem zentralen Dämpfer-Federbein für das Maschinenheck auskamen und speziell im Moto-Cross-Bereich die Fahrwerktechnik revolutionierten. Maico – immer noch ambitioniert genug – setzte diesen Systemen eine eigene Entwicklung entgegen, die man zunächst Zeta-Link, in den Serienmaschinen dann Alpha Control nannte.

Das Prinzip aller Systeme war ähnlich: Die Bewegung der Hinterradschwinge wurde über ein Hebelsystem an das Dämpfer-Zentralfederbein (Monoshok) weitergegeben. Bei Maico wurde die Umlenkfunktion von zwei Gelenkgabeln übernommen. Zwar blieb der Federweg gegenüber der vorher verwendeten konventionellen Hinterradfederung nahezu unverändert, das Federungs- und Dämpfungsverhalten war aber ungleich besser. Für die 250er wurde 1982 der Motor vollkommen neu entwickelt und auf eine Membran-Einlass-Steuerung

> 1983 leisteten die Moto-Cross-Modelle MC 250 und MC 490 41 bzw. 52 PS.

umgerüstet, wodurch das Durchzugsvermögen gesteigert werden konnte.

Die Entwicklung ging rasant weiter: Für die 1983er Cross-Modelle MC 250 und MC 490 wurde das Hebelsystem für die Hinterradfederung wieder geändert und ähnelte jetzt dem Pro-Link-System von Honda. Dazu gab es für die beiden Modelle einen völlig neu konstruierten, deutlich leichteren Motor mit neuem Getriebe und neuer Kupplung (MC 250 mit fünf, MC 490 nur noch mit vier Gängen). Zylinder und Zylinderkopf waren wieder klassisch verrippt, boten aber dennoch mehr Kühlfläche. Auch das 490er Triebwerk wurde nun von einem Membraneinlass gesteuert.

Die Maico-Crosser waren wieder wettbewerbsfähig; für das Unternehmen Maico galt dies allerdings nicht. Die rasante Entwicklung hatte ihren Preis und den konnten die Schwaben im Frühjahr 1983 nicht mehr bezahlen. Im Mai ging das Traditionsunternehmen – erneut unter dubiosen Umständen – in Konkurs.

»Phönix aus der Asche« titulierte die Zeitschrift Motorrad am 23. November 1983, nachdem die Neffen des Pleiteunternehmers Otto Maisch (die Söhne des Maico-Gründers Wilhelm Maisch), Wilhelm (jun.), Hans und Peter im Oktober die Zweiradhandels- und Produktions-GmbH gegründet hatten. In den gleichen Werkstätten in Ammerbuch-Pfäffingen konnte dann gegen Ende des Jahres wieder mit der Fertigung von Sportmotorrädern begonnen werden. Zunächst gab es nur zwei Cross-Modelle: die SC 490 mit immer noch luftgekühltem Motor, aber ordentlichen 61 PS und die nun wassergekühlte SC 250 LC (das LC stand für liquid cooling – flüssigkeitsgekühlt). Mit neuem Rahmen (Einrohr mit doppeltem Unterzug), neuem Design und dem jetzt Twin-Link genannten hinteren Federungssystem (Schwinge und Feder-

> Die Enduro-Modelle GSE 240 und GSE 490 waren 1983 ebenfalls in den Genuss der Zentralfederung alpha gekommen.

bein wurden verstärkt) setzten sich die neuen Maicos deutlich von den noch im Jahr zuvor gefeierten Modellen ab.
Im Laufe des Jahres konnten die beiden Maschinen dann mit Beleuchtungsanlage und reduzierten Motorleistungen als SE 490 und SE 250 LC, wie bei Maico üblich, auch als für den Straßenverkehr zugelassene Enduros angeboten werden.
Schon für die Saison 1985 waren die Maicos wieder deutlich überarbeitet. Ein neuer Rahmen, ein erneut geändertes Monoshok-Federungssystem (Twin-Link 2) in Verbindung mit einer Aluminium-Kastenschwinge, Wasserkühlung jetzt auch für die 500er, kürzerer Radstand, Scheibenbremsen vorn und die niedrigere Sitzhöhe kennzeichneten die neuen Crosser und Enduros.

> Wassergekühlt: Die Maico Moto-Cross-Maschine GM 500 von 1985 …

> … und der Enduro-Ableger GME 500 aus dem gleichen Jahr.

Dem jährlichen Rhythmus folgend wurden auch 1986 Weiterentwicklungen in die Serienfertigung eingebracht, die zu neuen Typenbezeichnungen führten. Cross-Modelle und Enduros erhielten die Zusatzbezeichnung »Star«, einhergehend unter anderem mit einer Scheibenbremse fürs Hinterrad, einer neuen Telegabel, einer neuen Auspuffanlage, neuer Kupplung (Sinterkupplung), einem neuen Tank mit Kühlerprotektoren und neuen Kotflügeln. Für das Viertelliter-Triebwerk wurde das selbst entwickelte SEES-Auslasssystem (durch Unterdruck gesteuerter Schieber) eingesetzt; der 500er Motor konnte für die Enduro wahlweise mit einer Wasser- oder Fahrtwindkühlung angeboten werden.

Für 1987 waren ebenfalls deutliche Veränderungen für die Maico-Maschinen vorgesehen, die trotz einiger kleinerer Mängel immer noch in der Weltspitze mitfuhren. Aber erneut musste das schwäbische Unternehmen Konkurs anmelden. Am 3. November 1986 begann der Konkursverwalter seine Arbeit und diesmal gab es für den traditionsreichen Standort Pfäffingen und das Familienunternehmen Maisch keine Rettung mehr.

> Die Maico GM Star 500 von 1986 war wahlweise mit Wasserkühlung (Foto) oder als fahrtwindgekühlte Version zu haben.

Die neuen Maschinen für die Saison 1987 waren zwar entwickelt, doch gebaut werden konnten nur noch wenige Exemplare, ehe die Lichter im Maico-Stammwerk erst einmal ausgingen. Die Saison 87 mussten Maico-Interessenten dennoch nicht ganz abhaken, denn der Insolvenzverwalter ließ dann doch noch 240 Maschinen bauen.
Für eine Million Mark übernahm die Firma Lorenz Merkle Maschinenbau im bayerischen Nördlingen im Mai 1987 alles, was noch verwertbar war; sie konnte aber erst zum Jahresende wieder mit der Fertigung der letzten Entwicklungsreihe beginnen. Angeblich lagen für 1988 rund 1000 Bestellungen vor – Fakt ist, dass sich auch Merkle quälen musste, um mit dem Absatz halbwegs die Kosten decken zu können.

> Eine Maico Enduro GP 250 E von 1987 konnte straßentaugliche 15 PS oder wettkampftaugliche 49 PS haben.

Die zuletzt bei Maico entwickelte Modellreihe hatte die Typenbezeichnung GP bekommen und hinter der Hubraumklasse stand bei den Enduros noch ein E. Nach zuletzt nur zwei Motorgrößen mit 247 und 488 cm³ kam nun wieder eine dritte Hubraumgröße mit 353 cm³ dazu, die zu den Modellen GP 400 und GP 400 E führte. Alle Triebwerke hatten einen Membraneinlass und den bereits beschriebenen Schieberauslass. Wenig auffällig waren die vielen kleinen Detailverbesserungen, wie etwa das Öhlins-Federbein für die Hinterradfederung. Ein Bruch mit der Vergangenheit schien dagegen die jetzt blaue Lackierung der Maschinen zu sein, die das traditionelle Maico-Rot ab 1987 ablöste. Für 1988 waren die GP-Typen dann nochmals überarbeitet worden: die Upside-down-Telegabel von White Power vor den enger zusammengeführten Rahmenunterzügen und die weiter in der Leistung gesteigerten Motoren waren dabei die wesentlichsten Merkmale.
Aber wie schon zuvor die Gebrüder Maisch, tat sich nun auch Merkle sehr schwer, den Anschluss zur internationalen Konkurrenz zu halten. Im Prinzip wurde hier schon das Ende der Maico-Fertigung in Deutschland eingeläutet, denn die Firma Merkle war nicht mehr in der Lage, zu den Mitteln zu greifen, die notwendig gewesen wären, um die Maico-Motorräder fürs Publikum wieder attraktiv zu machen.

Münch

In den letzten Jahren konnten die Münch-Motorräder auf Wunsch mit Scheibenbremsen und einer Halbverkleidung bestellt werden. Um die Kosten in den Griff zu bekommen, setzte der neue Eigentümer mehr und mehr auf Standardbauteile z. B. japanischer Motorräder und versuchte mittels optischer Überarbeitungen die gute alte »Mammut« attraktiv zu halten. Aber es war eben immer weniger die alte Mammut und die Konkurrenz hatte inzwischen wesentlich interessantere Modelle im Angebot. Wegen der freiwilligen Selbstbeschränkung der Motorradhersteller auf 100 PS wurden nach 1980 nur noch die Vergaser-Modelle ausgeliefert. 1982 war dann endgültig Schluss.

Münch 1300 TTS	**1979–1982**	
4-Zyl.-4-Takt-Reihe	1289 cm³ ohv	98 PS / 6600 U/min
Münch 1300 TTS-E	**1979–1980**	
4-Zyl.-4-Takt-Reihe	1289 cm³ ohv	104 PS / 7500 U/min

> **Aus dem Jahre 1988 stammt diese Aufnahme der Maico Moto-Cross-Maschine GP 250 mit 49 PS.**

> **Die letzten Münch TTS 1300 hatten – bis auf den Motor – nicht mehr viel mit der ursprünglichen »Mammut« gemein.**

Motorradvielfalt in der DDR
1945–1961

Als die westdeutsche Motorradindustrie ab Mitte der 1950er Jahre im Sterben lag, setzte die ostdeutsche gerade erst zu einem Höhenflug an. BMW in München hatte die Montage ihres 750-cm³-Gespanns zu Kriegsbeginn, zusammen mit der gesamten Motorrad-Ersatzteilproduktion, in das BMW-Zweigwerk nach Eisenach verlegt; sie begründeten somit den Motorradbau in diesem Teil Thüringens und letztendlich auch in der sowjetischen Besatzungszone, aus der am 7. Oktober 1949 die DDR entstand. Zunächst ausschließlich für den Markt in der Sowjetunion bestimmt, begann in Eisenach 1945 die erste Motorradfertigung auf deutschem Gebiet nach dem Krieg.
Auch in einem anderen thüringischen Ort war auf Befehl der sowjetischen Militäradministration in Deutschland (SMAD) ein Motorrad zunächst konstruiert und schließlich in Produktion genommen worden. Das ehemalige Simson-Werk in Suhl ging 1947, wie übrigens auch BMW in Eisenach, in den Besitz der sowjetischen Aktiengesellschaft »Awtowelo« über. 1948 kam der überraschende Befehl zur Konstruktion eines Mittelklasse-Viertakt-Motorrades mit 250 cm³ Hubraum, das 1950 in Serie ging.

Nach 1961 hatte die DDR entschieden, motorisierte Zweiräder mit mehr als 50 cm³ Hubraum, die nicht zur Gattung Motorroller gehörten, fortan nur noch in Zschopau zu bauen. Hier, im ehemaligen DKW-Werk, konnte die Produktion von Zweitaktern 1950 langsam wieder in Gang gesetzt werden.

Die letzte Vorkriegsentwicklung von DKW, die damals neue Maßstäbe setzende RT 125, rollte mit einigen Verbesserungen wieder von den Bändern. Wenige Jahre später bauten die Zschopauer konkurrenzfähige Zweitakt-Motorräder in stetig steigenden Stückzahlen. Die eigenproduzierte, motorisierte Vielfalt auf zwei Rädern erreichte 1955 in der DDR ihren Höhepunkt und mit dem Auslaufen des Zweizylinder-Boxer-Modells BK 350 herrschte nach 1959 nur noch Einheitsbrei in Form von Einzylinder-Zweitakt-Motorrädern.

Zur bunten Mischung motorisierter Zweiräder in der Pionierzeit des DDR-Kraftfahrzeugbaus trugen auch verschiedene Privatinitiativen im Roller- und Motorradbau bei, die jedoch bestenfalls über Kleinserien nicht hinaus kamen; nicht zuletzt deshalb, weil sie den Wirtschaftslenkern nicht in den Kram passten. Und die hatten – dem nun einmal eingeschlagenen politischen Weg entsprechend – nicht so Unrecht: Kriegshinterlassenschaften und zentrale Planwirtschaft ließen nur eine Bündelung der Kräfte zu, um annähernd konkurrenzfähig (Export) und marktabdeckend (Inland) produzieren zu können. Inwieweit alle dieser Strategie folgenden Maßnahmen gerechtfertigt waren, sei dahingestellt. Wie etwa das Ende der Motorradfertigung in Eisenach zugunsten der »Großserienfertigung« des PKW »Wartburg« oder vor allem der Produktionsstopp des bis dahin besten Motorrades der DDR, der »Simson 425 S« (AWO).

Anders als im Westen wurde das Motorrad in der DDR jahrzehntelang als billiges Transportmittel genutzt; eine Art Wirtschaftswunder gab es zwar durchaus auch im Osten, aber wenn sich Ende der 1950er Jahre eine Familie hier eine MZ ES 250 mit Beiwagen leisten wollte, musste sie schon zu den Besserverdienenden gehören.

> **Montage des Motors der MZ ES 250.**

AWO / Simson

Am ersten Juli 1945 hinterließen die Amerikaner der Sowjetischen Militär-Administration in Deutschland (SMAD) unter anderem das Gustloff-Werk, ehemals Simson, in Suhl. Das bedeutende Waffen- und (frühere) Automobilwerk hatte bis in die ersten Kriegstage hinein unter anderem Motorfahrräder produziert. Als wichtigem Rüstungsproduzenten im Dritten Reich ging es diesem Werk wie vielen anderen im Osten Deutschlands zu dieser Zeit auch: Ab April wurde mit der völligen Demontage des Maschinenparks begonnen und die meisten Gebäude anschließend dem Erdboden gleich gemacht. Alles, was nicht niet- und nagelfest war, fuhr per Bahn in die UdSSR.

Reste des Betriebes, in denen trotz allem bald wieder Jagdwaffen, Fahrräder und Kinderwagen, selbstverständlich als Reparationsleistung ausschließlich für den Sowjetmarkt bestimmt, gefertigt wurden, gliederten die neuen Machthaber am 5. März 1947 in die »SAG (Sowjetische Aktiengesellschaft) AWTOWELO Moskau, Zweigstelle Weimar« ein. Mit der bald gebräuchlichen Bezeichnung »SAG, Werk Simson« oder »AWTOWELO, Werk Simson« kehrte der traditionsreiche Name nach Suhl zurück.

Im Dezember 1948 (das Werk hieß inzwischen offiziell »Suhler Fahrradfabrik der Sowjetischen Staatlichen AG AWTOWELO«), ordneten überraschenderweise die Sowjets an, ein Mittelklasse-Motorrad zu entwickeln. Die Vorgaben an die deutschen Konstrukteure (250 cm³, 12 PS, Einzylinder-Viertakt-OHV-Motor, Viergang-Blockgetriebe, Kardanantrieb sowie geschlossene Teleskopfederung vorn und hinten) erinnerten stark an die fast gleichzeitig in München in Entwicklung befindliche BMW R 25. Der Motor geriet dann aber doch recht eigenwillig; äußerlich deutlich am geteilten Zylinderkopf erkennbar, in dem die Ventile v-förmig, hängend angeordnet waren.

Schon im Juli 1949 konnten die ersten drei Versuchsmuster vorgestellt werden; ein Jahr später standen 25 fertige Maschinen auf dem inzwischen wieder gewachsenen Werksgelände. Am 21.Dezember 1950 lief bereits die 1000. »AWO 425« (Awtowelo, 4-Takt, 250 cm³) vom Montage-

band. Ab 1951 tauchte das Motorrad, vorerst nur an staatliche Behörden ausgeliefert, dann auch auf den Straßen der DDR auf.
Auf Wunsch konnte die AWO ab Werk mit einem Seitenwagen von Stoye geliefert werden. Ständig wurde die Konzeption weiterentwickelt, wobei die grundlegenden Leistungsdaten immer gleich blieben. Nach der Einführung der sportlichen AWO 425 S erhielt die alte AWO 425 nun zur Unterscheidung den Zusatz »T« für Touren und blieb bei 12 PS Motorleistung. Im Verlauf des gleichen Jahres, mit Beginn der Mopedfertigung in Suhl, änderten sich die Typenbezeichnungen in Simson 425 T und Simson 425 S.

Foto: Fahrzeugmuseum Suhl

> Die AWO 425 in ihrer ersten Ausführung von 1950.

> Die AWO war eine klassische Beiwagenmaschine. Mit dem neuen Emblem wechselte die Bezeichnung 1955 in Simson 425 T.

Foto: Fahrzeugmuseum Suhl

> In ihrer ersten Ausführung hatte die Simson 425 S 14 PS und eine durchgehende Sitzbank.

Foto: Fahrzeugmuseum Suhl

> Schon 1956 erhielt die Simson 425 S zwei Einzelsitze und in ihrem letzten Produktionsjahr leistete der Motor 15,5 PS.

1955 präsentierte Simson die AWO 425 S. Das S stand für Sport, was eine völlig neue Fahrwerkskonzeption mit gefälliger Linienführung bedeutete. Motor und Kardanantrieb blieben fast gleich; eine Überarbeitung von Zylinder und Zylinderkopf hatte eine Leistungssteigerung auf 14 PS ermöglicht.
Wie 1953 mit 15 Rennmaschinen geschehen, sollte für den immer populärer werdenden Geländesport ebenfalls eine Kleinserie in Suhl aufgelegt werden. 1957 wurde dies mit insgesamt 60 Motorrädern realisiert. In den Folgejahren kamen in geringeren Stückzahlen noch einige Maschinen dazu. 17 PS leisteten diese Enduros in der Ausführung mit dem 250-cm³-Motor. Abgegeben wurden sie an den Export oder an staatlich organisierte Motorsportclubs. In Suhl waren auch 350er Geländesportmaschinen entstanden, die aber den Simson-Werksfahrern vorbehalten blieben. Zylinder und Zylinderköpfe der Maschinen waren immer aus Leichtmetall.
In der Kleinseriensportabteilung, in der die GS-Modelle entstanden, wurden 1957 unter der Leitung von Meister Gustav Knapp auch 30 Eskorte-Motorräder für das Ministerium des Innern, also für die Polizei, gefertigt. Ausgangsbasis für dieses Modell war die Simson 425 GS, allerdings erhielt die Eskorte-Maschine den 350-cm³-Geländesportmotor mit 23 PS. Die einsitzigen Motorräder wurden bis 1967 bei Staatsbesuchen und Repräsentationsveranstaltungen des MDI der DDR eingesetzt.
Ständig weiterentwickelt war die AWO 425, die auch später als »Simson 425« oder »Simson 425 S« (Sport) immer schlicht die »AWO« blieb, zweifellos das beste und schönste Motorrad der DDR.

> Rund 80 Simson GS 425, die sich recht dicht an die Simson-Sport-Modelle anlehnten, entstanden für den Nachwuchsbereich und für Exportzwecke.

> Von der Simson Eskorte-Maschine mit auf 350 cm³ vergrößertem Hubraum entstanden 30 Exemplare.

AWO 425	1949–1955	
1-Zyl.-4-Takt	247 cm³ ohv	12 PS / 5500 U/min
Simson 425 T	**1955–1960**	
1-Zyl.-4-Takt	247 cm³ ohv	12 PS / 5500 U/min
Simson 425 S	**1955–1961**	
1-Zyl.-4-Takt	247 cm³ ohv	14/15,5 PS / 6300 U/min
Simson 425 GS	**1957–1959**	
1-Zyl.-4-Takt	247 cm³ ohv	17,5 PS / 7200 U/min
Simson Eskorte	**1957**	
1-Zyl.-4-Takt	350 cm³ ohv	23 PS / 6500 U/min

BMW / EMW

Die Motorradproduktion war bei BMW während des Zweiten Weltkrieges nie ganz zum Erliegen gekommen; so baute man neben allerlei Kriegsgerät ab 1942, nun in Eisenach, die schwere R 75 für die Wehrmacht. Mit Beginn der Bombenangriffe der Alliierten auf Deutschland hatte man die Produktion der R 75 zusammen mit den Fertigungseinrichtungen der R 35 und den Motorrad-Ersatzteillagern ins BMW-Zweigwerk nach Thüringen verlegt.
Die Bomben verschonten Eisenach allerdings nicht. Mehr als die Hälfte der Werkanlagen lag in Trümmern, als die Amerikaner im Frühjahr 1945 in die Stadt am Fuße der Wartburg einzogen. Wie unter Deutschlands Kriegsgegnern schon lange zuvor festgelegt, mussten sie jedoch das Terrain für die Sowjetarmee wieder räumen, die am 3. Juli 1945 die Verwaltung der Region übernahm.
Anders als in den meisten ehemaligen Kraftfahrzeugfabriken auf dem Territorium der Sowjetischen Besatzungszone (SBZ) blieb das Eisenacher Werk von Demontagen und weiteren Zerstörungen verschont. Und als erster Hersteller durfte BMW in Eisenach sogar schon sehr bald nach Kriegsende wieder Motorräder bauen. Die Montage der verbliebenen Ersatzteile der R 35 zu kompletten Motorrädern begann. Die R 35 basierte auf einer Konstruktion aus den frühen dreißiger Jahren und löste 1937 als Weiterentwicklung die R 4 ab. Dabei war der konservativ anmutende, die Fahrzeugoptik prägende Pressstahlrahmen erhalten geblieben; das Vorderrad hing nun jedoch an einer reibungsgedämpften Teleskopgabel. Eine Hinterradfederung gab es nicht.
Der 342 cm³ große Einzylinder-Viertaktmotor war BMW-typisch als Querläufer ausgelegt. Das sehr hoch bauende Triebwerk saß etwas nach rechts versetzt, Kurbel- und Kardanwelle (Letztere als Hinterradantrieb) lagen in einer Flucht darunter. Sie wurden durch eine Trockenkupplung und ein mit der Hand an der rechten Tankseite zu schaltendes Vierganggetriebe getrennt.
Schnell waren die noch vorhandenen Rahmen verbraucht und mussten nun selbst gefertigt werden. Weitere Teile folgten, die mit Hilfe von über 200 Werkzeugmaschinen, die während des Krieges in einem Kalischacht bei Abtrode ausgelagert waren, wieder produziert werden konnten. Zulieferteile wie Bowdenzüge, Lenkerarmaturen, Kugellager, Elektrozubehör oder Reifen konnten dagegen nur mit größter Mühe beschafft werden.
Die meisten Zulieferfirmen der Kraftfahrzeugindustrie hatten schon immer im Westen Deutschlands gelegen und waren nach Errichtung der Demarkationslinie als Grenze zwischen der SBZ und den Besatzungszonen der übrigen Alliierten fast unerreichbar geworden. Und obwohl die Eisenacher von den neuen Machthabern wie kein anderer Fahrzeugbetrieb in ihrem Verwaltungsbereich unterstützt wurden – schließlich waren alle produzierten Zweiräder für den sowjetischen Markt bestimmt – blieb oft trotzdem nur der abenteuerliche Weg in den Westen, um notwendige Teile zu beschaffen.
1946, dem Jahr, in dem schon 1300 R 35 in die Sowjetunion oder an sowjetische Behörden in Deutschland geliefert wurden, bemächtigte sich die russische Aktiengesellschaft »Awtowelo« des Betriebes in Eisenach; wie übrigens auch vieler anderer halbwegs intakter Firmen Ostdeutschlands. An dort ansässige Privatleute durften erst 1949, im Gründungsjahr der DDR, die ersten BMW R 35 abgegeben werden.
Nach ersten Exporterfolgen im Westen strengte BMW in München einen Prozess gegen den ehemaligen Eisenacher Ableger an und erlangte alle Marken- und Patentrechte rund um das blau-weiße Firmensignet. Die Thüringer machten aus der Not eine Tugend und änderten, fast gleichzeitig mit der Übergabe des Werkes an die IFA (Industrieverband Fahrzeugbau der DDR), im Juli 1952 die Bezeichnung des Werkes zunächst in »Eisenacher Motorenwerke (EMW)« und wenig später in »VEB IFA Automobilfabrik EMW Eisenach«. Aus BMW wurde also EMW und den blauen, rotierenden Propellerflügel des BMW-Zeichens tauchten die Thüringer nun in kommunistisches Rot. Das Motor-

> Die BMW R 35 war das erste nach dem Krieg auf dem Territorium der späteren DDR gebaute Motorrad.

> 1952 wurde der blau-weiße Propeller rot-weiß und zusammen mit einigen Änderungen wechselte die Typenbezeichnung in EMW R 35/2.

rad selbst erfuhr im gleichen Jahr mittels hydraulisch gedämpfter Teleskopgabel, Fußschaltung, verbesserter Elektrik und Sättel einige Detailverbesserungen und die Typenbezeichnung R 35/2.
Ende des Jahres 1951 war die 25.000ste R 35 vom Band gerollt und im August 1953 waren es schon doppelt so viele. Jetzt mit der Bezeichnung R 35/3, weil endlich eine Geradweg-Hinterradfederung das Fahrwerk deutlich verbesserte und unter anderem die Zylinderkopf-Schutzrohre auf zwei reduziert worden waren. Kleinere Änderungen betrafen in den letzten Produktionsjahren noch den Vorderradkotflügel, den Vergaser und die Hinterradnaben. Nach noch einmal 58.000 R 35/3 war im April 1956 Schluss mit der Motorradfertigung in Eisenach.

BMW R 35	1945–1951	
1-Zyl.-4-Takt	342 cm³ ohv	14 PS / 4500 U/min
EMW R 35/2	**1951–1952**	
1-Zyl.-4-Takt	342 cm³ ohv	14 PS / 4500 U/min
EMW R 35/3	**1952–1956**	
1-Zyl.-4-Takt	342 cm³ ohv	14 PS / 5250 U/min

> 56.000 Maschinen entstanden dann noch von der EMW R 35/3 mit Geradweg-Hinterradfederung.

IFA

Die einst größte Motorradfabrik der Welt, das DKW-Werk in Zschopau, wurde auf Befehl der sowjetischen Besatzer von Juli 1945 bis April 1946 vollständig demontiert und in die Sowjetunion verschickt. Für erste Reparatur- und Produktionsaufträge war der Betrieb vorübergehend ins benachbarte Wilischthal verlagert worden. Von dort zog man mit der Genehmigung, wieder Motorräder bauen zu dürfen, Anfang 1950 ins DKW-Werk zurück. Seit 1948 gehörte der Betrieb der Industrie-Verwaltung Fahrzeugbau (IFA) an.
Im Frühjahr 1949 erschien die RT 125 wieder in einem anlässlich der Leipziger Messe herausgegebenen Prospekt der IFA. Da steckte man aber noch in der Prototypenfertigung; in Serie ging die Maschine, die nun über eine Telegabel und eine ungedämpfte Geradweg-Hinterradfederung verfügte, erst im März 1950. 15 DKW RT 125, wie die Maschine immer noch hieß, verließen in diesem Monat das Werk; bis zum Jahresende waren es immerhin 1700.

> Im Gegensatz zur Weberschen Konstruktion wartete die erste DKW IFA RT 125 sowohl mit einer Telegabel als auch mit einer Geradweg-Teleskopfederung auf.

1951 zur DKW-IFA RT 125 geworden und ein Jahr später gekürzt in IFA RT 125 umbenannt, blieb die Maschine mit den Leistungsdaten des Vorkriegsmodells bis 1954 nahezu unverändert. In dieser Zeit kamen insgesamt fünf Tankembleme, angefangen mit dem originalen Auto-Union-DKW-Zeichen, das dann einige Modifikationen mit den IFA-Buchstaben erfuhr, zum Einsatz. 1954 änderte sich die Typenbezeichnung in RT 125/1, da der Rahmen nun nicht mehr geschweißt, sondern gemufft und verlötet wurde, verschiedene Verbesserungen an Motor und Getriebe die Leistung von 4,75 auf 5,5 PS steigen ließen und erstmals der später berühmte, patentierte Kettenschutz (Kette vollständig in einem Kunststoff-Gummi-Gehäuse gekapselt) zum Einsatz kam.

> An der IFA RT 125/1 war erstmals der patentierte und aus Hartgummi bestehende Kettenschutz zu sehen, der die vielleicht überhaupt wichtigste Erfindung der Zschopauer Motorradbauer nach dem Krieg war.

> **Bei der IFA BK 350 standen das B für Boxer, das K für Kardan und die 350 natürlich für den Hubraum.**

Bescheidener als bei der RT 125 fielen die Stückzahlen des zweiten Zschopauer Nachkriegstyps, der völlig neu entwickelten BK 350, aus. BK stand für Boxermotor und Kardanwelle (als alternativer Hinterradantrieb für das in der DDR lange währende Kettenproblem), die 350 für den Hubraum der beiden Zylinder. Seit 1949 hatten die Techniker im Erzgebirge an dieser Maschine gefeilt, aber erst 1953 schaffte man die Überführung in die Serienproduktion. Das in der DDR hubraumgrößte Motorrad war dort fortan der Traum aller Freunde motorisierter Zweiräder und blieb es angesichts des stolzen Preises auch für die meisten. 15 PS waren damals eine stolze Hausnummer, die aber für einen Zweitakter mit 350 cm³ Hubraum dennoch nicht zu viel waren. Der wuchtige Antriebsblock mit fußgeschaltetem Vierganggetriebe saß in einem stabilen Doppelrohrrahmen. Eine hydraulisch gedämpfte Telegabel führte das Vorderrad, während die in jener Zeit immer noch standesgemäße Geradweg-Federung des Hinterrades ohne Dämpfung blieb. Knapp 1000 IFA BK 350 konnten noch 1953 montiert werden; mit etwa 10.200 Stück im Jahre 1956 erreichte die BK-Fertigung ihren Höhepunkt. Viele der mittelschweren Maschinen waren für den Beiwagenbetrieb vorgesehen.

IFA RT 125	**1950–1954**	
1-Zyl.-2-Takt	123 cm³	5 PS / 4800 U/min
IFA RT 125/1	**1954–1956**	
1-Zyl.-2-Takt	123 cm³	5,5 PS / 5200 U/min
IFA BK 350	**1952–1956**	
2-Zyl.-2-Takt-Boxer	343 cm³	15 PS / 5000 U/min

MZ

1955 verließen rund 30.000 Motorräder den VEB IFA Motorradwerk Zschopau. Damit war das Vorkriegsniveau wieder erreicht. Auch an alte Exportverbindungen konnte wieder angeknüpft werden: Schweden, Holland, Dänemark, Finnland, Schweiz und Belgien hießen unter anderem die Ausfuhrländer, in die die Zschopauer Zweitakter bis in das Jahr 1956 hinein nicht ohne Grund mit einem DKW-ähnlichen Tankemblem geliefert wurden.
6,5 Millionen Mark, so rechnete MZ später nach, kostete die Einführung des neuen Warenzeichens, das die Motorräder aus dem Erzgebirge ab 1956 trugen. Den Aufwand betrieb man hauptsächlich, um Exportkunden davon zu überzeugen, dass der neue Markenname »MZ« (Motorradwerk Zschopau), mit der stilisierten Vorderradschwinge als Markenzeichen, altbewährte Tugenden Zschopauer Motorräder weiterhin in sich vereinte.
Bis 1956 hatten nach 1945 mehr als 64.000 RT 125 die Zschopauer Werkhallen verlassen. 1958 erhielt die nun MZ 125/2 genannte RT Vollnabenbremsen. Die unverwüstliche Maschine durfte sogar noch ihren dritten Frühling erleben: Als MZ 125/3 ging sie 1959 mit minimaler Leistungssteigerung und vier Getriebegängen erneut ins Rennen. Frische Farben, eine überarbeitete Optik und wahlweise eine Sitzbank hielten die Nachfrage weiter auf hohem Niveau.
Die MZ BK 350 erhielt mit dem neuen Namen auch eine neue Auspuffanlage und die Motorleistung erhöhte sich auf 17 PS. Nach über 41.000 Fahrzeugen wurde zum Bedauern vieler Enthusiasten im März 1959 die Produktion der BK 350 eingestellt. Wohl gab es Nachfolgekonzeptionen mit Vollschwingenfahrwerk, die als BK 351 jedoch im Prototypenstadium endeten.

> Der Motor der RT 125/2leistete nun 6 bis 6,3 PS und mit dem Markenwechsel mutierte die IFA RT 125 zur MZ RT 125.

> Mit dem Markenwechsel 1956 wurde aus der IFA BK 350 logischerweise die MZ BK 350.

> Äußerlich war die neue MZ RT 125/3 durch die Lenkerabdeckung gekennzeichnet; technisch hob sie sich durch ein neues Viergang-Getriebe von den Vorgängern ab.

Höhepunkt des Jahres und die Verkörperung des neuen Symbols war allerdings die ab Juni 1956 in Serie gebaute ES 250. Dabei stand das E für Einzylinder und das S für Schwinge, denn die neue MZ verfügte über ein zu dieser Zeit hochmodernes Vollschwingenfahrwerk. Dazu

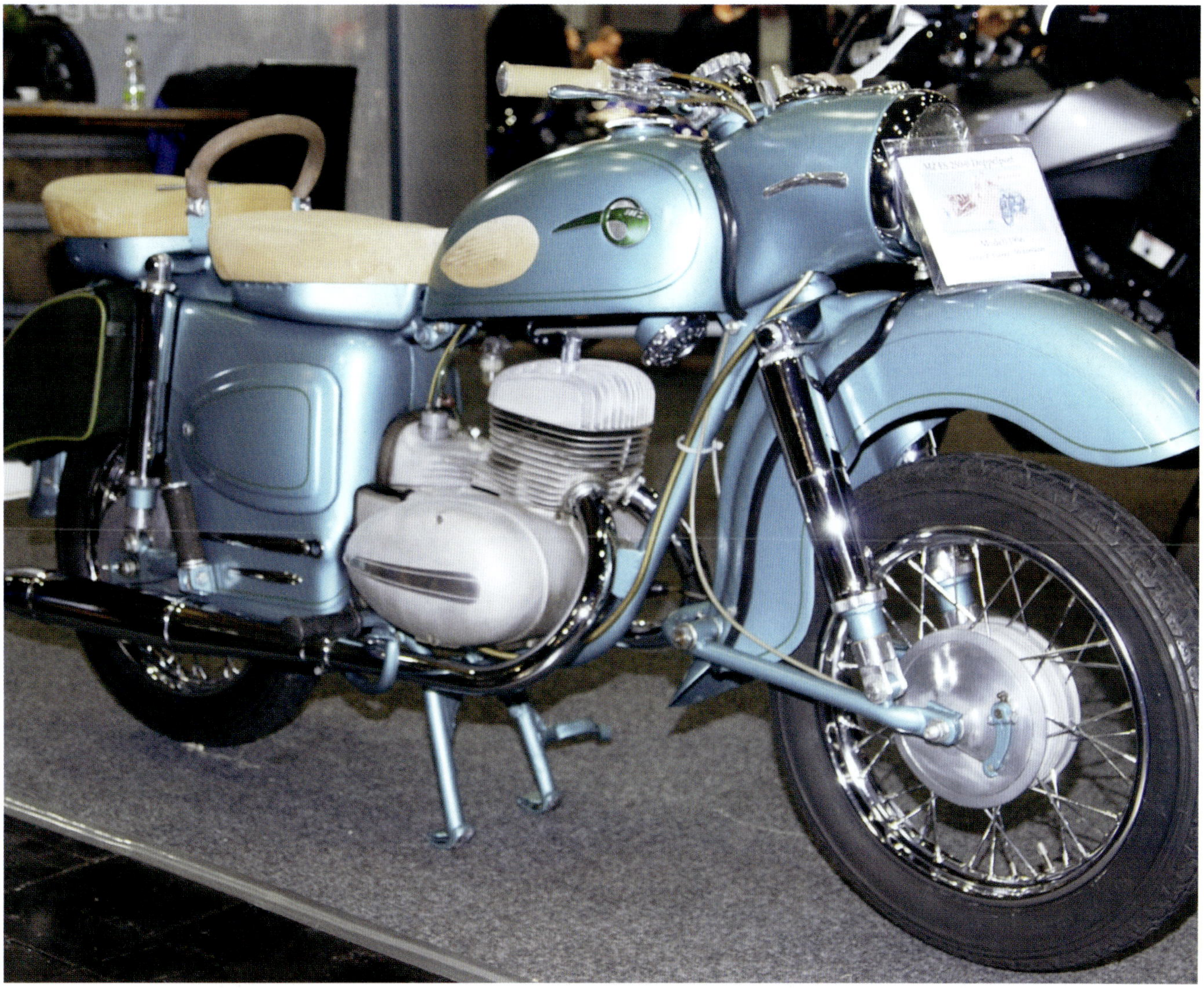

> Mit der ES 250 hatten die Zschopauer 1956 ein sehr modernes Motorrad mit Vollschwingen-Fahrwerk auf die Räder gestellt, das zum Symbol für die neue Marke MZ wurde.

> Das originale MZ-Werksfoto der ab Ende 1956 gefertigten ES 175 zeigt die schlankere Linie gegenüber dem größeren Schwestermodell.

kamen eine Doppelport-Auspuffanlage, Vollnabenbremsen und ein dem Stil jener Jahre angepasstes Finish. Letzteres bedeutete üppige Blechverkleidungen und insgesamt fast drei Zentner Gewicht, mit denen es der 14,5 PS leistende Zweitakter nicht leicht hatte.

Noch im Dezember lief die Fertigung der ES 175 an. Als kleinere Schwester der 250er kam sie mit weniger Blech aus, musste aber auf die praktischen Packtaschen, die bei der größeren Maschine am Heck serienmäßig waren, ganz verzichten. Der Motor blieb bis auf den reduzierten Hubraum identisch, und kam mit nur einem Auspuff aus.

Seitenwagenspezialist Stoye aus Leipzig hatte zusammen mit MZ einen speziell für die neue ES 250 zugeschnittenen Seitenwagen entwickelt, dessen besonderer Clou die Verbindung der langhubigen Wagenschwinge mit der Hinterradschwinge des Krades war. »Elastik-Seitenwagen« und später »Superelastik-Seitenwagen« nannte man das, was künftig an drei Punkten an die hubraumgrößten MZ-Motorräder befestigt werden konnte. Seit 1958 konnte bei der ES 250 durch eine verbesserte Auslassschlitz-Steuerung auf das zweite Abgasrohr verzichtet werden.

> Ab 1958 hatten die Ingenieure den neuen ES-Motor soweit im Griff, dass auf den zweiten Ausgang verzichtet werden konnte.

MZ RT 125/2	1954–1959	
1-Zyl.-2-Takt	123 cm³	6/6,3 PS / 5200 U/min
MZ RT 125/3	**1959–1962**	
1-Zyl.-2-Takt	123 cm³	6,5 PS / 5200 U/min
MZ BK 350	**1956–1959**	
2-Zyl.-2-Takt-Boxer	343 cm³	17 PS / 5000 U/min

MZ ES 250	1956–1957	
1-Zyl.-2-Takt	250 cm³	12,5 PS / 5000 U/min
MZ ES 175	**1957–1962**	
1-Zyl.-2-Takt	172 cm³	10 PS / 5000 U/min
MZ ES 250	**1957–1962**	
1-Zyl.-2-Takt	250 cm³	14,25 PS / 5100 U/min

Ein Zylinder, zwei Takte

MZ-Motorräder bis 1989

Nach der Einführung der Vollschwingen-ES-Modelle Mitte der fünfziger bis Anfang der sechziger Jahre wuchs die Jahresproduktion bei MZ bis 1969 auf fast 73.000 Zweitakt-Motorräder mit 125 bis 250 cm³ Hubraum. Von denen regelmäßig etwa 50 Prozent in den Export gingen. 1974 wurde mit fast 87.000 Stück der höchste Jahresausstoß für das Motorradwerk Zschopau erreicht. Etwa zu dieser Zeit begann dann, was man später in Bezug auf die ostdeutsche Kraftfahrzeugindustrie »auf Verschleiß fahren« nannte. Die Industrieanlagen im Ganzen wurden nicht mehr erneuert, punktuelle Investitionen in Maschinen, Gebäude und Anlagen mussten genügen; die Schwerpunkte der DDR-Wirtschaft hatten sich verlagert.

So stand MZ nach der politischen Wende mit maroden Produktionsanlagen und auf dem westlichen Markt nicht konkurrenzfähigen Motorrädern da. Letzteres war auch mit das Resultat der Tagung »Fortschritte im Motorradbau« in Zwickau im Sommer 1985. Denn was dort festgelegt wurde, hatte mit Fortschritt herzlich wenig zu tun: Beibehaltung der Einzylinder-Zweitakt-Technik und der Grundkonzeption der Fahrwerke. Lediglich kosmetische Retuschen »zur Verbesserung des ästhetischen Gesamteindrucks« waren fortan zugelassen. Damit blieben neue Konstruktionen in Zschopau in den Schubladen liegen und konnten erst nach der Wende und damit viel zu spät und auch nur zum Teil realisiert werden.

> In der MZ-Lehrwerkstatt entstanden bis 1989 über 2000 Kunden-Geländesportmotorräder.

MZ

1959 begann in der MZ-Lehrwerkstatt die Kleinserienfertigung von Geländesportmaschinen auf Basis der ES-Modelle. Die MZ ES 175 G und 250 G, die eine etwas höhere Motorleistung als die normalen Straßenmaschinen hatten, waren für den Export bestimmt oder wurden an organisierte Clubs in der DDR abgegeben. Für den Normalbürger blieben sie in der Regel unerreichbar. Anfangs entsprachen die Kleinserienmodelle noch fast den Motorrädern, mit denen sich MZ-Werkfahrer langsam an die Weltspitze des Geländesports fuhren; neben dem hochgezogenen Auspuff und den üblichen Gelände-Accessoires fielen die Maschinen durch ihr schon nahezu graziles Erscheinungsbild, verglichen mit den normalen MZ-Maschinen, auf. Mit geringfügigen Änderungen wurden diese Maschinen bis 1965 gebaut und dann von den ETS-Modellen abgelöst.

Das Modelljahr 1962/63 brachte den Zschopauern die bis dahin größte Modellpalette seit dem Zweiten Weltkrieg. Dabei kamen die ES-Serienmodelle von Januar 1962 an überarbeitet und bald darauf mit einer zusätzlichen 300-cm³-Variante in den Handel. Der Quadrathuber

> Mit den Modellen MZ ES 175 G und 250 G begann in der MZ-Lehrwerkstatt die Kleinserienfertigung von Geländesport-Motorrädern.

> Für kurze Zeit war die ES 300 das hubraumstärkste Motorrad in der DDR. Es sollte in erster Linie den neuen »Superelastik-Seitenwagen« ziehen.

> Die neuen MZ ES 250/1 und ES 175/1 traten nun äußerlich identisch auf; die durchgehende Sitzbank konnte wahlweise gegen Einzelsitze getauscht werden.

(72 mm) leistete 18,5 PS und sollte im Gespannbetrieb die Nachfolge der BK 350 antreten. Die nun hubraumgrößte MZ erbte die großen Seitenverkleidungen samt Packtaschen von der 250er, die nun ihrerseits als ES 250/1 im gleichen, abgespeckten Look wie die neue ES 175/1 auf dem Markt erhältlich war. Äußerlich hatte sich bei den /1-Varianten ansonsten wenig verändert. Zweifarblackierungen mit verschiedenen Chromspiegeln am Tank waren ebenso auffällig wie die (wahlweise erhältliche) durchgehende Sitzbank. Eine Reihe technischer Änderungen verbesserte die inneren Werte und ließ die Motorleistung auf 12 bzw. 16 PS steigen.

Nachdem Mitte des Jahres 1962 das Aus für die gute alte RT 125 gekommen war, hießen die Nachfolger mit Vollschwingenfahrwerk ES 125 und ES 150. Mit ihrem Blechprägerahmen waren sie bis auf Kleinigkeiten völlige Neukonstruktionen. Die Motoren der neuen kleinen Zschopauer waren abgesehen von Hubraum, Vergaserdurchlass und Ritzel völlig identisch und leisteten 8,5 bzw. 10 PS. In der kantigen Linienführung fiel besonders das rahmenfeste Lampengehäuse mit seinem Übergang zum Tank auf.

Und was auch noch erwähnenswert ist: Die ES 125/150 war das erste Motorrad der Welt, das über eine Lichthupe und asymmetrisches

> Mit Erscheinen der neuen ES 125 kam ab 1963 auch eine Geländesport-Version in Kleinserie auf den eingeschränkten Markt.

> Vollschwingenfahrwerk, Pressstahlrahmen mit einem Heckteil aus Alu-Guss, rahmenfestes Lampengehäuse und andere Spezialitäten – die MZ ES 125/150 setzte Maßstäbe.

Abblendlicht verfügte! Die neuen Kleinen waren sofort der Schlager auf dem DDR-Motorradmarkt, der ein völlig anderes Bild bot, als das zu dieser Zeit im Westen der Fall war, wo man von 61.000 produzierten Motorrädern nur träumen konnte. Dabei fristete die 125er doch eher ein Schattendasein gegenüber der ES 150. Nicht zuletzt deshalb, weil Letztere, wie die 125er auch, mit Motorradführerschein ab 16 Jahren gefahren werden durfte und sich die Jugend eher für die stärkere Maschine entschied. Bis 1969 – ab 1965 mit neuem Breitrippen-Zylinder – wurde die 150er MZ weit über 190.000 Mal gebaut – bis zu diesem Zeitpunkt ein einsamer Rekord in der gesamten deutschen Motorradgeschichte! Der dann aber von den /1-Modellen noch einmal deutlich überboten wurde.

> 1967 erschienen die ES 175 und 250 als /2-Modelle mit Breitrippen-Zylinder, elastischer Motoraufhängung und feststehendem, kantigem Scheinwerfer.

> In den letzten Produktionsjahren der kleinen MZ ES 125(150)/1-Modelle kam mehr Farbe ins Spiel, die Federbeine lagen offen und der Schalldämpfer war nicht mehr zigarrenförmig.

Für den Geländesport wurde ab 1963 nur die 125er als ES 125/G, wieder in Kleinserie gebaut, angeboten, da es im Motorsport keine Klasse für 150-cm³-Motorräder gab. Auch diese Maschine mit dem charakteristischen, fächerförmigen Zylinderkopf, die immerhin 10,5 PS leistete, war für den Normalbürger nicht käuflich zu erwerben. Sie unterschied sich aber z. B. in Vergaser und Getriebe (vier statt fünf Gänge) von den erfolgreichen Werkenduros.
Der schnörkel- und zierratlosen, kantigen Form der kleinen ES angepasst, erschienen 1967 auch die größeren Modelle als ES 175/2 und ES 250/2 in überarbeiteter Form. Die 300er war dagegen mangels Nachfrage und wegen technischer Probleme wieder aus dem Programm genommen worden. 250 cm³ Hubraum blieben nun 22 Jahre lang das Maximum, das Serienmotorräder aus der DDR zu bieten hatten.
Die Leistung des einfachen Zweitakters, dessen Grundaufbau sich praktisch seit Anfang der 1930er Jahre kaum verändert hatte, stieg indes ständig und betrug bei der neuen 250er schon 17,5 PS, während es der kleinere 175er Motor auf 13,5 PS brachte. Wie zuvor bei den kleineren ES-Modellen kam zur besseren Luftkühlung ein Breitrippenzylinder zum Einsatz, und eine mittels zweier Silentblöcke elastische Motoraufhängung machte die Kräder vibrationsfreier.
Angesichts der Erfolge im Motorradgeländesport (MZ gewann in den sechziger Jahren sechs Mal die Internationale 6-Tage-Fahrt!) erhielten alle ES-Modelle ab 1969 den Zusatz »trophy« und die kleinen Maschinen noch ein /1 in der Typenbezeichnung. Dafür gab es neue Auspuffrohre, Federbeine und auch die neue Motoraufhängung der größeren Schwestern. Die Motorleistung beider Maschinen stieg um 15 %. Die Fertigung der ES 125/1 und ES 150/1 endete 1978, nach fast 650.000 produzierten Exemplaren! Die Begeisterung der Jugendlichen für die Maschine hielt sich zu dieser Zeit schon sehr in Grenzen, bei Behörden, in Betrieben und vor allem als Dienstmotorrad in der Landwirtschaft erfreuten sich die alten MZ-Modelle aber noch lange großer Beliebtheit. Ebenso wie in vielen Exportländern.
Mit der Einführung der ES 250/2 stellte Zschopau auch erstmals offiziell eine Militärversion unter der Bezeichnung ES 250/2 A vor. Gegenüber der Serienversion hatte diese Maschine einen hohen Lenker mit Verbindungsrohr, einen hinten leicht hochgezogenen Auspuff und grundsätzlich Einzelsitze statt der Sitzbank. Packtaschen und Kanisterhalter vervollständigten die mit verstärkten Federbeinen ausgerüstete Maschine.

MZ ES 250/G	**1959–1965**	
1-Zyl.-2-Takt	247 cm³	15 PS / 5000 U/min
MZ ES 175/G	**1959–1965**	
1-Zyl.-2-Takt	172 cm³	11 PS / 5000 U/min
MZ ES 175/1	**1962–1967**	
1-Zyl.-2-Takt	172 cm³	12 PS / 5250 U/min
MZ ES 250/1	**1962–1967**	
1-Zyl.-2-Takt	247 cm³	16 PS / 5200 U/min
MZ ES 125/150	**1962–1969**	
1-Zyl.-2-Takt	123/143 cm³	8,5/1015 PS / 5500 U/min
MZ ES 125/G	**1963–1968**	
1-Zyl.-2-Takt	123 cm³	10,5 PS / 6000 U/min
MZ ES 300	**1962–1965**	
1-Zyl.-2-Takt	293 cm³	18,5 PS / 5200 U/min
MZ ES 175/2	**1967–1972**	
1-Zyl.-2-Takt	172 cm³	14 PS / 5200 U/min
MZ ES 250/2 (A)	**1967–1973**	
1-Zyl.-2-Takt	243 cm³	17,5/19 PS / 5350 U/min
MZ ES 125/1/150/1	**1969–1978**	
1-Zyl.-2-Takt	123/143 cm³	8,5/1015 PS / 5500 U/min

Inzwischen hatte es im internationalen Motorradbau einen Wandel weg vom Gebrauchsmotorrad und hin zum sportlichen Hobby- und Freizeitobjekt gegeben, der die Renaissance der Telegabel mit sich brachte. Auch MZ reagierte auf diesen Trend und stellte 1969 die ETS 250 Trophy-Sport vor. Während der Hinterbau und die Antriebseinheit nahezu unverändert von der ES 250/2 stammten (nur die Sitzbank geriet jetzt

> Erst mit der ES 250/2 A durfte offiziell eine NVA-Version der Zschopauer Zweitakter vorgestellt werden.

> Mit verhältnismäßig wenig Aufwand entstand aus der ES 250/2 die ETS 250, für viele heute das schönste MZ-Motorrad.

> Unter anderem mit einem Wartburg-Scheinwerfer versehen, entstanden in Abwandlung der ETS 250 etwa 60 Escort-Maschinen.

keilförmiger), veränderten Telegabel, 22-Liter-Büffeltank, 18-Zoll-Vorderrad (hinten 16 Zoll) und die freistehende Lampe das Gesamterscheinungsbild nachdrücklich. »Die schönste MZ aller Zeiten«, befanden viele Motorradfreunde und trotz des damals stolzen Preises von 3280 Mark verkaufte sich das Modell bis 1973 über 16.000 Mal. Verglichen mit den anderen MZ-Serienmodellen war dies dennoch eine eher geringe Stückzahl, die dafür sorgte, dass die große ETS heute rar und teuer geworden ist. Seitenwagentauglich war diese 250er übrigens nicht.

Wenig später gingen die kleinen Motorräder ebenfalls mit geändertem Vorderbau – wenn auch nicht so spektakulärem Tank – als ETS 125/150 in Serie. Der Produktionszeitraum bis 1973 war – zumindest für MZ-Verhältnisse – recht kurz. Allerdings war eine grundlegende Neuentwicklung dringend notwendig und so sprach MZ von einer »Zwischenlösung«. Wie auch immer, die neuen Modelle (inklusive der ES-Reihe) waren auch im Ausland sehr gefragt und gingen in 65 Länder. Auf Betreiben des Ministeriums für Staatssicherheit entstanden von der ETS 250 insgesamt 60 Eskort-Modelle. Die Maschinen waren mit einer voluminösen Gfk-Vollverkleidung versehen, in die ein rechteckiger Wartburg-Scheinwerfer integriert war. Schwarzer Lack und viel Chrom sorgten dafür, dass die Maschinen repräsentativ waren und z. B. bei Staatsbesuchen eine gute Figur machten. Für etwas mehr Vortrieb sorgte ein Motor aus der Geländesportabteilung, der auch mit einem Fünfgang-Getriebe versehen war.

Apropos Geländesport. Die Bezeichnung ETS für Einzylinder Telegabel Schwinge hatte es vor den normalen Straßenmaschinen schon für die in Kleinserie gebauten Geländesport-Maschinen gegeben, die ab 1966 hier die ES-Modelle (bis auf die 125er) ablösten. Zu den bisherigen Hubraumklassen kam noch die 300er hinzu, so dass es die Modelle ETS 175/G, ETS 250/G und ETS 300/G für den DDR-Nachwuchs und einige Exportkunden gab. 1969 folgte die ETS 125/1 G, während die 300er nicht mehr angeboten wurde. Die optische und technische Weiterentwicklung bescherte auch der 175er und der 250er bereits ab 1967 den /1-Zusatz. Ab 1971 produzierte die Lehrwerkstatt keine 125er und 175er Geländesportmaschinen mehr für den Markt, während die 250er als ETS 250/1 G-5 in den Jahren 1973 und 74 als Kleinserienmodell weiter-

> Die ETS 125/150 lehnte sich optisch an die größere Schwester an, der Tank war weniger spektakulär.

> Das offizielle Pressefoto tituliert diese Maschine als ETS 175/250/300/G Modell 1966. Optisch unterschieden sich die Kleinserien-Fahrzeuge also offensichtlich nicht voneinander.

> Ab 1967 begann die MZ-Lehrwerkstatt die /1 G-Modelle mit 125, 175 und 250 cm³ in Kleinserie zu fertigen. Im Bild die ETS 250/1 G von 1970.

lebte. Danach war für einige Jahre keine MZ GS mehr außerhalb des Werksteams zu erhalten.

MZ ETS 250	**1969–1973**	
1-Zyl.-2-Takt	243 cm³	19 PS / 5350 U/min
MZ ETS 250 Eskort	**1969–1973**	
1-Zyl.-2-Takt	243 cm³	27,5 PS / 5750 U/min
MZ ETS 125/150	**1969–1973**	
1-Zyl.-2-Takt	123/143 cm³	10/11,5 PS / 6150 U/min
MZ ETS 175/G	**1966**	
1-Zyl.-2-Takt	172 cm³	14 PS / 5500 U/min
MZ ETS 250/G	**1966**	
1-Zyl.-2-Takt	243 cm³	19 PS / 5500 U/min
MZ ETS 300/G	**1966**	
1-Zyl.-2-Takt	293 cm³	21 PS / 5500 U/min
MZ ETS 125/1 G	**1969–1972**	
1-Zyl.-2-Takt	123 cm³	12 PS / 6000 U/min
MZ ETS 175/1 G	**1967–1971**	
1-Zyl.-2-Takt	172 cm³	19,5 PS / 5750 U/min
MZ ETS 250/1 G	**1967–1972**	
1-Zyl.-2-Takt	243 cm³	27,5 PS / 5750 U/min
MZ ETS 250/1 G-5	**1973–1974**	
1-Zyl.-2-Takt	243 cm³	27,5 PS / 5750 U/min

Im April 1973 erschien mit der TS 250 ein komplett überarbeitetes Motorrad mit Zentral-Brückenrohrrahmen, neuer Telegabel und unterschiedlichen Ausstattungsvarianten. Der Motor sollte ursprünglich eine völlige Neukonstruktion werden; es blieb dann aber aus Mangel an Investitionsmitteln bei dem, wenn auch detailverbesserten Triebwerk der ES 250/2. Es war nun drehbar um die Schwinge gelagert und vorne mittels Gummielement zwischen Zylinderkopf und Rahmen befestigt. 19 PS leistete der Motor jetzt und brauchte nur noch im Verhältnis 1:50 geschmiert werden.

Mit dem Ende der Produktion der ES /2-Modelle endete auch die Ära der 175er in Zschopau, so dass bei den Serienmaschinen bis zur politischen Wende in der DDR nur noch die Hubraumgrößen 125, 150 und 250 cm³ angeboten wurden.

Im Juni 1973 bekamen die kleinen ETS-Modelle einen ähnlichen Tank wie die 250er und mit einer neuen Sitzbank avancierten sie ansonsten unverändert zur TS 125/150. Das bedeutete, Rahmen und Hinterbau stammten immer noch von den ES-Modellen aus dem Jahre 1962. Und selbst wenn es ab 1978 eine Luxusausführung mit Drehzahlmesser gab, blieben diese Maschinen nahezu unverändert bis 1985 im Angebot.

1973 wurden in Zschopau erstmals über 80.000 Motorräder gebaut und mit mehr als 90.000 Zweirädern erreichte die Produktion 1975 ihren Höhepunkt.

1976 erschien die überarbeitete 250er als TS 250/1 mit 18-Zoll-Vorderrad, neuem Kotflügel und überarbeitetem Trieb- und Fahrwerk. Charakteristisch waren der horizontal verrippte Zylinderkopf und ein Drehzahlmesser auf einem »Instrumentenbord« für die Luxusausführung. Endlich konnten fünf Gänge eingelegt und auch wieder ein Seitenwa-

> Mit der Tank-Scheinwerfer-Optik der 250er TS, aber immer noch mit dem gesamten Hinterbau der ES-Modelle, erschienen im Sommer 1973 die TS 125 und 150.

> 1973 löste die TS 250 gleichzeitig die ES und die ETS in dieser Hubraumklasse ab.

> Die TS 250 in Armeeausführung und in diesem speziellen Fall als Exportmodell für die Vereinigten Arabischen Emirate.

gen angebaut werden. Fahrwerkverbesserungen erfuhren auch die kleinen Modelle, deren Typenbezeichnung sich aber, wie bereits beschrieben, nicht änderte.

Für die Nationale Volksarmee (NVA) wurde die TS 250 A ausgeliefert. Gegenüber dem normalen Serienmodell waren eine straffere Federung, ein verstärkter Rahmen, Kofferhalter, sowie ein höher verlegter, kürzerer Auspuff und Einzelsitze obligatorisch. Mit dem Wechsel zum /1-Modell erhielt dann auch die TS 250/1 A die Neuerungen der zivilen Variante, behielt aber das 16-Zoll-Vorderrad an Stelle des 18ers bei.

> Die TS 250/1 ist leicht an ihrem charakteristischen Zylinderblock erkennbar. Das Fünfganggetriebe galt als wesentliche Weiterentwicklung.

> Und so sah die TS 250/1 A für die Kradmelder der Nationalen Volksarmee der DDR aus.

Mit der Einführung der TS erschien 1973 auch eine offizielle Variante für die Volkspolizei. Die TS 250 VP wies die Einzelsitze und Kofferhalter der Armee-Variante auf und war vor allem durch die Beinschilder (gab es auf dem Zubehörsektor auch für die zivilen Modelle) und die hohe Windschutzscheibe gekennzeichnet.

Schließlich war nach einigen Jahren Unterbrechung auch die Kleinserienfertigung von Geländesportmaschinen bei MZ in Zschopau wieder aufgenommen worden. 1978/79 konnte zumindest im Westen die TS 250/G 6 mit Sechsgang-Getriebe und ordentlichen 35 PS käuflich erworben werden. Mit ihrem Doppelschleifen-Rohrrahmen war diese Maschine sehr stark an die Werksenduros angelehnt und hatte entgegen früherer Zeiten kaum noch etwas mit den Straßenmotorrädern gemein.

> Die MZ TS 250/G-6 von 1979. Zu dieser Zeit beherrschten Marken wie KTM und SWM die Viertelliter-Klasse im Geländesport.

MZ TS 250	**1973–1976**	
1-Zyl.-2-Takt	243 cm³	19 PS / 5350 U/min
MZ TS 125/150	**1973–1985**	
1-Zyl.-2-Takt	123/143 cm³	10/11,5 PS / 6150 U/min
MZ TS 250 A (VP)	**1973–1976**	
1-Zyl.-2-Takt	243 cm³	19 PS / 5350 U/min
MZ TS 250/1	**1976–1981**	
1-Zyl.-2-Takt	243 cm³	19 PS / 5350 U/min
MZ TS 250/1 A (VP)	**1976–1981**	
1-Zyl.-2-Takt	243 cm³	19 PS / 5350 U/min
MZ TS 250 G 6	**1978–1979**	
1-Zyl.-2-Takt	244 cm³	35 PS / 7500 U/min

> Wesentliche Neuerung an der MZ ETZ 250 war der Kastenprofil-Brückenrahmen ohne Unterzug. Die Halbverkleidung konnte offiziell als Zubehör geliefert werden.

1981 erschien endlich ein neues Top-Modell aus Zschopau: Die ETZ 250 (ETZ stand für Einzylinder Telegabel Zentralkastenrahmen) ging ab April in die Serienproduktion. Neue, gestreckte Linienführung mit 18-Zoll-Rädern vorn und hinten, Kastenprofil-Brückenrahmen ohne Unterzug, 12-V-Bordspannung mit Drehstromlichtmaschine sowie Scheibenbremsen vorn und H4-Scheinwerfer für die Luxusausführung waren die wichtigsten Eckpunkte. Das Triebwerk blieb in seinem Grundkonzept weiter unverändert; für den Export konnte aber nun eine Getrenntschmierung geordert werden. Die Leistung war jetzt auf 21 PS gestiegen.

Mit der Einführung der ETZ verschwand auch die Schwinge als MZ-Symbol; die beiden fetten Buchstaben MZ wurden ab jetzt mit dem IFA-Zeichen verbunden. So gekennzeichnet, rollte 1983 das zweimillionste Motorrad seit 1950 von den Zschopauer Montagebändern.

Natürlich gab es parallel zu den zivilen 250er Straßenmaschinen auch wieder je eine Version für die Volksarmee und die Polizei. Beide Maschinen waren in der Motorleistung zugunsten eines besseren Durchzugs auf 17 PS gedrosselt. Die NVA-Maschine erhielt zudem ein breiteres Vorderrad, die üblichen Packtaschen und auf einen Hilfsrahmen montierte Einzelsitze. Bei der VP-Maschine trug dieser Hilfsrahmen neben der kurzen Sitzbank noch Funk- und Gepäckkoffer. Eine im Windkanal entwickelte Verkleidung mit hoher Scheibe sorgte für besten Windschutz.

> Die ETZ 250 in der de Luxe-Ausführung mit Drehzahlmesser und Scheibenbremse vorn.

> Die Verkleidung für die neue ETZ-Polizeimaschine war im Windkanal entwickelt worden.

> Natürlich gab es auch von der ETZ 250 wieder eine militärische Variante mit geänderten Fahrwerks- und Motordaten.

> Der nur leicht modifizierte ETZ-Motor kennzeichnet diese Maschine als das letzte Kleinserien-Modell MZ GE 250.

> 23 Jahre hatte es gedauert, ehe die wirklich neuen ETZ 125/150 die auf ES-Basis aufgebauten Vorgänger ablösen durften.

Nachdem bis 1978/79 bei MZ rund 2000 Kleinserien-Enduros entstanden waren, boten die Zschopauer nach acht Jahren Pause ab 1987 neben den Werksrennmaschinen wieder eine Geländesportmaschine »zur Förderung des Enduro-Nachwuchses in der DDR«, wie es offiziell hieß, an. Die MZ GE 250 basierte fahrwerkseitig mit dem Doppelschleifenrohrrahmen und den über ein Hebelsystem angelenkten hinteren Federbeinen (Federweg 290 mm, vorn 260 mm) auf den Werksenduros, während der Motor bis auf den geänderten Zylinderkopf (der 30 PS ermöglichte) dem der normalen ETZ entsprach.

> Die vordere Scheibenbremse und eine Frischöldosierung blieben auch bei den kleinen Zweitaktern den de Luxe-Ausführungen – sprich dem Export – vorbehalten.

Mit schickem Design gab es 1985 endlich auch für die Kleinen einen Modellwechsel: Die ETZ 125/150-Modelle verfügten nun auch über fünf Getriebegänge und eine 12-V-Elektrik. Nach 23 Jahren (!) löste ein Zentralkastenrahmen den alten ES-Rahmen ab. Scheibenbremse und separate Öldosierung blieben Option für die de luxe-Ausführung und sowieso überwiegend dem Export vorbehalten. Übrigens konnte die 125er in der DDR schon lange kaum noch abgesetzt werden und ging fast ausschließlich in den Export. Auf Grund der geltenden Führerscheinregelung blieb die 150er hingegen im Inland nach wie vor interessant.

Am 14. Dezember 1988 ging die ETZ 251, wieder geteilt in Standard- und de luxe-Ausführung, in Zschopau an den Start. Die Ölpumpe war jetzt für alle Modelle ebenso obligatorisch wie die Elektronikzündung. Nicht nur, dass die Konstrukteure bei der neuen 250er die gestalterischen Elemente, wie Tank und Seitendeckel, den kleinen ETZ-Modellen entliehen hätten, nein, die neue 250er musste auch noch in das kleinere

> Die ETZ 251, die letzte DDR-Zweitaktschöpfung aus Zschopau, kam bei den ostdeutschen Motorradfans nicht besonders gut an, erst recht nicht mehr, als der eiserne Vorhang gefallen war.

Fahrgestell gepresst werden, da dieses deutlich bessere Fahreigenschaften aufwies. Als dies schließlich mittels neuem Zylinder und geänderter Auspuffanlage gelungen war, hagelte es dennoch harsche Kritik. Anfangs von den Motorradfahrern selbst, dann schließlich aber auch von der Fachpresse, die nach dem 9. November 1989 kein Blatt mehr vor den Mund zu nehmen brauchte. Zweifellos kein guter Start in ein neues Zeitalter, in dem Einzylinder-Zweitakt-Monotonie kaum noch eine Chance hatte.

MZ ETZ 250 (de luxe)	**1981–1989**	
1-Zyl.-2-Takt	243 cm³	21 PS / 5500 U/min
MZ ETZ 250 VP / A	**1981–1989**	
1-Zyl.-2-Takt	243 cm³	17 PS / 5000 U/min
MZ GE 250	**1987–1990**	
1-Zyl.-2-Takt	243 cm³	30 PS / 7500 U/min
MZ ETZ 125/150	**1985–1991**	
1-Zyl.-2-Takt	123/143 cm³	10,2/12,2 PS / 5500 U/min
MZ ETZ 150 de luxe	**1985–1991**	
1-Zyl.-2-Takt	143 cm³	14,3 PS / 6500 U/min
MZ ETZ 251 (de luxe)	**1989–1991**	
1-Zyl.-2-Takt	243 cm³	21 PS / 5500 U/min

David und Goliath – MuZ und BMW in den neunziger Jahren

1990, im Jahr der deutschen Wiedervereinigung, war einzig BMW als nennenswerter, westdeutscher Motorradproduzent übrig geblieben. Und der traf jetzt auf den größten europäischen Motorradhersteller der vergangenen Jahrzehnte: MZ im erzgebirgischen Zschopau. Der Abstieg von MZ war dramatisch: Produzierten die Zschopauer 1989 noch rund 76.000 Motorräder, waren es 1993 noch ganze 1125 Exemplare! Das war ein Zulassungsanteil von 0,6 Prozent in Deutschland. Und das zu einer Zeit, in der ab Anfang der neunziger Jahre ein neuer Motorradboom mit neuen Rekordzulassungszahlen einsetzte. Vielleicht sicherte überhaupt nur das MZ / MuZ das Überleben, denn mehr als einmal musste um die Traditionsschmiede, die fast vier Millionen Motorräder (inklusive der Marke DKW) produziert hat, gebangt werden. Mit der Übernahme durch den malayischen Großkonzern Hong-Leong im Herbst 1996 kehrte eine gewisse Sicherheit beim ostdeutschen Motorradhersteller ein. Aber Zulassungszahlen von ca. 500 Motorrädern pro Jahr zu Beginn des neuen Jahrtausends sind noch deutlich steigerungsfähig. Die 1000-cm³-Zweizylinder-Modelle könnten dazu beitragen.

BMW profitierte vom Motorradboom der neunziger Jahre und konnte so 1995 erstmals nach vielen Jahren wieder einen zweistelligen Zulassungsanteil in Deutschland erreichen. Insgesamt bauten die Münchner in Berlin und im italienischen Noale (die F 650 wurde bei Aprilia montiert) über 40.000 Motorräder.

Nach der Zerschlagung von Fichtel & Sachs als Teil des Mannesmann-Konzerns 1995 verblieb die »Sachs Fahrzeug- und Motorentechnik« in Nürnberg und baute nach langer Unterbrechung (Hercules) ab 1997 wieder Motorräder. Und mit ihren neuen 125ern war Sachs auf den Punkt genau fit für den ab 1996 einsetzenden Boom in dieser Klasse. Zum einen durften 16-Jährige jetzt Motorräder bis 125 cm³ Hubraum mit maximal 80 km/h bewegen, zum anderen – und das war noch entscheidender – durften PKW-Führerschein-Besitzer, die ihre Prüfung vor dem 1. April 1980 abgelegt hatten, nun 125er bis 15 PS ohne Motorrad-Führerschein fahren. Waren in Deutschland 1996 noch ganze 22 Modelle mit 125 cm³ (ohne Roller) im Angebot, konnte im Jahr darauf schon aus 49 verschiedenen Zweirädern ausgewählt werden.

BMW

Im September 1988 stellte BMW mit der K 1 eine Art Experimental-Motorrad vor (BMW nannte es »Technologieträger«), das in der Fachwelt für Aufsehen sorgte, beim Publikum aber auf ein eher geteiltes Interesse stieß. Die markant verkleidete Maschine wartete technisch mit dem ersten Vierventil Motor von BMW und einer Parallelogramm-Hinterradschwinge (Paralever) auf. Der Motor, in vielen Details verändert, leistete 100 PS und konnte die voll auf Aerodynamik gestylte Maschine auf 240 km/h beschleunigen. Eine Reihe weiterer technischer Raffinessen (z. B. progressiv abgestimmtes Gasdruck-Federbein hinten oder dickere Bremsscheiben), die bisher noch nicht in den RS-Modellen zum Zuge gekommen waren, ließ sich BMW gut bezahlen; mit DM 20.200 durchbrach erstmals ein deutsches Großserien-Motorrad die 20.000-Mark-Grenze. 1991 waren es bereits DM 22.000, die den überwiegenden Teil des Publikums abschreckten.

Um die K 1-Technologie ein wenig preiswerter und in einer für die meisten BMW-Freunde gefälligeren Form anbieten zu können, brachte

> Das neue Werk in Hohndorf, oberhalb von Zschopau, sollte für MZ die Zukunft im internationalen Motorradbau retten.

> **Was 1988 noch sehr futuristisch anmutete, würde man heute längst als altbacken bezeichnen. Mit der K 1 bewies BMW den Mut, neue Wege zu beschreiten, wohlwissend, dass ihn nicht viele Käufer mitgehen würden.**

BMW 1989 eine neue K 100 RS auf den Markt, die eben diese technischen Innovationen der K 1 besaß. Also unter anderem 16 Ventile für den Motor, gesteuert durch ein neues Tassenstößel-System, Paralever-Schwinge fürs Hinterrad und größere Bremsen. Obwohl nur drei Jahre produziert, konnten von der neuen K 100 RS fast doppelt so viele Exemplare verkauft werden wie von der K 1.

BMW K 1	1988–1993	
4-Zyl.-4-Takt-Reihe	1000 cm³ dohc	100 PS / 8000 U/min
BMW K 100 RS	**1989–1992**	
4-Zyl.-4-Takt-Reihe	1000 cm³ dohc	100 PS / 8000 U/min

> **K 100 RS mit der Technik der K 1: Vierventilmotor, digitale Motorelektronik, geregelter Katalysator, ABS und die Paralever-Hinterradschwinge gehörten zum neuen BMW-Topmodell.**

Von 1987 bis 1996 wurden die beiden neuen GS-Modelle R 80 GS und R 100 GS gebaut. Sprach man bei der Ur-G/S noch vorsichtig von Gelände und Straße, stand das GS ohne Trennung jetzt eindeutig für Geländesport. Die beiden Motorräder waren natürlich keine reinen Sportmaschinen, sondern sogenannte Reise-Enduros; diese gelten seit 35 Jahren als Inbegriff für große Alleskönner auf dem Motorradmarkt, der seither in dieser Kategorie immer noch von BMW dominiert wird. Die neuen Enduros setzten zwar die Linie der Ur-G/S fort, waren aber in fast allen Details weiterentwickelt worden. Am auffälligsten stach die erstmals im Motorradserienbau eingesetzte Doppelgelenkschwinge (Paralever) ins Auge, die, zusammen mit dem verstärkten Rahmen, den Kreuzspeichenrädern, der neuen Marzocchi-Telegabel und vielem mehr, für ein deutlich besseres Fahrverhalten sorgte. Die beiden GS waren, abgesehen von ihrer Leistung, nahezu identisch. Nur die Lampenverkleidung mit Windabweiser und der über dem rechten Sturzbügel montierte Ölkühler unterschieden die große von der kleinen Enduro. Aber die große Maschine verkaufte sich deutlich besser und wurde für BMW zum Verkaufsschlager und zeitweise zum meistverkauften Motorrad in Deutschland.

> Völlig neu in Design und Fahrwerk erschienen 1987 zeitgleich die beiden GS-Maschinen mit 800 (Foto) und 1000 cm³ Hubraum.**

> Neben Hubraum und Ölkühler unterschied sich die große GS noch durch die Lampenverkleidung und den Sturzbügel vom kleineren Schwestermodell.

> Natürlich musste es von den neuen GS-Maschinen wieder einen Paris-Dakar-Ableger geben. Die R 100 GS wurde ab 1989 serienmäßig unter anderem mit dem großen 35-Liter-Tank angeboten.

Nach einem weiteren Erfolg bei der Wüsten-Rallye 1987 durch Eddy Hau zeigte BMW im Jahr darauf auf der IFMA eine R 100 GS Paris-Dakar. Anfangs nur als Nachrüstkitt für die 1000-cm³-Maschine erhältlich, war dann ab dem Frühjahr 1989 ein eigenständiges Modell in das BMW-Programm aufgenommen worden. Der 35-Liter-Kunststofftank, eine neue Verkleidung mit Halogen-Rechteckscheinwerfer, diverse Schutzabdeckungen, Handprotektoren und der breitere, aluminiumverstärkte vordere Kotflügel gehörten zum Paris-Dakar-Sonderprogramm, das diese Maschine um über DM 2000 teurer machte als die normale GS. R 80 GS und R 100 erhielten für 1991 eine neue, rahmenfeste Cockpitverkleidung und den Scheinwerfer der Paris-Dakar-Version, der übrigens von der K 75 S stammte.

So, wie nach der Einführung der G/S zwei Jahre später der reine Straßenableger ST eingeführt worden war, folgte 1991 mit der R 100 R ein echtes Naked Bike, ausgestattet mit einigen der technischen Neuerungen der neuen GS. Federelemente, Räder und Auspuff waren hier, den rein zivilen Zwecken entsprechend, etwas anders ausgelegt. 1993 stellte BMW der R 100 R das Sondermodell »Mystic« zur Seite, das, ganz auf Eleganz getrimmt, eines der schönsten Nacktmodelle der neunziger Jahre war. Allerdings auch eines der teuersten.

> Mit Sondermodellen verkaufte sich die R 100 R weit über 20.000 Mal und war damit für BMW ein echter Hit.

> Mit geänderter Sitzbank-Kombination war das Modell R 100 R »mystic« im 1993er Verkaufsprogramm von BMW zu finden.

> Aus der BMW-Pressemappe von 1993 entstammt diese Abbildung der nackten R 80 R. Nur 200 D-Mark (13.250) preiswerter als die 100er, entstanden von der kleinen Schwester lediglich 3593 Exemplare.

1992 schob BMW dann auch noch eine farbenfrohe R 80 R nach, die die R 80 ablöste und entsprechend den Versicherungsbestimmungen auf 27 bzw. 34 PS gedrosselt ausgeliefert werden konnte. Im Gegensatz zur großen R konnte sich die 800er aber kaum auf dem Markt behaupten und verschwand zwei Jahre später wieder aus dem BMW-Programm.

BMW R 80 GS	1987–1996	
2-Zyl.-4-Takt-Boxer	800 cm³ ohv	50 PS / 6500 U/min
BMW R 100 GS	**1987–1996**	
2-Zyl.-4-Takt-Boxer	1000 cm³ ohv	60 PS / 6500 U/min
BMW R 100 GS Paris-Dakar	**1989–1996**	
2-Zyl.-4-Takt-Boxer	1000 cm³ ohv	60 PS / 6500 U/min
BMW R 100 R	**1991–1996**	
2-Zyl.-4-Takt-Boxer	1000 cm³ ohv	60 PS / 6500 U/min
BMW R 80 R	**1992–1994**	
2-Zyl.-4-Takt-Boxer	800 cm³ ohv	50 PS / 6500 U/min

Mit Paralever-Schwinge und 1092 cm³ großem Motor präsentierte BMW 1991 mit der K 1100 LT einen neuen Luxustourer, der es auch gleich zum bis dato teuersten BMW-Serienmotorrad schaffte. Der Motor, natürlich mit Vierventiltechnik, leistete 100 PS, was den 290 kg schweren Asphaltdampfer über 200 km/h schnell machte. Das Design war überarbeitet und auf die neuen Dreispeichen-Gussräder, die größeren Seitenkoffer und den Topcase abgestimmt worden. Erstmals gab es eine elektrisch verstellbare Windschutzscheibe und im zuletzt angebotenen Sondermodell »Highline« viel Chrom in Verbindung mit Sonderlackierungen. DM 30.000 waren dafür 1997 hinzublättern – der geregelte Katalysator war, erstmals bei BMW, mit an Bord.

> Eine K 1100 LT Baujahr 1996. Zehn Jahre lang hatte BMW jetzt schon eine Vierzylinder-LT im Programm und ein Ende war noch lange nicht abzusehen.

1992 folgte die RS mit dem 1100er Motor und löste die K 100 RS (4V) ab. Auch hier war wieder ein neues, gefälligeres Design mit Dreispeichenrädern und verbesserter Vollverkleidung eingeführt worden. Für den sportlicheren Einsatz waren gegenüber der LT straffer abgestimmte Federelemente und ein verstärkter Rahmen zum Zuge gekommen. Auch von der RS wurde im letzten Produktionsjahr ein Sondermodell angeboten. Wie überhaupt für die BMW-Motorräder der neunziger Jahre und des neuen Jahrtausends immer wieder diverse Sondermodelle auftauchten, die unter anderem dafür sorgen sollten, die Maschinen am Ende ihres Lebenszyklus noch einmal aufzuwerten.

> 1993 eröffnete die R 1100 RS die neue Boxer-Modellreihe mit Vierventil-Motoren. Genau 70 Jahre nach der ersten BMW-Maschine vergaßen die Bayern nicht, dass Tradition auch werbewirksam ist.

> 1992 kam auch eine neue RS mit dem größeren 1100 Vierzylinder-Motor ins Programm. Der Sporttourer wog 268 kg und erreichte maximal 220 km/h.

BMW K 1100 LT	1991–1999	
4-Zyl.-4-Takt-Reihe	1100 cm³ dohc	100 PS / 7500 U/min
BMW K 1100 RS	**1992–1996**	
4-Zyl.-4-Takt-Reihe	1100 cm³ dohc	100 PS / 7500 U/min

Mit der ab Herbst 1993 verkauften R 1100 RS war BMW in Sachen Fahrwerk und Boxermotoren in ein neues Zeitalter eingetreten. Die alte /5-Konstruktion musste der modernen Vierventiltechnik mit Kipphebeln weichen, was in Verbindung mit einer anders positionierten Nockenwelle zu einem ganz neuen Erscheinungsbild des Boxers und zu einer deutlichen Leistungssteigerung führte. Erstmals setzte BMW auch die Telelever-Vorderradführung (längslenkergeführte Telegabel) ein, die zusammen mit der Paralever-Hinterradschwinge zu BMW-typischen, ausgezeichneten Fahreigenschaften führte, an die sich der Fahrer konventioneller Motorräder allerdings erst gewöhnen musste. Ein weiteres Merkmal dieser Boxergeneration war der dreiteilige Gitterrohrrahmen mit dem Motor als tragendes Element. Die RS konnte wahlweise mit Voll- oder Halbschale geordert werden, ab 1994 war die Sitzhöhenverstellung serienmäßig.
Ein Jahr nach der RS folgte die GS, die wieder zum absoluten Verkaufsschlager avancierte. Neben dem GS-typischen Styling unterschied sich die GS von der RS vor allem in der Leistungsabstimmung des Motors. So wurden hier zwar nur 80 statt 90 PS erreicht, das Drehmoment war aber bei gleichzeitig niedrigerer Drehzahl um zwei Newtonmeter höher. Fahrwerkseitig konnte bei der GS die Federvorspannung hinten stufenlos hydraulisch verstellt werden.

Mit etwas kürzerem Radstand aber sonst dem gleichen Chassis und der gleichen Motorabstimmung wurde ebenfalls noch 1994 die nackte R 1100 R auf den Markt gebracht. Federelemente und Räder stammten von der RS, ein Lenkungsdämpfer blieb aber der R (für Roadster) vorbehalten. Drahtspeichenräder konnten auf Wunsch ebenso geordert werden wie ABS (2000 Mark) und geregelter Dreiwege-Kat (900 Mark). Zusammen mit dem neuen 1100er Vierventiltriebwerk war auch wieder eine 850er Version entstanden, die ab 1994 zunächst aber nur in der R 850 R eingesetzt wurde. Bis auf den 10 PS schwächeren Motor, der aber runder und agiler lief, war diese Maschine baugleich mit ihrer hubraumstärkeren Schwester. Die R 850 R galt als prima Allrounder und war ein gefragtes Behörden-Motorrad, was ihr eine Daseinsberechtigung bis in das Jahr 2002 hinein bescherte.

> Die R 1100 GS schlug wie eine Bombe auf dem Motorradmarkt ein. Bis 1999 bauten die Bayern in Berlin 43.626 Exemplare.

> BMW R 1100 und R 850 unterschieden sich lediglich im Hubraum. Der kleineren Maschine wurde gegenüber der größeren Schwester ein besseres Fahrverhalten attestiert, was sie zusammen mit dem um 1000 D-Mark günstigeren Preis sehr attraktiv machte.

> Der Reisedampfer R 1100 RT auf einem Pressefoto von 1996. Trotz ihres massigen Erscheinungsbildes war die RT ein ausgewogener Tourer mit hervorragenden Fahreigenschaften.

Auf Basis der neuen Motoren- und Fahrwerktechnik löste die neue R 1100 RT 1995 die R 100 RT langsam aber sicher ab. Der Boxer-Tourer wurde zu einem ähnlichen Verkaufsschlager wie die GS. Zu seiner Serienausstattung gehörten verstellbare Feder- und Dämpferelemente, eine elektrisch einstellbare Windschutzscheibe, beheizte Lenkerenden, eine dreifach höhenverstellbare Sitzbank, Katalysator und ABS. Mächtig gewaltig sah der Tourer aus und vermeintlich schwerfällig; doch die blendende Fahrwerktechnik im Zusammenspiel mit dem kräftig von unten durchziehenden Motor machte die dicke Bajuwarin agil und handlich.

Bleibt die Einführung der R 850 GS im Jahre 1998 nachzutragen. Die Maschine war identisch mit der 1100er Reiseenduro und sollte in der 34-PS-Version wieder für mehr Nachwuchs in der BMW-Fraktion sorgen. Wie schon bei früheren, gedrosselten BMW-Motorrädern verkaufte sich die kleine GS nur schleppend, nicht zuletzt, weil sie gerade mal 650 Mark weniger kostete als ihre größere Schwester. Schon im Jahr 2000 lief die Fertigung wieder aus.

> Die kleine Schwester der großen GS: Ab 1998 war die Reiseenduro auch mit dem 850er Boxer zu haben, blieb aber ob ihres bescheidenen Verkaufserfolgs nur gut drei Jahre im Programm.

BMW R 1100 RS	1993–2001	
2-Zyl.-4-Takt-Boxer	1100 cm³ hc	90 PS / 7250 U/min
BMW R 1100 GS	**1994–1999**	
2-Zyl.-4-Takt-Boxer	1100 cm³ hc	80 PS / 6750 U/min
BMW R 1100 R	**1994–1999**	
2-Zyl.-4-Takt-Boxer	1100 cm³ hc	80 PS / 6750 U/min
BMW R 850 R	**1994–2002**	
2-Zyl.-4-Takt-Boxer	850 cm³ hc	70 PS / 7000 U/min
R 1100 RT	**1995–2001**	
2-Zyl.-4-Takt-Boxer	1100 cm³ hc	90 PS / 7250 U/min
BMW R 850 GS	**1998–2001**	
2-Zyl.-4-Takt-Boxer	850 cm³ hc	70 PS / 7500 U/min

Ende der achtziger-, Anfang der neunziger Jahre verkauften sich japanische Einzylinder-Enduros oder sogenannte »Funbikes« wie die berühmten warmen Semmeln. In einer Co-Produktion mit dem österreichischen Motorenproduzenten Rotax und dem italienischen Motorradbauer Aprilia wurde unter der Federführung von BMW ein europäisches Funbike entwickelt und 1993 als BMW F 650 in den Markt eingeführt. Montiert wurden die Maschinen zusammen mit der parallel entwickelten und gebauten Aprilia Pegaso 650 in Italien. Während die italienische Pegaso nicht so recht in Tritt kam, wurde die kleine BMW sofort zum Bestseller und das, obwohl sie alles andere als BMW-typisch und nicht einmal ein echtes deutsches Produkt war und das Hinterrad von einer Kette angetrieben wurde!

> Die F 650 war vom ersten Tag ihres Erscheinens an ein Bestseller. Bis zum Jahr 2000 verkaufte BMW 51.400 Exemplare des bei Aprilia in Italien gebauten Einzylinder-Modells.

> Ab dem Modelljahr 1997 ging die F 650 leicht überarbeitet in ihre zweite Lebenshälfte. Sofort erkennbar war das veränderte Design an den nicht mehr in die Verkleidung integrierten Blinkleuchten.

Der Vierventil-Einzylindermotor war absolut auf der Höhe der Zeit und bescherte mit seinen 48 PS hervorragende Fahrleistungen, die zusammen mit dem guten Fahrwerk der Bezeichnung »Funduro« alle Ehre machten. Ab 1995 gab es serienmäßig einen ungeregelten Katalysator und nach einer Modellüberarbeitung 1997 eine von 810 auf 800 mm abgesenkte Sitzbank (optional war auch die Sitzhöhe 750 mm möglich), eine veränderte Verkleidung mit höherer und schmalerer Scheibe und frische Farben.

Die neue BMW F 650 ST wird ebenso viele Freunde finden wie ihre Schwester, die „Funduro". Mit leichtem Handling und niedriger Sitzhöhe ist sie das ideale Motorrad für den Fahrspaß in der City und die Spritztour auf kurvenreicher Landstraße. Für Fahrerinnen und Fahrer, für Einsteiger, Umsteiger oder Aufsteiger.
Neu sind das kleinere Vorderrad, die Instrumente, neu gestaltete Verkleidungen für Scheinwerfer, Kühler und Zylinder, der schlankere Kotflügel und – last, but not least – die Farben. Wie alle BMW, so überzeugt auch die neue F 650 ST mit serienmäßigem Katalysator, hoher Wirtschaftlichkeit und niedrigem Verbrauch.

Erleben und erfahren Sie die neue BMW F 650 ST selbst. Bei Ihrem BMW Motorradhändler.
Mehr Informationen bekommen Sie bei: BMW AG Motorrad Direct, F 650 ST/97, SMK, 80788 München, Fax-Nr. 0 89/95 00 85-85.

FREUDE AM FAHREN

> ST für Straße oder Stadt – die von der F 650 abgewandelte F 650 ST fiel unter anderem durch die fehlende Scheibe, den knappen Kotflügel und das etwas kleinere Vorderrad auf.

Zusammen mit dieser verbesserten Version erschien parallel die F 650 ST, die ausschließlich für die Straße konzipiert war. Eine geänderte Verkleidung ohne Scheibe, ein 18-Zoll-Vorderrad, eine reduzierte Sitzhöhe, verkürzte Federwege, sowie ein reduzierter Radstand und Nachlauf und schließlich ein kürzerer Lenker unterschieden dieses Modell von der Reiseenduro-Variante. Die ST war etwa 500 Mark billiger, verkaufte sich aber nicht so gut wie die Ur-F 650.

BMW F 650	1993–2000	
1-Zyl.-4-Takt	650 cm³ dohc	48 PS / 6500 U/min
BMW F 650 ST	**1996–2000**	
1-Zyl.-4-Takt	650 cm³ dohc	48 PS / 6500 U/min

Hercules

1980 stellte Hercules/Sachs die Fertigung aller Motorräder – bis auf eine Ausnahme – ein und beschränkte sich die nächsten 15 Jahre auf Maschinen bis maximal 80 cm³ Hubraum. Einige der oben beschriebenen Sportmaschinen wurden noch bei Nauder in Frankreich weitergebaut. Ja, und diese eine Ausnahme war die schon bekannte Military, die 1990 sogar noch einmal eine Weiterentwicklung erfuhr. Wobei »Weiterentwicklung« in Bezug auf die K 180 BW tatsächlich nicht übertrieben war, vor allem angesichts der Tatsache, dass der Motor nun aus 178 cm³ 17 PS und 21,9 Nm holte, Kupplung und Getriebe neu waren, ein Lenkungsdämpfer Verwendung fand, die Kette in geschlossenen Führungen (ähnlich wie bei MZ) lief, der Rahmenhinterbau verstärkt wurde und heizbare Griffe das Fahren in kühleren Zeiten angenehmer machten. 1995 hatte das Relikt aus einer anderen Zeit dann auch bei der Bundeswehr endgültig ausgedient und die Fertigung des letzten Hercules-Motorrads wurde eingestellt.

Hercules K 180 BW	1990–1995	
1-Zyl.-2-Takt	178 cm³	17,7 PS / 5500 U/min

> **Als unter dem Namen Hercules schon längst keine Motorräder mehr gebaut wurden, entstand mit der K 180 BW noch eine letzte Bundeswehrmaschine.**

Maico

Für die Saison 1989 kehrte Merkle zu den einfachen Bezeichnungen GS und MC für Enduros und Crosser zurück. Man nahm die 400er vom Markt. Dafür kam mit dem Modell 320, entstanden durch eine geringere Aufbohrung des 250er Zylinders, eine neue Hubraumklasse ins Programm. Alle Maico-Zweitakter blieben im Einlass membrangesteuert und den Auslass regelte ein unterdruckgesteuerter Schieber (SEES).
Am enorm wachsenden Angebot von Einzylinder-Viertakt-Enduros wollte sich auch Maico vom Frühjahr 1991 an mit zwei Modellen beteiligen. Dabei setzten die GS 350 und 600 auf den bewährten, luftgekühlten Rotax-Motor, für dessen Einsatz unter anderem der Rahmen der Maschinen völlig neu konstruiert werden musste. Diesen Maschinen, die sich im Preisbereich von KTM LC 4 und Honda NX 650 Dominator bewegten, war allerdings kein Erfolg beschieden und so verschwanden sie recht schnell wieder vom Markt. Wie übrigens auch die gesamte Enduro-Reihe als solche ab 1992 nicht mehr existierte. Bei den Moto-Cross-Modellen hieß es dann lediglich noch, dass sie bei Bedarf auch auf Straßenbetrieb umgerüstet werden könnten.

> **Die Maico-Zweitaktmodelle GS 250, GS 320 und GS 490 der Baujahre 1989 bis 1991 unterschieden sich optisch kaum voneinander.**

> Mit dem österreichischen Rotax-Viertaktmotor versuchte Maico 1991 zwei Enduro-Modelle mit 350 und 600 cm³ auf dem Markt zu platzieren.

Im Moto-Cross-Bereich sollte also die Zukunft von Maico liegen. Dazu passte, dass man ab 1992 wieder ein Modell mit 440 cm³ Hubraum anbot und im Frühjahr 1994 den niederländischen Gespannrahmen-Produzenten VMC aufkaufte, dessen Produktion jedoch in Holland verblieb. Doch Maico hatte längst den Anschluss verloren, wie die Veröffentlichung eines Tests von 250-cm³-Crossern in der ersten Februarausgabe 1993 der Zeitschrift Motorrad zeigte. Hier wurde der Maico in nahezu allen Kategorien die Wettbewerbsfähigkeit abgesprochen; sie landete mit großem Abstand hinter KTM, Yamaha, Honda, Kawasaki, Husqvarna und Suzuki auf dem letzten Platz. Im Prinzip wurde hier schon das Ende der Maico-Fertigung in Deutschland eingeläutet, denn die Firma Merkle war nicht mehr in der Lage, zu den Mitteln zu greifen, die notwendig gewesen wären, um die Maico-Motorräder fürs Publikum wieder attraktiv zu machen.

1995 mussten die Nördlinger die Maico-Segel streichen und so verkauften sie den Markennamen samt Produktionsanlagen nach Holland. Dort produzierte die Firma Maico-Motorcycles B.V. zunächst in De Bilt bei Utrecht und später in Bunnik ab Ende 1996 Moto-Cross- und Enduro-Maschinen auf der Basis der letzten deutschen Entwicklungen. Mitte 1999 war es schließlich auch damit vorbei; doch wie zäh sich die Marke Maico hielt, beweist die Tatsache, dass der deutsche Importeur, die Firma Zweirad-Köstler in Leverkusen, im Jahr 2000 wiederum Maico-Sportmotorräder anbot, nachdem er sämtliche Ersatzteile und die Herstellungsrechte vom holländischen Produzenten übernommen hatte. Zwar war die Rede von Cross-, Enduro- und Super-Moto-Maschinen von 250 bis 685 cm³ Hubraum, der Motorradkatalog führt für das Jahr 2000 aber nur Maschinen der 500er Klasse auf, die hier mit den technischen Daten auch wiedergegeben werden sollen. Vermutlich war nach dem Verbrauch der restlichen Materialbestände dann doch endgültig Schluss, denn nach dieser kurzen und voraussichtlich letzten Episode tauchten keine neuen Maico-Motorräder mehr auf.

> Mitte der 1990er Jahre waren die Moto-Cross-Modelle von Maico international nicht mehr konkurrenzfähig.

Maico GS 250/320	1989–1991	
1-Zyl.-2-Takt	247/317 cm^3	17 PS / 5500 U/min
Maico GS 500/490	**1989**	
1-Zyl.-2-Takt	488 cm^3	17 PS / 5600 U/min
Maico MC 250/320	**1989–1994**	
1-Zyl.-2-Takt	247/317 cm^3	50/55 PS / 8000/7800 U/min
Maico MC 500	**1989–1994**	
1-Zyl.-2-Takt	488 cm^3	65 PS / 7200 U/min
Maico GS 350/600	**1991**	
1-Zyl.-4-Takt	349/560 cm^3	27/49 PS / 6800 U/min
Maico GS 360	**1990–1991**	
1-Zyl.-2-Takt	355 cm^3	17 PS / 5400 U/min
Maico MC 400	**1992–1994**	
1-Zyl.-2-Takt	440 cm^3	66 PS / 7200 U/min

MuZ

Nach dem Wendeherbst 1989 arbeiteten die Ingenieure nun mit Hochdruck an einer Modellerweiterung, um zu retten, was noch zu retten war. Mitte 1990 erschien zunächst eine aufgebohrte 250er als ETZ 301 mit einem bärenstarken Durchzug. Sie stellte das letzte Zweitakt-Motorrad von MZ zu DDR-Zeiten dar. Alle Zweitakter konnten nun auch als Off-Road-Variante geordert werden – was aber fast reine Theorie blieb. Das Interesse an den Zweitaktern aus dem Dischautal ging nach der Grenzöffnung und der damit hereinbrechenden Welle von westlichen Gebrauchtmotorrädern innerhalb weniger Monate gegen Null.

Welch rasante Talfahrt MZ innerhalb weniger Monate nach der Grenzöffnung am 09. November 1989 durchlebte, zeigt ein Blick auf die Belegschaftszahlen. Im Januar 1990 waren 3200 Menschen beim ostdeutschen Motorrad-Hersteller beschäftigt, im Jahr darauf standen noch 1950 Mitarbeiter in Lohn und Brot und zwei Jahre später nur noch ganze 250. Entsprechend sahen die Produktionszahlen aus: 1989 verließen über 76.000 Maschinen das MZ-Werk, 1991 konnten noch 17.700 Motorräder produziert werden und 1992 nur noch 1162. Eine der gerade eben noch größten Motorradfabriken der Welt erreichte in Deutschland nicht einmal mehr einen Marktanteil von einem Prozent! Allen Beteiligten war klar, dass man, um weiter irgendwie am Markt mitmischen zu können, dringend ein Viertaktmotorrad lancieren musste. Und das stellte das am 1. September 1990 von der Treuhand-Anstalt in die MZ GmbH umgewandelte MZ-Werk dann auch wenige Tage später zur IFMA in Köln vor. Es handelte sich faktisch um eine ETZ mit angepasstem Fahrgestell, der man den bewährten 494-cm^3-Rotax-Einbaumotor eingepflanzt hatte. Mit diesem Motor war

> Mit dem Rotax-Viertaktmotor im alten ETZ-Chassis wollte MZ (jetzt wieder mit Schwingensymbol!) in eine neue Zukunft starten.

bei MZ schon zu DDR-Zeiten – gleichzeitig mit der Entwicklung eines eigenen Viertakttriebwerks – experimentiert worden. Bis auf den Motor, der hier nur 27 PS leistete, und den in der Serie eingeführten Gussrädern hatte sich die alte ETZ-Optik kaum verändert.

> Mit neuem Design und der Bezeichnung »Saxon« versuchte MZ/MuZ mit dem Rotax-Motor in eine neue Modelloffensive zu gehen. Im Bild die Saxon Tour …

> … und die Saxon Fun 500 mit ein paar zusätzlichen Plastikteilen.

Die MZ 500 R galt auch nur als kurzfristige Zwischenlösung; ab April 1992 begann die Einführung einer »neuen« 500er Reihe, die zwar nach wie vor auf der MZ 500 R basierte, sich durch italienische Anbauteile in kräftigen Farben jedoch optisch deutlich von der bisherigen ETZ-Baureihe abhob. »Saxon« tauften die Erzgebirgler diese Reihe, zu der auch die im nächsten Teilkapitel vorgestellten Zweitakter gehörten. »500 Tour« und »500 Fun« nannten sich die ersten beiden Modelle, die sich neben der Farbgebung noch durch die Verkleidung unterschieden.

Während die »Tour« lediglich eine knappe Lampenverkleidung besaß, war diese bei der »Fun« direkt mit dem – hier größeren – Tank zu einer Art Halbverkleidung verbunden. Beide Maschinen hatten neben dem Kick- auch einen Elektrostarter. Mit dem Velorex-Seitenwagen Typ 562 verbunden, wurde die »Tour«-Variante ab 1993 als eigenständiges Modell mit der Bezeichnung »Voyager« angeboten.

Diese Maschinen liefen ab Juli 1992 zwar immer noch als Marke MZ vom Band, der Hersteller firmierte aus der Liquidation heraus aber inzwischen unter »Motorrad- und Zweiradwerk GmbH« (MuZ). Das Firmenlogo lehnte sich an das alte grün-weiße DKW-Zeichen an und versuchte so mit der großen Zschopauer Motorradtradition zu werben.

Im September folgte das Modell »Country«, das sich erst bei genauerem Hinsehen von der »Fun«-Version unterschied. Die breiteren Speichenräder mit dem größeren Vorderrad und die große Gepäckbrücke fielen ins Auge. Die Leistung des Motors konnte auf 34 PS gesteigert werden.

Auf der Basis der eben vorgestellten 500er Maschinen fertigte MuZ eine Polizei-Version, die vor allem an sächsische Ordnungshüter geliefert wurde. Einige mit spezieller Verkleidung versehene »Fun«-Modelle orderte der ADAC. Trotz allem kam die Saxon-Modellreihe mit dem Rotax-Motor insgesamt nicht über 2400 Exemplare hinaus, und davon ging der Löwenanteil an die ebenfalls im Herbst 1992 erschienene Silver Star Classic 500. Das im Stil der frühen siebziger Jahre designte Retro-Bike erregte Aufsehen und brachte MuZ wenigstens kurzzeitig positive Schlagzeilen. Schon heute ist diese Maschine, die es in roter oder grüner Farbe auch als »Red Star« und »Green Star« gab, ein begehrtes Sammlerstück.

Im Frühjahr 1994 zog MuZ endlich in die neuen Werkhallen im nahe gelegenen Hohndorf. Aus der Rotax-Reihe zogen nur die Country und die Silver Star mit, die anderen Rotax-Modelle liefen aus, so wie

> Mit der Saxon Country versuchte MZ sein Modellprogramm um eine Reiseenduro zu erweitern.

> Zumindest für die sächsische Polizei wurden auch einige Saxon 500-Maschinen von MuZ geliefert.

> Die bis heute gefragtesten MZ-Maschinen der Rotax-Ära sind die Silver Star Classic (Foto) und die in Rotbraun gehaltene Red Star.

MZ 500 R	1991–1992	
1-Zyl.-4-Takt	494 cm³	27 PS / 6500 U/min
MuZ Saxon 500 Tour/ Fun/Polizei	**1992–1994**	
1-Zyl.-4-Takt	494 cm³	27 PS / 6500 U/min
MuZ Saxon 500 Country	**1992–1997**	
1-Zyl.-4-Takt	494 cm³	34 PS / 7200 U/min
MuZ 500 Silver Star/ Red Star	**1992–1997**	
1-Zyl.-4-Takt	494 cm³	34/27 PS / 7200/6500 U/min

auch 72 Jahre Motorradfertigung im Dischautal bei Zschopau zu Ende gingen.

Parallel zu den Viertaktmaschinen und mit den gleichen poppigen Anbauteilen versehen erschienen ab April 1992 die ehemalige ETZ 251 und ETZ 301 als Tour- und Fun-Modelle. Nach der Gründung von MuZ bekamen auch diese Maschinen den Beinamen »Saxon« und schienen, zusammen mit den Rotax-Maschinen, eine stimmige Produktpalette zu bilden. Tatsächlich unterschieden sich Zweitakter und Viertakter im Wesentlichen nur durch die Triebwerkseinheiten samt Abgasanlage. In der Beliebtheitsskala lagen beide Modellreihen auch ziemlich gleich auf, das heißt, im tiefsten Keller.

Die 250er Modelle waren nun auf versicherungsgünstige 17 PS gedrosselt, aber wen interessierte das zu dieser Zeit noch? Auf dem deutschen Zulassungsmarkt jedenfalls kaum jemanden und im osteuropäischen

> Alle MZ ETZ-Modelle, inklusive einer neuen 300er, waren 1990 als Enduro-Modelle zu haben.

> Die ETZ 251 mit neuen Anbauteilen, aber noch vor der Aufnahme in die Saxon-Modellreihe.

> Je nach dem Design der Anbauteile wurde aus der alten Zweitakt-ETZ eine MuZ Saxon 251 bzw. 301 Tour …

> … oder Fun. Aber wer wollte nach 1990 noch ein Einzylinder-Zweitakt-Motorrad?

Ausland, wo die Nachfrage nach wie vor groß gewesen wäre, konnte sich die Maschinen niemand mehr leisten. Die Zeit der sozialistischen Tauschgeschäfte war vorbei; es zählte nur noch Bares und zwar in harter Währung.
So kam es, dass von den ETZ 251 Tour und Fun und den ETZ 301 Tour und Fun bis 1994 insgesamt lediglich 2073 Maschinen gebaut werden konnten. Von der ETZ 301 Tour sollen nicht einmal 100 Exemplare verkauft worden sein. Aus diesem Grunde zogen auch diese Modelle nicht mit in das neue Werk in Hohndorf. Ein MZ-Zweitakter erlebte allerdings noch die neue Montagehalle: Die ETZ 125 Sportstar.
Ebenfalls in die Saxon-Baureihe integriert, erschien die ehemalige 125er ETZ 1992 in zwei Varianten, und zwar als Roadstar und als Sportstar. Die beiden Maschinen hatten sich gegenüber ihren DDR-Vorgängern fast nur optisch verändert; der Motor leistete, sofern ungedrosselt, jetzt immerhin 15 PS. Vielleicht war es ja die durch eine Verkleidung des Zylinders vorgetäuschte Wasserkühlung, die für mehr Absatz des Sportstar-Modells sorgte, insgesamt blieben die Verkaufszahlen aber auch bei den kleinen Maschinen mehr als bescheiden.
Der Boom der 125er in Deutschland, der hier vielleicht hätte helfen können, setzte erst ein paar Jahre später ein. Bis 1996 blieb die kleine

> Auch die alten 125er ETZ-Modelle wurden der westlichen Verwertung zugeführt. In Form der MuZ Saxon Roadster 125 …

> … oder der Saxon Sportstar 125 mit vorgetäuschter Wasserkühlung.

Sportstar immerhin im Programm. Da hatte die sächsische Motorradschmiede, die nicht zuletzt durch gravierende Managementfehler ständig am Existenzminimum (eigentlich darunter) dahindümpelte, wieder einmal das endgültige Aus gerade noch so abgewehrt.

Nach dem Ende der großen Zweitaktbaureihe wurden deren Anlagen und Materialbestände an den türkischen Importeur Kubalkan verkauft, der die ETZ 251 und 301 nahezu unverändert unter dem Markennamen Kanuni weiterproduzierte. In der Türkei wurden diese Maschinen zu absoluten Rennern und interessanterweise wurden die türkischen ETZ auch nach Deutschland exportiert.

MZ ETZ 301	1990–1991	
1-Zyl.-2-Takt	293 cm³	23 PS / 5500 U/min
MuZ Saxon 251 Tour/Fun	**1992–1994**	
1-Zyl.-2-Takt	243 cm³	17 PS / 5000 U/min
MuZ Saxon 301 Tour/Fun	**1992–1994**	
1-Zyl.-2-Takt	291 cm³	23 PS / 5500 U/min
MuZ Saxon 125 Roadster	**1992–1994**	
1-Zyl.-2-Takt	123 cm³	10 PS / 5800 U/min
MuZ Saxon 125 Sportstar	**1992–1996**	
1-Zyl.-2-Takt	123 cm³	15 PS / 6750 U/min

Anfang Dezember 1992 wartete MZ auf der Motorshow in Birmingham mit einer echten Überraschung auf: Die »Skorpion« in den Varianten Sport und Tour mit einem unkonventionellen Design und einem auffälligen Brückenrohrrahmen aus Chrommolybdän wird als Prototyp vorgestellt. Da hatte MZ keine Kosten gescheut, um ein schlagzeilenträchtiges, neues Motorrad auf die Räder zu stellen; für das Aussehen konnte das britische Designer-Duo Seymour/Powell verpflichtet werden und für das äußerst moderne Fahrwerk (mit Gasdruck-Zentralfederbein) zeichnete Dave Pearce verantwortlich.

Konventionell war zu diesem Zeitpunkt lediglich der Rotax-Einzylinder-Motor, der im Verlaufe der Serienvorbereitung dann vom nicht mehr ganz taufrischen, aber zuverlässigen und durchzugstarken Yamaha XTZ 660 Single mit Fünfventil-Technik ersetzt wurde. Die 48 PS waren zu dieser Zeit für einen Einzylinder-Motor dieser Größe eine ordentliche Hausnummer (die Maschinen wurden dann natürlich auch in der gedrosselten 34-PS-Version geliefert).

Noch bevor die Skorpion in die Serienproduktion ging, erhielt MuZ im Juni 1993 in New York den »International Design Award« für das neue Modell, das dann ab April 1994, zunächst in den Varianten »Sport« und »Tour«, käuflich erworben werden konnte. Nur wenige Interessierte machten davon allerdings Gebrauch – trotz der hohen Vorschusslorbeeren.

In der Version »Sport« fiel die Skorpion durch eine knappe Halbverkleidung und zwei Einzelsitze auf (die Designelemente der Skorpion kamen fast ausnahmslos aus Italien). Das nackte Modell »Tour« war der Kurvenräuber auf Landstraßen schlechthin und hielt für Fahrer und Sozius eine bequemere Sitzbank und eine insgesamt angenehmere Sitzposition bereit.

Mit einer Vollverkleidung und einem serienmäßigen Koffersatz mutierte die »Tour« schließlich zur Skorpion »Traveller« und vervollständigte so das Skorpion-Programm des ersten Produktionsjahres.

1995 kam dann mit dem Modell »Replica« noch eine Edel-Skorpion hinzu, die fast 15.000 Mark kostete. Dafür gab es eine sportlich gestylte Vollverkleidung, hochwertige Fahrwerksbauteile von Wilbers Products, Rennsportbremsen von Brembo und ein um 2 PS stärkeres Triebwerk

> Die Linie der MuZ Skorpion Sport stammte von einem englischen Designerduo, die Motoren von Yamaha.

> Preiswerter Einstieg: MuZ bot die unverkleidete Skorpion Tour für unter 10.000 Mark an.

> Mit Vollverkleidung und Seitenkoffern mauserte sich das Tour-Modell zur MuZ Skorpion Traveller.

> Die Replica war das Edelbike unter den Skorpionen, mit 50 PS allerdings etwas mager motorisiert für einen Sportler.

nebst neuer, bis unter die Sitzbank gezogener Edelstahl-Auspuffanlage. Es muss darauf hingewiesen werden, dass die Bezeichnung »Replica« nicht den Nachbau der sehr erfolgreichen Werksrennmaschinen dieser Jahre bedeutete, wenngleich MuZ eine Assoziation dieser Art natürlich gern in Kauf nahm.

Eine käuflich erwerbbare Rennmaschine auf Basis der Skorpion hat es aber dennoch gegeben. MZ rief 1996 den Skorpion-Cup ins Leben, eine Rennserie, die einen preiswerten Einstieg in den Straßenrennsport ermöglichen sollte und die auch bald viele Freunde fand. Für 11.126 Mark stellte MZ den Fahrern eine vollverkleidete und mit Renntechnik versehene Skorpion Sport samt Fahrer- und Mechanikerbekleidung zur Verfügung. Interessant für die Käufer war die Möglichkeit, die Maschine relativ problemlos zur zugelassenen Straßenmaschine umzurüsten und dann auch wieder zurückzubauen. Die Skorpion Cup löste 1999 das Modell »Sport« ab.

Zu dieser Zeit hatte bei MZ die malaysische Firma Hong Leong das Sagen. Sie hatte im September 1996, nach langen und zähen Verhandlungen, den inzwischen zahlungsunfähigen sächsischen Motorradhersteller übernommen und sorgte nun für ein wenig Ruhe und Sicherheit am Standort.

Foto: Bike-ourius

> Die MuZ Skorpion Cup war ein Prestigeobjekt für die motorsportbegeisterten Erzgebirgler.

MuZ Skorpion Sport	1994–1999	
1-Zyl.-4-Takt	659 cm³	48 PS / 6250 U/min
MuZ Skorpion Tour/Traveller	**1994–2002**	
1-Zyl.-4-Takt	659 cm³	48 PS / 6250 U/min
MuZ Skorpion Replica	**1995–1999**	
1-Zyl.-4-Takt	659 cm³	50 PS / 6500 U/min
MuZ Skorpion Cup	**1996–2002**	
1-Zyl.-4-Takt	659 cm³	48 PS / 6250 U/min

MZ-B

Im April 1996 stellte die Firma MZ-B Fahrzeug GmbH Zschopau, die ihre Wurzeln eigentlich in Berlin hatte, ein der kleinen ETZ ähnlich sehendes Motorrad mit der Bezeichnung RT 125 Classic vor. Die Maschine wurde aus Zulieferteilen, die hauptsächlich aus der Türkei und der Tschechischen Republik kamen, im alten Zschopauer Werk zusammengesetzt und mittels eines weißrussischen Zweitakt-Triebwerks, das maximal magere 10 PS lieferte, zum Laufen gebracht. Obwohl man die Motoren aus Minsk dann in Zschopau mit besseren Kugellagern und Primärketten ausgestattet hatte, wurden sie dennoch von den meisten potentiellen Händlern wegen der vermutlich später zu erwartenden Ersatzteilprobleme abgelehnt. Die Aufforderung von MuZ an seine Händler, diese Maschine zu boykottieren, war also nahezu überflüssig.

MZ-B plante groß in das aufkommende 125er-Geschäft einzusteigen. Zu diesem Zweck sicherte man sich die Rechte an dem gerade wieder einmal zur Verfügung stehenden Namen »Horex« sowie den Liefervertrag für 125-cm³-Viertaktmotoren aus Taiwan und kreierte mit Zulieferteilen, die neben den oben aufgeführten Ländern auch aus Indien und Italien kamen, die Modelle »Horex Imperator« und »Horex Regent«. Tatsächlich prangte das traditionelle Zeichen an den Tanks dieser

Foto: Fahrzeugmuseum Staßfurt, © CC-BY-NC-SA

> Keine echte MZ: MZ-B 125 RT Classic, 1996 in einer Auflage von 600 Einheiten gebaut.

Maschinen, die in zwei völlig unterschiedlichen Outfits auftraten. Die »Imperator« war ein klassischer Chopper, fast schon im Oldtimer-Look und die »Regent« ein ganz nett gezeichnetes Naked Bike, ähnlich den Saxon-Modellen von MuZ. Während für die RT 125 Classic 600 verkaufte Exemplare angegeben werden, ist nicht bekannt, ob und in welchen Stückzahlen die beiden Horex-Nachfahren verkauft werden konnten. 1998 stellte MZ-B jedenfalls jegliche Aktivitäten in Zschopau wieder ein. Wie es hieß, aus finanziellen Gründen.

> Für das Original eher beschämend: Horex Imperator der Firma MZ-B, Baujahr 1996.

MZ-B RT 125 Classic	1996–1997	
1-Zyl.-2-Takt	124 cm³	10 PS / 6100 U/min
MZ-B Horex Imperator	**1996–1997**	
1-Zyl.-4-Takt	124 cm³	12 PS / 9500 U/min
MZ-B Horex Regent	**1996–1997**	
1-Zyl.-4-Takt	124 cm³	12 PS / 9500 U/min

> Keine Ehrfurcht vor großen Namen: MZ-B Horex Regent.

Sachs

1962 übernahm die Schweinfurter Firma Fichtel & Sachs das Nürnberger Hercules-Werk, dass sich über die Motorradkrise hinweggerettet hatte und wieder stetig Marktanteile dazu gewinnen konnte. Drei Jahre später kam die Zweirad Union dazu und Sachs stieg zu einem führenden Hersteller motorisierter Zweiräder in Deutschland auf. 1966 zog man auf das Victoria-Werksgelände in der Nopitschstraße um.

Die zwischenzeitlich wechselvolle Geschichte der Firma Fichtel & Sachs, die erst vom Mannesmann-Imperium geschluckt, dann 1995 wieder verkauft und aufgesplittet wurde und seit 2001 als Sachs AG (nur der Automobilzulieferbereich) zu ZF Friedrichshafen gehört, führte dazu, dass die Hercules-Fahrradproduktion samt Markennamen 1995 nach Holland verkauft wurde. In Nürnberg verblieb, nun unter dem Markennamen »Sachs«, die Fertigung und der Vertrieb motorisierter Zweiräder bei der ab 2001 selbständigen und nicht mehr zum großen Sachs-Konzern gehörenden »Sachs Fahrzeug- und Motorentechnik GmbH«.

Die 1995 von Sachs eingeführte ZX 50, ein hochgelobtes Enduro-Mokick mit Minarelli-Zweitakt-Triebwerk war die Ausgangsbasis für die zwei Jahre später nachgereichte ZX 125. Auch hier werkelte ein mit 15 PS äußerst agiler Zweitakter aus Italien, der, flüssigkeitsgekühlt und mit Katalysator und Sechsgang-Getriebe versehen, einer der modernsten seiner Zunft war. Ein Doppelschleifenrahmen und straff abgestimmte Federelemente mit langen Wegen bestimmten das sportliche Chassis, das gute Fahreigenschaften aufwies.

Die Maschine wurde sofort ein Erfolg für Sachs, zumal sie rechtzeitig zum 125er-Boom in Deutschland auf den Markt kam. Denn seit 1996 durften Klasse 3-Führerscheininhaber, die vor dem 1. April 1980 ihre Prüfung abgelegt hatten, auch Leichtkrafträder bis 15 PS fahren. Dies sorgte für einen kräftigen Schub bei den 125ern, deren Angebotsvielfalt bald ein bis dahin ungekanntes Ausmaß annahm. Und daran war Sachs wesentlich beteiligt, denn Ende 1997 schob man schnell eine ganze Palette von Achtelliter-Maschinen nach. So wurde aus der optisch nur leicht veränderten und auf 17-Zoll-Rädern (statt 21 und 18 Zoll) rollenden ZX 125 das Funbike ZZ 125.

Sachs ZX 125	**1997–2002**	
1-Zyl.-2-Takt	125 cm³	11/15 PS / 7250/8000 U/min
Sachs ZZ 125	**1998–2001**	
1-Zyl.-2-Takt	125 cm³	11/15 PS / 7250/8000 U/min
Sachs Roadster 125	**1997–2002**	
2-Zyl.-4-Takt-V	124 cm³	11/15 PS / 8000/9500 U/min
Sachs XTC 125	**1998–2002**	
1-Zyl.-2-Takt	125 cm³	15 PS / 8000 U/min
Sachs XTC-N 125	**1998–2000**	
1-Zyl.-2-Takt	125 cm³	15 PS / 8000 U/min

> Nach 1996 laufen die ehemaligen Hercules-Motorräder als Sachs-Modelle vom Band in der Nürnberger Nopitschstraße. Im Bild die ZX 125.

> Die Sachs ZZ 125 war eine reinrassige Eigenentwicklung der Nürnberger.

> Westentaschen-Renner: Die Sachs XTC 125 feierte auf der IFMA 1996 Premiere.

In einer völlig anderen Liga spielte die supersportlich aussehende XTC 125. Wobei das Zweitakt-Triebwerk – auch in seinen Kenndaten – unverändert blieb. Aber Sitzbank, Tank und Vollverkleidung im Stile einer Rennmaschine, zusammen mit den großdimensionierten Scheibenbremsen, den Dreispeichen-Gussrädern, dem Gitterrohrrahmen und der 41er-Telegabel waren an Wertigkeit in dieser Klasse kaum zu überbieten. Und 120 km/h Höchstgeschwindigkeit waren ebenfalls eine gute Hausnummer – der Preis mit knapp 9000 Mark allerdings auch. Für ein

> Nicht nur das Bild täuscht darüber hinweg, dass es sich bei dieser schönen Roadster um eine 125er handelt.

> Die 125er war in der Streetfighter-Version als Sachs XTC-N 125 ab 1998 lieferbar.

paar Hunderter weniger gab es die gleiche Maschine unverkleidet als Sachs XTC-N 125. Das sportliche Streetbike war seiner Zeit schon fast ein bisschen voraus und kam beim Publikum wohl auch deshalb nicht sonderlich gut an.

Die bisher genannten 125er-Zweitakter waren übrigens für den 16-jährigen Nachwuchs auch in gedrosselter Version mit 11 PS und 80 km/h lieferbar.
Nicht so die Roadster 125 V2, die am Anfang einer sehr schön gezeichneten Roadster-Modellreihe von Sachs stand und eine der teuersten 125er jener Zeit war. Aber auch eine derjenigen, die nach viel mehr als 125 cm³ Hubraum aussahen. Dafür waren neben dem luftgekühlten Yamaha Zweizylinder-Viertakt-V-Motor unter anderem auch die Speichenräder und der große 16-Liter-Tank verantwortlich. In einer sehr bequemen Sitzhaltung konnte mit sattem Drehmoment (für 125er-Verhältnisse) entspannt in den Feierabend gefahren werden.

Simson

Simson ging nach dem November 1989 einen sehr ähnlichen Weg wie MZ, der ständig haarscharf an der endgültigen Pleite vorbeiführte. Von den einst rund 4000 Beschäftigten waren im Jahre 1996, als man in Suhl gerade mit der Entwicklung eines neuen 125er-Motorrades begann, gerade noch knapp 200 übrig geblieben. Ganz große Erwartungen setzte die »Simson Zweirad GmbH« in Suhl auf dieses neue 125-cm³-Motorrad mit der Bezeichnung »Schikra« mit Honda-Viertakt-Motor (Lizenzbau in Taiwan). Endlich gab es nach 37 Jahren wieder ein (fast) richtiges Motorrad aus Suhl! Simson war zurecht stolz auf die nur neun Monate Entwicklungszeit und die im Schleudergussverfahren hergestellten Heckträger und Tanks.

> Die Simson Shikra 125 wurde nur zwei Jahre lang produziert – schade, sie hätte mehr verdient.

Aber die tolle 125er mit Gitterrohr-Brückenrahmen und Zentralfederbein kam spät, man kann sagen zu spät und konnte wegen Zuliefererproblemen zeitlich ungünstig erst ab Herbst 1998 an die Kundschaft geliefert werden. Somit verpasste die Maschine den ganz großen 125er Boom. Dennoch setzte man den Plan, eine Sportversion der 125er auf dem Markt zu platzieren, um. Durchgängig rot lackiert (ab 1999 schwarz oder gelb), mit einer Halbverkleidung versehen und dunkelgraue Dreispeichen-Gussfelgen anstatt der sonst alufarbenen – fertig war ein neues Motorrad, jetzt Shikra 125 Sport genannt. Beide 125er starteten übrigens per Anlasser – keine Selbstverständlichkeit in dieser Klasse und zu dieser Zeit.

Simson Shikra 125	**1998–2000**	
1-Zyl.-4-Takt	124 cm³ ohc/2	15 PS / 11.800 U/min
Simson Shikra 125 Sport	**1999–2000**	
1-Zyl.-4-Takt	124 cm³ ohc/2	15 PS / 11.800 U/min

> Auch die Shikra 125 Sport hatte den in Taiwan in Lizenz produzierten Honda-Viertaktmotor.

Nach der Jahrtausendwende – BMW allein auf weiter Flur

Im ständigen Auf und Ab der Motorradkonjunktur gingen auch bei BMW die Zahlen zu Beginn des neuen Jahrtausends zwar wieder zurück, gleichzeitig hatten die Münchner in den Jahren bis 2006 ihre bisher innovativste Zeit überhaupt und waren für die Zukunft gerüstet: Zwischen 2004 und 2006 hat BMW insgesamt elf neue Motorräder vorgestellt! Zu dieser Zeit war die eine ostdeutsche Traditionsmarke Simson längst Geschichte und die andere (MZ) dümpelte ihrem Ende entgegen. Auch die anfängliche Euphorie bei Sachs in Nürnberg war wieder verflogen und nach der Produktionsverlagerung nach China im Jahre 2006 stand BMW endgültig als alleiniger deutscher Hersteller von Großserien-Motorrädern da.

> 1997 wurde die 1100er von der neuen K 1200 RS abgelöst. Es war mit 130 PS das bis dahin leistungsstärkste BMW-Serienmotorrad, mit 27.400 D-Mark aber auch das teuerste.

> Die Montage der Hardenduro HP2 begann 2005 im Berliner BMW-Werk. Das Jahr war eines der innovativsten in der BMW-Motorradgeschichte.

> Auch der große Tourer erhielt das neue Trieb- und Fahrwerk der RS und blieb als K 1200 LT von 1998 bis 2009 (!) im BMW-Programm.

BMW

1997 löste eine neue K 1200 RS die 1100er ab. Diese völlige Neukonstruktion wurde wieder einmal zu einem echten Bestseller und stand bis 2005 im BMW-Programm. Der liegende Reihenvierzylinder hat ein geändertes Hub/Bohrungs-Verhältnis und leistet jetzt sportliche 130 PS (für die entsprechende deutsche Versicherungsklasse sind auch 98 PS möglich). Sechsgang-Getriebe, Telelever-Vorderradführung, Brückenrahmen aus Aluminium und eine rundere, ergonomisch fließend in den Motorradaufbau integrierte Verkleidung waren erstmals bei BMW eingesetzt worden. Lenker, Sitzbank, Fußrasten und Windschild sind einstellbar. Als Sporttourer machte die K 1200 RS auch 2005 zweifellos noch eine gute Figur, hatte es preislich allerdings schwer, sich gegen die neuen K-Modelle (K 1200 S) mit quer eingebauten Motoren zu behaupten.

Zwei Jahre nach der RS und auf deren technischer Grundlage basierend wurde der neue Supertourer LT vorgestellt. Ein Audio-Soundsystem mit vier Lautsprechern gehörte hier ebenso zur Serienausstattung wie die 120 Liter Gepäckvolumen. In späteren Jahren kamen GPS, ein elektro-hydraulischer Hauptständer und ab der Saison 2004 ein paar PS mehr dazu (116 statt bis dahin 98). Das Getriebe musste mit fünf Vorwärtsgängen auskommen, dafür gab es aber eine vom Anlassermotor angetriebene Rückfahrhilfe.

Zwischen RS und LT positionierte BMW 2002 die K 1200 GT. Etwas näher an die RS angelehnt, brilliert die GT mit verbessertem Sitzkomfort, einer

> 2002 meinte BMW noch ein drittes Reisemotorrad mit dem liegenden Vierzylinder-Motor auf die Räder stellen zu müssen und positionierte die K 1200 GT zwischen RS und LT.

gemütlicheren Sitzhaltung dank verändertem Lenker, elektrisch verstellbarer Windschutzscheibe, Koffersystem und Integral-ABS.

BMW K 1200 RS	1997–2005	
4-Zyl.-4-Takt-Reihe	1200 cm³ dohc	130 PS / 8750 U/min
BMW K 1200 LT	**1998–2009**	
4-Zyl.-4-Takt-Reihe	1200 cm³ dohc	98/116 PS / 6750/8000 U/min
BMW K 1200 GT	**2002–2006**	
4-Zyl.-4-Takt-Reihe	1200 cm³ dohc	130 PS / 8750 U/min

Ende 2003 kam die R 850 R mit geringfügigen Änderungen, wie zum Beispiel einem kleinen Windschild, als R 850 R Comfort auf den Markt zurück. Angeblich habe der italienische Markt nach diesem Modell verlangt, behauptete BMW.

Zum Modelljahr 1999 stellte BMW die R 1100 S vor. S stand jetzt für Sportler, wenngleich die Maschine in der einschlägigen Literatur immer noch als Sporttourer geführt wird. Aber diese Maschine mit einem neuen Gitterrohrrahmen aus Aluminium, dem Sechsgang-Getriebe, einem gestrafften Fahrwerk (mit vom Fahrer aus einstellbarem, vorderem Federbein), veränderten Motordaten samt überarbeitetem Ein- und Auslasstrakt war konsequent auf Spaß und Sport ausgelegt und wurde vom Publikum sofort positiv aufgenommen. Auf kurvigen Landstraßen fühlte sich diese Maschine pudelwohl; ein auf die Rennstrecke strebender Supersportler war sie freilich nicht.

> Die BMW R 1100 S war mit ihren 98 PS nie ein Supersportler, aber dennoch ein Kurvenräuber par exellence und der Liebling einer großen Fangemeinde.

Anders das von der S abgeleitete Sondermodell R 1100 S BoxerCup Replica. Zunächst nur für eine Rennserie (Boxer-Cup) im Nebenprogramm der großen Motorradrennen gedacht – und da durchaus vom Publikum

> Nachdem die R 850 R im Jahre 2002 aus dem Programm genommen wurde, tauchte sie als Sondermodell »Comfort« in der folgenden Saison wieder auf.

beachtet – dachten sich findige Marketingstrategen, dass sich diese Maschine als ziviler Ableger gut absetzen lassen müsste. Und tatsächlich wurde die Replika schnell zum Bestseller der Jahre 2003 und 2004. Da BMW die Rennserie 2005 nicht wieder ansetzte, musste zwangsläufig auch die BoxerCup Replika aus dem Programm entfallen. Von der normalen R 1100 S unterschied sich der weiß-rot-blaue Renner durch das höher gelegte Sportfahrwerk, den Laser-Auspuff und einige neue Designelemente, wie zum Beispiel die Triebwerkverkleidung unter dem Motor.

> Trotz ihres gegenüber der R 1100 S deutlich höheren Preises und der unveränderten Leistungsdaten (98 PS) verkaufte sich die Boxer Cup Replika recht ordentlich.

Bei den Einzylinder-Typen muss man die im Frühjahr 2000 auf den Motorradmarkt gebrachte F 650 GS als gänzlich neues Modell betrachten. GS stand wieder für Geländesport und tatsächlich war diese Maschine noch ein wenig mehr als ihre Vorgängerin auf Gelände getrimmt, wenngleich sie als echte Reiseenduro nach wie vor für den Geländesport als solchen eher ungeeignet blieb. Die neue, jetzt in Berlin gefertigte Maschine hatte den besten Einzylinder-Serienmotor ihrer Zeit, der unter anderem mit elektronisch geregelter Einspritzung äußerst kultiviert zur Sache ging und jetzt 50 PS leistete – trotz geregelten Katalysators! Die Optik der Maschine mit dem BMW-GS-typischen Entenschnabel hatte sich unter anderem dadurch verändert, dass der Tank von seiner angestammten Position, wo er Elektronik und Einspritzanlage weichen musste, unter die Sitzbank wanderte.

Optional konnte die kleine BMW mit ABS ausgerüstet werden. Für das Modelljahr 2004 gab es leichte optische Retuschen und eine zweite Zündkerze für den Motor, die für einen optimaleren Verbrennungsvorgang und somit für einen reduzierten Spritverbrauch und bessere Abgaswerte sorgen sollte.

Dem Sieg bei der Rallye Paris-Dakar 2000 widmete BMW gleich ein Schwestermodell, das man der F 650 GS zur Seite stellte: Die BMW F 650 GS Dakar hatte gegenüber der normalen GS längere Federwege, ein 21-Zoll-Vorderrad, eine etwas grobstolligere Bereifung, eine höhere Windschutzscheibe und serienmäßige Handprotektoren. Lackierung und Beklebung sollten Rallye-Charakter vermitteln. 2004 erhielt auch die Dakar eine Doppelzündung und kleine Änderungen im Design.

Für 2002 wurde die 650er-Reihe schließlich um ein weiteres Modell, die F 650 CS, erweitert. Dieses wieder als Funbike bezeichnete Motorrad, das BMW noch »Scarver« nannte, war rein für die Straße gedacht und wartete mit einigen nennenswerten Änderungen gegenüber der GS

> Die zweite Auflage der BMW F 650 trug den Zusatz GS und wurde nicht mehr bei Aprilia, sondern im Stammwerk in Berlin gebaut.

> **BMW F 650 GS Dakar: Wieder hatten die Bayern einen echten Hit gelandet, der auch als Gebrauchtmotorrad noch lange hoch im Kurs stand.**

auf: Aluminium-Dreispeichenräder, 780 oder 750 mm Sitzhöhe, strafferes Fahrwerk und Doppelscheinwerfer. Da bei der CS der Ölvorrat in den Rahmenhauptrohren lagerte, entstand eine offene Tankattrappe, die Platz für allerlei Zubehör bot. Prägend auch der Hinterradantrieb mittels Zahnriemen, der eine neue Aluminium-Einarmschwinge bedingte. BMW setzte große Hoffnungen in die gegenüber der GS rund 500 Euro teureren CS, die allerdings kaum erfüllt wurden.

> **Die F 650 CS, auch »Scarver« genannt, wartete zwar mit einigen Besonderheiten wie etwa dem Zahnriemenantrieb auf, verkaufte sich aber nicht besonders gut.**

R 850 R Comfort	**2003–2006**	
2-Zyl.-4-Takt-Boxer	850 cm³ hc	70 PS / 7000 U/min
R 1100 S	**1998–2005**	
2-Zyl.-4-Takt-Boxer	1100 cm³ hc	98 PS / 7500 U/min
R 1100 S BoxerCup Replica	**2003–2004**	
2-Zyl.-4-Takt-Boxer	1100 cm³ hc	98 PS / 7500 U/min
F 650 GS	**2000–2008**	
1-Zyl.-4-Takt	650 cm³ dohc	50 PS / 6500 U/min
F 650 GS Dakar	**2000–2008**	
1-Zyl.-4-Takt	650 cm³ dohc	50 PS / 6500 U/min
F 650 CS	**2002–2005**	
1-Zyl.-4-Takt	650 cm³ dohc	50 PS / 6500 U/min

Ein Stück vom in den neunziger Jahren noch dicken Cruiser- und Chopperkuchen wollten sich auch die Bayern abschneiden und präsentierten deshalb 1997 die R 1200 C. C stand für Cruiser und die 1200 für den von 1085 auf 1170 cm³ aufgebohrten BMW-Boxer. Damit sollte ein höheres Drehmoment ermöglicht werden und die Leistung bei gemächlichen 5000 Touren auf 61 PS sinken. Für einen Cruiser eigentlich genug, bei 260 kg Leergewicht aber doch schon fast eine Zumutung. Die Abgase wurden von einem serienmäßigen Katalysator gereinigt. Das Fahrwerk folgte, abgesehen vom deutlich längeren Radstand und der fehlenden Drehmomentabstützung an der Paralever-Schwinge, die so wieder zum Monolever wurde, dem aktuellen BMW-Trend. Barocke Formen, Chrom- und anderer Glanz und das extra betonte Lenkkopf-Telelever-Dreieck dominierten das bayerische Cruiser-Design. Ein kleines Schmankerl war der zur Fahrerlehne hochklappbare Soziussitz. 23.400 Mark waren 1997 Cruiser-Spitze (Harley-Davidson nicht mitgerechnet), was die Interessenten aber nicht sonderlich schockte – nach zwei Jahren waren schon über 20.000 Maschinen verkauft und bei BMW rieb man sich die Hände.

Die Augen musste man sich eher angesichts der Verkaufszahlen des ein Jahr später erschienenen kleineren Ablegers R 850 C reiben. Dieser stand wie Blei in den Verkaufsräumen und war mit seinen mageren 50 PS (34 PS waren möglich) bei gleichem Leergewicht auch nur schwer von da wegzubekommen. 2001 erschien der kleine Bayern-Cruiser noch im Motorrad Katalog, danach dann aber nicht mehr. Optisch und technisch waren beide Modelle übrigens identisch. Zum Modelljahr 1999 kam hinten ein konventionelles Tourenfederbein zum Einsatz. Der Vorgänger mit hydraulischer Federbasiseinstellung blieb als Option erhalten, wie im Übrigen auch eine ganze Reihe von Sonderzubehör für die C-Modelle geordert werden konnte.

Daraus entstanden 2000 dann noch einige Sondermodelle: die Avantgarde-Version mit weniger Chrom, dafür aber mit Designelementen in gediegener Graphit-Lackierung und die Independent-Variante mit Dreispeichen-Rädern, Lampenverkleidung, Nebelscheinwerfern, Zweifarbenlackierung und Einzelsitz.

An Harleys Dickschiffe angelehnt und wohl auch in erster Linie für den amerikanischen Markt bestimmt, erschien 2002 der BMW-Cruiser-Dampfer R 1200 CL. Auf den C-Modellen basierend erhielt die CL unter anderem ein verstärktes Rahmenheck, da Seitenkoffer und Topcase (alles serienmäßig) immerhin 100 Liter schlucken konnten, beheizte Clubsessel, handprotektorenartige Rückspiegel mit integrierten Blinkleuchten, eine breite, vier (!) Scheinwerfer fassende Verkleidung, auf der eine höhenverstellbare Panoramascheibe saß und ... und eine

> Die R 1200 C als Sondermodell Independent, unter anderem mit Einzelsitz, Zweifarben-Lackierung, geschraubten Gussfelgen und Windschild.

> Ein Dickschiff nach amerikanischem Vorbild war die R 1200 CL.

> Kaum nachgefragt zeigte sich die R 850 C. 24.280 D-Mark waren im Jahr 2000 für diesen Bayern-Cruiser hinzublättern.

> Unter anderem mit einem noch breiteren Lenker und vorverlegten Fußrasten (ein Problem beim Boxer) sollte die R 1200 C Montauk Cruiser-Lässigkeit suggerieren.

ellenlange Aufpreisliste. 325 Kilogramm Leergewicht musste der immer noch nur 61 PS leistende Boxer bewältigen, weshalb die ersten drei Gänge des Sechsgang-Getriebes etwas kürzer übersetzt wurden.
Mehr als ein C-Sondermodell, und deshalb hier extra vorgestellt, war die 2003 eingeführte R 1200 C Montauk. Sie sollte der Mix aus C und CL sein und hatte deshalb ein mittelgroßes Windschild und mittelgroße Packtaschen an den Seiten. Der breitere Lenker und vorverlegte Fußrasten sollten Lässigkeit suggerieren (kleinere Fahrer hatten damit aber ihre Mühe) und ein neu abgestuftes Fünfganggetriebe den lahmen Motor kaschieren. Immerhin sorgte ein hinteres Federbein mit wegeabhängiger Dämpfung für mehr Komfort. Und während ab Modelljahr 2004 C- und CL-Modelle serienmäßig mit ABS ausgerüstet wurden, musste man es bei der Montauk noch extra bezahlen.
BMW ließ die Cruiser-Modelle im Laufe des Jahres 2005 auslaufen.

BMW R 1200 C	**1997–2005**	
2-Zyl.-4-Takt-Boxer	1200 cm³ hc	61 PS / 5000 U/min
BMW R 850 C	**1998–2000**	
2-Zyl.-4-Takt-Boxer	850 cm³ hc	50 PS / 5250 U/min
BMW R 1200 CL	**2002–2005**	
2-Zyl.-4-Takt-Boxer	1200 cm³ hc	61 PS / 5000 U/min
R 1200 C Montauk	**2003–2005**	
2-Zyl.-4-Takt-Boxer	1200 cm³ hc	61 PS / 5000 U/min

> Auf der Intermot 2000 präsentierte BMW die R 1150 R, die Roadster mit dem GS-Antrieb.

Kennzeichnend für die mit der R 1150 GS eingeführte neue Modellreihe ist der um 45 cm³ gewachsene Motor mit mehr Leistung und einem durchweg höheren Drehmoment und das Sechsganggetriebe, das bei den Boxern bisher nur der R 1100 S vorbehalten war. Bei der neuen GS blieb der sechste Gang allerdings eine Art Schongang (Overdrive); vor allem für längere Autobahnpassagen. Designänderungen gab es natürlich auch; diese waren bei der 1999 vorgestellten R 1150 GS allerdings weniger augenfällig als bei der zwei Jahre später folgenden R 1150 R. Bis auf den von der Vorgängerin übernommenen Scheinwerfer hatten hier alle Anbauteile eine neue Form erhalten, die als sehr gefällig aufgenommen wurde. Selbst der einfache Rohrlenker passte hier gut ins Konzept.
Im Gegensatz zur GS war der sechste Gang bei der R etwas kürzer übersetzt, was dem sportlichen Charakter der »Nackten« Rechnung tragen sollte. Während die GS alle bisherigen BMW-Verkaufsrekorde sprengte und die Wartezeiten auf bis zu zehn Monate anwuchsen, führte die R, wie ihre Vorgängerinnen auch, nur ein bescheidenes Dasein in der BMW-Zulassungsstatistik.
Anders wiederum die ebenfalls 2001 in Serie gegangene R 1150 RT. Beim großen Tourer wurde der Motor neu abgestimmt und erreichte unter anderem dank einer höheren Verdichtung 95 PS; ein stets sattes Drehmoment von über 90 Nm stand schon ab 3000 U/min zur Verfügung. Auch die RT war einer deutlichen optischen Retusche unterzogen worden, was unter anderem an der neuen Verkleidung mit Tandemscheinwerfer und Nebelleuchten zu erkennen war. Wenngleich noch drei Kilogramm schwerer als die 1100er RT, sah die neue Maschine filigraner aus und machte einen dynamischeren Eindruck. Neu bei BMW war die EVO-Bremse, die weniger Hebelkraft für mehr Effizienz benötigte. Bei der RT wirkten im Übrigen Hand- und Fußbremshebel gleichzeitig auf beide Räder (integrales Bremssystem).

> Auch als R 1150 GS blieb die große Reiseenduro der Bestseller im BMW-Programm.

> Die BMW R 1150 RT war serienmäßig sowohl mit der EVO-Bremse als auch mit dem integralen Bremssystem ausgerüstet.

Nicht ganz der üblichen BMW-Modellpolitik folgend erschien erst Ende 2001 die R 1150 RS. Und dann auch noch im gegenüber der 1100er nur geringfügig überarbeiteten Kleid, bei dem lediglich die Windschutzscheibe acht Zentimeter länger geworden war. Bei der RS sprach man nun vom teilintegralen Bremssystem, bei dem mit dem Handbremshebel vorn und hinten, übers Fußpedal aber nur hinten gebremst wurde. Ebenfalls noch 2001 brachte BMW ein Sondermodell der R 1150 GS heraus, das ob seiner Eigenständigkeit hier extra aufgeführt und mit dem Original-Text des Motorrad-Kataloges von 2001 beschrieben werden soll: »Mehr GS war noch nie: BMW hat die Wünsche der Fernreisenden gebündelt und … eine abenteuerliche GS aufgelegt. Die Adventure hebt sich vor allem mit jeweils 20 Millimeter längeren Federwegen ab, wobei hinten ein nobles White Power-Bein wirkt, dessen Druckstufe sich abhängig vom Federweg verhärtet. Auf der Sitzbank kann der Pilot freier vor und zurück rutschen, ein höheres Windschild und bessere Vorderrad-Bremssättel schützen vor Unbill, gegen die Zubehörliste vom kurzen ersten Gang bis zum 30-Liter-Tank schützt nur eine dicke Geldbörse.« Als die normale R 1150 GS 2004 ihrer Nachfolgerin Platz machen musste, blieb die R 1150 GS Adventure weiterhin im Programm.

> **Auf ins Abenteuer: Das GS-Sondermodell Adventure war bald ein fester Bestandteil des BMW-Angebots und wurde auch nach Anlaufen der 1200-Produktion noch gebaut.**

> **Gut 30 kg leichter als die RT, aber mit dem gleichen Motor bestückt, kam die R 1150 RS auf maximal 215 km/h.**

Dem Zeitgeist folgend brachte BMW Anfang 2003 die zunächst nur als Studie gedachte R 1150 R Rockster auf den Markt. Ein Naked Bike, das man heute Streetfighter nennen könnte, wenngleich BMW diesen Begriff tunlichst vermeidet. Bei der Rockster hat BMW richtig in die Lagerregale gegriffen: die Lampen stammen von der R 1150 GS, Vorderrad-Kotflügel, Gabelgleitrohre und diverse Fahrwerkkomponenten von der R 1100 S und der Rest von der R 1150 R. Das merkt man aber kaum, da der Kontrast von giftgrüner (oder orangener) Lackierung mit mattschwarzen Elementen (u. a. der Motor) alles irgendwie anders erscheinen lässt. Jugendlicher vielleicht.
Die Boxermotoren waren ab Modelljahr 2003 mit einer Doppelzündung ausgerüstet.

> Mit der R 1150 R Rockster traf BMW offensichtlich den Zeitgeist, denn diese Maschine, deren Teile dem BMW-Baukasten entstammten, verkaufte sich besser als die einfache R.

BMW R 1150 GS	**1999–2004**	
2-Zyl.-4-Takt-Boxer	1150 cm³ hc	85 PS / 6800 U/min
BMW R 1150 R	**2001–2006**	
2-Zyl.-4-Takt-Boxer	1150 cm³ hc	85 PS / 6750 U/min
BMW R 1150 RT	**2001–2005**	
2-Zyl.-4-Takt-Boxer	1150 cm³ hc	95 PS / 7250 U/min
BMW R 1150 RS	**2001–2005**	
2-Zyl.-4-Takt-Boxer	1150 cm³ hc	95 PS / 7250 U/min
BMW R 1150 GS Adventure	**2001–2006**	
2-Zyl.-4-Takt-Boxer	1150 cm³ hc	85 PS / 6750 U/min
BMW R 1150 R Rockster	**2003–2005**	
2-Zyl.-4-Takt-Boxer	1150 cm³ hc	85 PS / 6800 U/min

Alle paar Jahre 50 Kubikzentimeter und ein paar PS mehr und weiter geht es mit dem guten alten Boxer, so könnte man meinen. Aber BMW verband die Hubraumvergrößerungen auch immer mit Überarbeitungen, die das typischste aller bayerischen Motorradtriebwerke weiter attraktiv hielten. So auch wieder bei der 2004 eingeführten R 1200 GS. Erstmals kam hier eine Ausgleichswelle zum Einsatz, die in der hohlgebohrten Vorgelegewelle für den Nockenwellenantrieb platzsparend platziert wurde und Vibrationen des Zweizylinders eliminierte. Neu auch ein schrägverzahntes Sechsganggetriebe, das einen ständigen Kritikpunkt früherer BMW-Modelle (Schalten war kein Geheimnis und herausspringende Gänge keine Seltenheit) zumindest abmilderte.
Das Design der neuen GS lehnte sich zwar an das der Vorgängerin an, die 22 kg Gewichtsersparnis waren ihr aber deutlich anzusehen. Die R 1200 GS baute schmaler und sah filigraner aus. Für den Ausritt ins Gelände war sie nun auch dank einer neuen Paralever-Schwinge und einer stabileren Lagerung zwischen Kardantunnel und Hinterachsgetriebe besser geeignet. Aus der stetigen Modellpflege stach die ab 2008 angehobene Leistung auf 105 PS, sowie die optional erhältliche elektronische Fahrwerksabstimmung »ESA« heraus.

> Die neue R 1200 GS war filigraner und nicht nur deshalb 25 kg leichter als die Vorgängerin. Die große GS ist seit langem das meistverkaufte Motorrad in Deutschland pro Jahr.

Das zweite Modell der neuen Boxergeneration war die ab Januar 2005 gefertigte R 1200 RT. Auch hier verhalfen das Mehr an Leistung (110 statt 98 PS) und das Weniger an Gewicht (immerhin 20 kg) zu mehr Dynamik. Zur vollen Leistungsentfaltung musste allerdings teures Superplus getankt werden. Interessant übrigens, wie im Jahre 2005 auch im Motorradbau ohne Elektronik fast nichts mehr ging: Die Motorsteuerung übernimmt Klopf- und Gemischregelung, die automatische Leerlaufregelung und die Kaltstartautomatik. Die EVO-Bremsen arbeiten mit Teilintegral-ABS und optional kann ein Electronic-Suspension-Adjustment geordert werden, welches das Fahrwerk per Knopfdruck den Straßenverhältnissen anpasst.
Der zweiteilige Stahlrohr-Gitterrahmen mit mittragendem Motor war bei der R 1200 RT ebenso neu konstruiert worden, wie die Verkleidung mit markantem Scheinwerferbild und der um 140 mm verstellbaren Windschutzscheibe. Zwei Hartschalenkoffer, die je 32 Liter fassen, waren bei den RT-Modellen längst ebenso Standard wie die höhenverstellbare, zweiteilige Sitzbank.

> 2005 löste die neue R 1200 ST die RS-Reihe ab. ST stand nun eindeutig für Sporttourer und konnte nicht mehr mit »Rennsport« verwechselt werden, wie das noch bei den Vorgängermodellen möglich war.

> 1978 hatte BMW die erste RT auf den Markt gebracht. 2005, mehr als ein Vierteljahrhundert später, schrieb die R 1200 RT die Erfolgsgeschichte der großen Tourenmaschine fort.

> Für betuchte Könner in der Kiesgrube: Die BMW HP2, das Angebot für Hardenduristen.

Einige Wochen nach der RT brachte BMW noch rechtzeitig zu Saisonbeginn die R 1200 ST heraus. Auch hier kamen neben dem größeren Motor der neue Rahmen und die weiterentwickelte Paralever-Schwinge zum Einsatz. Markant, aber sicher gewöhnungsbedürftig war die von einem vertikal angeordneten Doppelscheinwerfer geprägte, kantige Front des Sport-Tourers, die von der Seite betrachtet dennoch ein harmonisches Gesamtbild ergab. Gemessen am angegrauten Design der R 1150 RS, die nun ihre Ablösung fand, erschien die ST geradezu jugendlich. Immerhin ein Gesicht in der Menge. Die Scheibe war ebenso höhenverstellbar wie die Lenkerhälften und die Sitzbank. Anders als bei der neuen RT musste das teilintegrale ABS bei der ST extra bestellt und bezahlt werden.
Im sehr innovativen Jahr 2005 brachte BMW mit der Hardenduro HP2 schließlich noch einen richtigen Knaller heraus. Dabei handelte es sich nicht einfach um eine abgespeckte GS, sondern um ein – abgesehen vom Motor, dem lediglich die Ausgleichswelle entnommen worden war – völlig neu konstruiertes Sportgerät, dass vornehmlich im Gelände bewegt werden sollte und durchaus wettbewerbstauglich war. Dafür sorgten ein kräftiger Gitterrohrahmen, eine Upside-down-Gabel (kein Telelever!) mit 270 mm Federweg, das 21-Zoll-Vorderrad, und ein luftgefedertes (!) hinteres Federbein.
Tatsächlich federte und dämpfte dies ausschließlich mit Luft, es gab weder eine Stahlfeder noch einen Tropfen Öl. Mit einer normalen Handpumpe konnte die Federung eingestellt und das Fahrzeugniveau ausbalanciert werden. Auf jeglichen überflüssigen Schnickschnack wurde bei der HP2 verzichtet, selbst der Soziusplatz fiel dem kompromisslos auf Gelände getrimmten Konzept zum Opfer. Alles in allem eine Maschine für die Nische, und der Preis von 16.000 Euro sorgte sowieso für einen sehr eingeschränkten Interessentenkreis. Dessen war man sich bei BMW aber bewusst.
2007 stellten die Bayern der Enduro eine HP2 Megamoto zur Seite. Kürzere Federwege, 180er Niederquerschnittsreifen auf 17-Zoll-Felgen

und eine doppelte Scheibenbremse vorn waren unter anderem die Zutaten. Die Motorleistung wurde auf 110 PS angehoben.

Für die Saison 2006 legte BMW ab März des Jahres sogar noch mal eine Schippe drauf und offerierte weitere Modelle auch in der Boxer-Reihe. Die R 1200 GS Adventure löste nun auch das 1150er Modell ab und bot gegenüber der normalen GS wieder die klassischen Abenteuer- und Großreise-Spezialitäten: 33-Liter-Tank, höhenverstellbare Sitzbank, größerer Windschild, eine kräftige Gepäckbrücke aus Edelstahl, längere Federwege, eine wegeabhängige Dämpfung hinten, breitere Fußrasten mit verstellbaren Fußhebeln, Motor- und Sturzschutzbügel, verstellbarer Alu-Lenker mit Handprotektoren, Kreuzspeichenräder und mehr Leistung aus der Lichtmaschine. Damit hat die neue Adventure eine deutlich bessere Serienausstattung als ihre Vorgängerin, die sich die Bayern mit 13.762 Euro aber auch gut bezahlen lassen. Extras wie Zusatzscheinwerfer, Kofferset, oder abschaltbares ABS gibt's natürlich noch oben drauf.

Im späteren Frühjahr 2006 erweiterte die R 1200 S die neue Boxer-Reihe um ein weiteres Modell und löste endlich die betagte R 1100 S ab. Nie war ein Bayern-Boxer sportlicher: 122 PS bei 8250 U/min bringen die 195 kg leichte Maschine schnell auf Renntempo. Dabei maßt sich BMW nicht an, mit dieser Maschine in die Reihe der Supersportler vorzudringen; vielmehr suchte man mit der Boxer-S traditionell die Ausgewogenheit, von sportlichem Fahren und Alltagstauglichkeit zu realisieren. Und das dürfte mehr denn je gelungen sein.

Das für bayerische Verhältnisse sehr mutige Design (das absichtlich an die gute alte R 1100 S angelehnt ist), der schmale Gesamtaufbau, der filigrane Gitterrohrrahmen und die 17-Zoll-Räder sorgen für richtig sportliches Aussehen, das mit diversen Extras weiter aufgewertet kaum noch an alte BMW-Zeiten erinnert. Wäre da nicht der in vielen Details gegenüber den anderen 1200er Modellen geänderte Boxer-Motor, der bis 8800 Touren drehen kann, und für den entsprechenden Vortrieb sorgt. Das optionale ABS – ohne Integralfunktion und Bremskraftverstärker – ist für den Alltag gut und kann für die Rennstrecke abgeschaltet werden. Die Kardan-Schwinge arbeitet mit wegeabhängigem Federbein wie bei der GS Adventure – je stärker die Einfederung, je straffer arbeiten Druck- und Zugstufendämpfung.

> HP stand für High Performance und davon hatte die 113 PS starke HP2 Megamoto jede Menge. Diese Maschine vereinte diverse Elemente aus dem BMW Motorradbaukasten.

> Zwei Jahre nach der Einführung der R 1200 GS kam auch eine neue Adventure ins Programm und löste die erfolgreiche Vorgängerin ab.

> Die 1150 cm³ hatte die S-Baureihe ausgelassen und so löste erst 2006 die neue R 1200 S das äußerst beliebte Vorgängermodell 1100 S ab.

> Wie inzwischen bei BMW üblich, erschien Ende 2006 die nackte R 1200 R als Letzte in der neuen Typenreihe.

750 Euro war die neue »S« teurer als die alte. Auch für BMW-Fans kein Pappenstiel.

Im Herbst 2006 wurde dann auch die R 1200 R für das neue Modelljahr fertig. Im Design sanft überarbeitet, blieb es eine echte »R«, für deren Motor die Ingenieure 109 PS zuließen. 215 km/h waren damit möglich – theoretisch, denn auf einem nackten Motorrad wird es schon lange vorher ungemütlich. Mittels Elektronik konnte auf einfaches Superbenzin oder gar Normal-Sprit umgeschaltet werden, den es allerdings bald in Deutschland nicht mehr gab. Das hintere Federbein ließ sich je nach Belastung einstellen, in der Basisversion blieb für den Sozius allerdings nur ein unbequemes Sitzbrötchen. Integral-ABS, optional mit Antischlupf-Kontrolle, und – ebenfalls optional – ein elektronisches Reifenkontrollsystem konnten für die neue nackte BMW geordert werden. Wer die Maschine ohne Extras orderte, musste 11.750 Euro hinblättern und bekam dafür ein Motorrad, bei dem der Spaßfaktor im Vordergrund stand.

BMW R 1200 GS	2004–2009	
2-Zyl.-4-Takt-Boxer	1200 cm³ hc	98/105 PS / 7000/7500 U/min
BMW R 1200 RT	**2005–2009**	
2-Zyl.-4-Takt-Boxer	1200 cm³ hc	110 PS / 7500 U/min
BMW R 1200 ST	**2005–2008**	
2-Zyl.-4-Takt-Boxer	1200 cm³ hc	110 PS / 7500 U/min
BMW HP2 Enduro	**2005–2008**	
2-Zyl.-4-Takt-Boxer	1200 cm³ hc	105 PS / 7000 U/min
BMW HP2 Megamoto	**2007–2010**	
2-Zyl.-4-Takt-Boxer	1200 cm³ hc	113 PS / 7500 U/min
BMW R 1200 GS Adventure	**2006–2009**	
2-Zyl.-4-Takt-Boxer	1200 cm³ hc	98/105 PS / 7000/7500 U/min
BMW R 1200 S	**2006–2008**	
2-Zyl.-4-Takt-Boxer	1200 cm³ hc	122 PS / 8250 U/min
BMW R 1200 R	**2006–2010**	
2-Zyl.-4-Takt-Boxer	1200 cm³ hc	109 PS / 7500 U/min

Die K-Frage spielte in Bayern schon immer eine besondere Rolle. BMW beantwortete sie 2004 mit einem völlig neuen Sportler, der von einem Reihen-Vierzylindermotor, der quer zur Fahrtrichtung eingebaut war, angetrieben wurde. Also die klassische Vierzylinder-Anordnung, allerdings mit einem ungewöhnlichen Neigungswinkel von 55 Grad nach vorn. Ohne Ölwanne (Trockensumpfschmierung) ergab sich ein günstiger, tiefer Schwerpunkt. Auch noch nicht alltäglich war im Jahre 2004 die Betätigung der vier Ventile pro Zylinder mittels Schlepphebel.

In der neuen K 1200 S leistete der Motor 167 PS, das Drehmoment von 130 Newtonmeter stand bei moderaten 8250 U/min an, 90 waren es bereits bei 3000 Touren. Damit rückte nach langer Zeit wieder einmal eine BMW in die Spitze der serienmäßigen Sportmotorräder auf und mit dem neuen Fahrwerk vielleicht sogar ganz nach vorn. Gehalten von einem Aluminium-Brückenrahmen, kam hinten wieder die gewohnte Paralever-Einarmschwinge, von einem Zentralfederbein gestützt, zum Einsatz. Bei den neuen K-Modellen war sie allerdings an der linken Fahrzeugseite angebracht. Die Vorderradführung war völlig neu – wenn man davon absieht, dass sie eine Weiterentwicklung der guten alten Trapezvordergabel (Parallelogrammgabel) ist. Duolever nannte BMW die Federung, bei der zwei gegossene Aluträger, die das Vorderrad führen, vor dem Federungs-Parallelogramm drehbar gelagert waren. Das Federbein stützte sich am unteren Lenkungspunkt ab. Ein filigraner Dreieckslenker übertrug die Lenkbewegungen auf die ansonsten von der Lenkung getrennte Radführung samt Federung.

Die Tester bescheinigten der K 1200 S ein hervorragendes Handling und eine Lenkpräzision auf höchstem Niveau. Während das Integral-ABS bei der neuen BMW zur Serienausstattung gehörte, musste das neue ESA-System (elektronische Einstellung von Federbasis und Dämpfung) extra bezahlt werden.

Als zweites Modell der neuen K-Reihe ging im Laufe des Jahres 2005 die K 1200 R in Serie. Ein Roadster-Modell wie man es bis dahin noch nicht gesehen hatte. Das aufregende, futuristische, aber auch gewöhnungsbedürftige Design, gepaart mit dem neuen Motor und dem neuen Fahrwerk (mit geringfügigen Änderungen) der K 1200 S, bescherte BMW das bis dato stärkste serienmäßige Naked Bike auf dem Motorradmarkt. Und katapultierte so den Begriff Roadster in eine für bayerische Verhältnisse neue Dimension.

> Die K 1200 S markierte den Anfang einer neuen Epoche bei BMW. Mit diesem Reihenvierzylinder-Bigbike forderte BMW die japanische Konkurrenz in deren ureigenster Domäne heraus.

Ende März 2006 kam dann die dritte Maschine der neuen K-Reihe auf den Markt, die K 1200 GT, die gleichzeitig das bisherige Modell gleichen Namens mit längs liegender Kurbelwelle ablöste. Mit 152 PS und einem auf hohes Drehmoment ausgelegten Motor präsentierten die Bayern den bisher stärksten Sporttourer ihrer Geschichte. Und auf Grund geringer Baubreite und flüssiger Linie auch den optisch dynamischsten. Technisch basiert die »Gran Turismo«, einschließlich des optionalen, elekt-

> Im Jahre 2005 war die K 1200 R mit maximal 262 km/h das schnellste Naked Bike der Welt. Optisch war die Maschine für die klassische BMW-Kundschaft gewöhnungsbedürftig.

risch einstellbaren Federbeins, auf der K 1200 S. Serienmäßig sind einstellbare Sitzbank und verstellbarer Lenker, elektrisch höhenverstellbares Windschild, ein Koffersystem und das teilintegrale ABS.
Das alles lassen sich die Bayern mit 17.000 Euro fürstlich bezahlen und mit diversen Sonderausstattungen sind auch die 20.000 schnell erreicht. Dafür gibt es schon ein ordentliches Auto der Mittelklasse. Was die Käufer der großen BMWs aber wohl kaum je interessiert hat.
Zwischen die K 1200 S und die K 1200 R schob BMW 2007 die K 1200 R Sport mit strömungsgünstiger Halbschalen-Verkleidung. Konservativ, aber durchaus schick versteckte diese Maschine die gewöhnungsbedürftige Frontansicht der nackten R, von der sie sonst aber alle Fahrwerks- und Motorkennzahlen übernahm.

BMW K 1200 S	2004–2008	
4-Zyl.-4-Takt-Reihe	1200 cm³ dohc	167 PS / 10.250 U/min
BMW K 1200 R	**2005–2008**	
4-Zyl.-4-Takt-Reihe	1200 cm³ dohc	163 PS / 10.250 U/min
BMW K 1200 GT	**2006–2008**	
4-Zyl.-4-Takt-Reihe	1200 cm³ dohc	152 PS / 9500 U/min
BMW K 1200 R Sport	**2007–2008**	
4-Zyl.-4-Takt-Reihe	1200 cm³ dohc	163 PS / 10.250 U/min

> Als Sporttourer ging 2006 die BMW K 1200 GT an den Start. Mit 17.000 Euro in der Basisversion war sie die bis dahin teuerste BMW-Serienmaschine.

> Setzte sich im BMW-Programm nicht durch: Die K 1200 R Sport versteckte die unsymmetrische Frontpartie der nackten Schwester hinter einer knappen Verkleidung.

> Die F 800 S mit Zweizylinder-Reihenmotor und Zahnriemenantrieb begründete eine weitere neue Motorradgeneration von BMW.

Ende September 2005 stellte BMW mit der F 800 S ein Motorrad mit Zweizylinder-Reihenmotor vor, der eine völlige Neukonstruktion und nicht von den vorher beschriebenen K-Modellen abgeleitet war. Wenngleich sich die Brennraumgestaltung an den Vierzylinder anlehnte. Entwickelt wurde das Vierventil-Triebwerk zusammen mit der Bombardier-Rotax GmbH; die Österreicher übernahmen auch die Fertigung des 85 PS leistenden Zweizylinders.
Die F 800 S – das S stand wieder für »Sportler« – begründete nun eine vierte Modellreihe bei BMW, die beim Hinterradantrieb auf den schon von der F 650 CS bekannten Zahnriemen setzte. Das Vorderrad wird von einer normalen Telegabel mit 43er Standrohren geführt. Der Einstieg in die neue BMW-Mittelklasse war ab 8.450 Euro möglich, ausgeliefert wurde Schwester S ab dem Frühjahr 2006.
Es war dann schon Frühsommer, als die voll verkleidete F 800 ST bei den Händlern auftauchte. Der Sporttourer hatte gegenüber der S außerdem ein höheres Windschild, eine Alugepäckbrücke und einen höheren Lenker, der für eine bequemere Sitzposition sorgte. Die Sitzbank war bei beiden F-Modellen identisch und sorgte dafür, dass sich auch der Sozius wohlfühlte. 700 Euro kostete die Reiselimousine mehr als der Sportler. Eine Drosselung auf 34 PS war für beide F-Modelle möglich.
Als 2008 eine neue F 650 GS ins BMW-Programm kam, musste man sich erst mal die Augen reiben. Denn es handelte sich eben nicht um einen Nachfolger der seit 1993 gebauten Singles, sondern um eine neue Maschine mit dem modifizierten 798-cm³-Zweizylindermotor, der schon in der F 800 steckte. Hier allerdings auf 71 PS reduziert. Und anders als bei S und ST steckte diese »800er« in einem Gitterrohrrahmen und musste mit einer Bremsscheibe am Vorderrad auskommen. Für 7.900 Euro war die Basisversion zu haben und wie die anderen F-Typen schlug auch diese Zweizylinder-Maschine auf dem Markt voll ein und verkaufte sich prächtig. Anders als die zuletzt schwächelnde Einzylinder-F 650, die von dem neuen Modell mit gleicher Bezeichnung beerbt wurde.

> ST stand bei den neuen 800ern wieder für Sporttourer, der gleichzeitig mit dem S-Modell für 9.140 Euro auf den Markt kam.

> Die ab 2008 ins Programm genommene F 650 GS hatte zwei Zylinder und eröffnete als preiswertes Basismodell den Einstieg in die 800er Klasse.

Fürs Gelände war die neue F 650 GS nur bedingt geeignet, besser konnte das die F 800 GS, die ab 2008 als kleine Schwester der großen 1200er zur Seite gestellt wurde. Hier leistete der gegenüber der 800 S überarbeitete Twin wieder 85 PS bei nur noch 7500 U/min; die langen Federwege und das 21-Zoll-Vorderrad luden auf die Schotterpiste ein und die zwei Bremsscheiben vorn hatten jede Verzögerung gut im Griff. Die kleine GS räuberte kaum im Revier der Großen, vielmehr zog sie Interessenten an, die zuvor auf einer Honda Africa Twin oder einer Yamaha Super Tenere gesessen haben.

Die Zeiten der einst gefeierten F 650 mit ihren Rekordverkaufszahlen waren längst vorbei, ihre Nachfolger F 650 GS und GS Dakar dümpelten am Ende nur noch so vor sich hin. Leider waren diese Single-Allrounder, die auch gerne mal eine größere Tour vertrugen, nicht mehr sonderlich gefragt. BMW nutzte zwei alte Bekannte, um für das Modelljahr 2007 gleich drei neue Einzylinder-Maschinen vorzustellen: Das Montagewerk von Aprilia und den Rotax-Motor, der immer noch in den F 650-Modellen seinen Dienst tat. Jetzt leicht überarbeitet (weniger Schwungmasse, neue elektronische Steuerung) bildete er, in

> Die F 800 GS war im Gegensatz zur 650er eine echte »GS«, also sozusagen die kleine Schwester der großen Boxermaschine, mit der man auch mal einen Ritt ins Gelände wagen konnte.

BMW F 800 S	2006–2010	
2-Zyl.-4-Takt-Reihe	800 cm³ dohc	85 PS / 8000 U/min
BMW F 800 ST	**2006–2012**	
2-Zyl.-4-Takt-Reihe	800 cm³ dohc	85 PS / 8000 U/min
BMW F 650 GS	**2008–2012**	
2-Zyl.-4-Takt-Reihe	800 cm³ dohc	71 PS / 7000 U/min
F 800 GS	**2008–2017**	
2-Zyl.-4-Takt-Reihe	800 cm³ dohc	85 PS / 7500 U/min

einem Einheitsrahmen (Stahlbrücke mit Aluschwingenaufnahme) sitzend, die Basis der drei neuen G-650-Modelle Xcountry, Xchallange und Xmoto.

Dabei war die G 650 Xcountry der Allrounder in der Scrambler-Tradition, der sich auf der Straße gut hielt und auch mal einen leichten Ritt ins Gelände mitmachte. 8.162 Euro waren 2008 für die spartanisch ausgestatte Maschine (selbst Soziusfußrasten waren extra zu bezahlen) kein Pappenstiel und schreckte die Kundschaft von Anfang an ab.

Noch mal 300 Euro obendrauf kostete die G 650 Xchallenge, die mit 21-Zoll-Vorderrad, HP2-Luftfederbein und Entenschnabel die Offroad-Version der neuen G-Reihe darstellte. Sich hier aber harter (und

preiswerterer) Konkurrenz, etwa der Yamaha XT 660 R oder der Husqvarna TE 610 erwehren musste und sich dabei schwer tat.
Nicht anders erging es der G 650 Xmoto, die mit 8.962 Euro ein echtes Luxusgut darstellte, aber nicht an die Konkurrenz, zum Beispiel der KTM 690 Supermoto, heranreichte. Alle G-Modelle waren für rund 800 Euro Aufpreis mit ABS lieferbar.

> Die G 650 Xcountry war der Allrounder in der neuen G-Troika und sollte so die alten F-Einzylindermodelle ersetzen, was ihr aber nicht gelang.

> Für den Ritt ins Gelände war die G 650 Xchallenge gedacht. Wettbewerbsfähig war sie dabei allerdings nicht, taugte aber als Trainingsgerät für Einsteiger.

Ein Paukenschlag war es, als BMW im Herbst 2007 verkündete, den traditionsreichen Offroad-Hersteller Husqvarna übernommen zu haben. Allerdings machten sich die Bayern damit Konkurrenz im eigenen Hause für ein Projekt, das 2007 noch im Prototypenstadium steckte und ab 2008 offiziell zum Kauf angeboten wurde: Die BMW G 450 X, eine echte Wettbewerbsenduro mit einem völlig neu konstruierten (und in Taiwan gebauten) Motor und unkonventionellen Konstruktionsmerkmalen (z. B. Hinterradschwinge in der hohlgebohrten Getriebeausgangswelle gelagert).

> Wenigstens eine Supermoto-Maschine musste jeder Motorradhersteller im Programm haben. Bei BMW hieß sie G 650 Xmoto.

> 2008 konnte die G 450 X käuflich erworben werden.

Werkseitig ab 2007 in der Deutschen Enduromeisterschaft eingesetzt, gewann Simo Kirssi ein Jahr später den Titel in der German Cross Country. Das interessierte aber wohl kaum jemanden, denn die ab Mitte 2008 für 8.500 Euro käuflich zu erwerbende Maschine fand nur wenige Interessenten und konnte sich in der Folge sportlich kaum mehr im Wettbewerb durchsetzen, während der Werksprototyp unter Juha Salminen 2010 Enduro-Vizeweltmeister wurde. 2011 stellte BMW die Fertigung ein und übertrug wesentliche Konstruktionsdetails auf die Marke Husqvarna.

BMW G 650 Xcountry	**2007–2010**	
1-Zyl.-4-Takt	650 cm³ dohc	53 PS / 7000 U/min
BMW G 650 Xchallenge	**2007–2010**	
1-Zyl.-4-Takt	650 cm³ dohc	53 PS / 7000 U/min
BMW G 650 Xmoto	**2007–2010**	
1-Zyl.-4-Takt	650 cm³ dohc	53 PS / 7000 U/min
BMW G 450 X	**2007–2011**	
1-Zyl.-4-Takt	450 cm³ dohc	52 PS / 9000 U/min

MZ

Im Juni 1997 ging zuerst die »Mastiff« und wenig später die »Baghira« in die Serienfertigung; zwei neue Zschopauer Motorräder, die zu diesem Zeitpunkt durchaus konkurrenzfähig waren. Allerdings waren sie nicht so ganz neu. Das Triebwerk stammte weiterhin von Yamaha (u. a. Tenere) und auch die wesentlichen Fahrwerkselemente wurden von den Skorpion-Typen übernommen. Der Rohrrahmen war jetzt nicht mehr so dominant, einige Designelemente, wie etwa der Rohrbogen, an dem Doppelscheinwerfer und Armaturen befestigt waren, dafür umso mehr. Verspielt nannten einige die Optik, die vom japanischen Designer Masanori Hiraide stammte. Die Aufmerksamkeit war den neuen Zschopauern jedenfalls sicher und sie verkauften sich auch deutlich besser als die Skorpion-Motorräder.

> Will nur spielen: die MZ mit dem Namen einer Kampfhunderasse: »Mastiff«.

> Für den Großstadtdschungel: Die MZ Baghira in der normalen Enduro-Variante.

Die Mastiff sollte als reines Funbike einer KTM Duke, Aprilia Pegaso oder gar BMW F 650 ein wenig das Publikum streitig machen (vor allem das nicht so zahlungskräftige), geriet dann aber mit den kleinen 17-Zoll-Rädern unvermittelt in die gerade aufkommende Supermoto-Mode und war faktisch einer der ersten käuflich erwerbbaren Vertreter dieser neuen Gattung. Fahrwerkseitig konnte die Mastiff da voll mitmischen, lediglich der Motor war trotz seiner 50 PS ein wenig zu zäh für die Supermoto-Hatz. Auf engen, kurvigen Landstraßen war die Maschine dagegen bestens aufgehoben. Ab dem Jahr 2000 konnte die Mastiff in der Variante »Warrior« mit einer mattschwarzen Lackierung und geänderten Scheinwerfern erworben werden.
Auf die mehr enduristisch-interessierten Käufer zielte die Baghira ab, und zumindest in Bezug auf die schwarze Lackierung könnte sie mit dem Panther aus dem Dschungelbuch etwas gemein haben. Ein späteres Sondermodell in tiefem Schwarz wurde dann ja auch »Baghira Black Panther« getauft. Am Anfang ihrer Karriere fiel die Maschine aber mit ganz anderen Farben auf: Orange, Violett und Ocker an einem Motorrad hatte man bis dato noch nicht gesehen. Zusammen mit dem ungewöhnlichen Design also zwar etwas gewöhnungsbedürftig, letztendlich aber ein echtes Gesicht in der Menge. Und abgesehen vom nicht sonderlich agilen Motor war die Baghira kein weichgespültes Reisemotorrad, denn schon allein die Sitzhöhe von 920 mm und die knochenharte Sitzbank sprachen dagegen. Ihre Erbauer wollten sie durchaus mit einer KTM LC 4 verglichen sehen und zumindest fahrwerkseitig hielt die Sächsin diesem Anspruch zunächst auch stand.
Im Laufe ihrer Bauzeit wurde die Baghira in verschiedenen Sondermodellen angeboten. Die »Forest« war komplett in Förstergrün und Mattschwarz getaucht, die »HR« mit den Federelementen der Mastiff und der tiefer gelegten Sitzbank sollte auch kleinere Personen auf die Maschine locken.

> Die MZ Baghira Street Moto als Sondermodell »Black Panther«.

Als eigenständiges Modell muss dagegen die »Baghira Street Moto« angesehen werden. MZ gelang ein geschickter Schachzug, indem Räder und Bremsen der Mastiff an die Baghira montiert wurden. Und fertig war eine schöne Supermoto-Maschine, deren Optik vor allem in dem tiefschwarzen und bereits erwähnten Sondermodell »Black Panther« voll zur Geltung kam. Die Baghira Street Moto drängte folgerichtig die Mastiff aus dem Rennen und nach 2004 endgültig aus den Angebotskatalogen.
Mit verbessertem Fahrwerk, aber immer noch dem gleichen Motor ersetzte das Modell 660 Supermoto bzw. Supermoto S die Baghira Street Moto. Letzteres Modell war auf gekürzten Federwegen und einer tieferen Sitzposition unterwegs.

> Die MZ 600 Supermoto setzte den Schlusspunkt hinter der Modellreihe mit dem Yamaha-Single.

MZ Mastiff	1997–2004	
1-Zyl.-4-Takt	659 cm³ ohc	50 PS / 6500 U/min
MZ Baghira	**1997–2006**	
1-Zyl.-4-Takt	659 cm³ ohc	50 PS / 6500 U/min
MZ Baghira Street Moto	**1999–2006**	
1-Zyl.-4-Takt	659 cm³ ohc	50 PS / 6500 U/min
MZ 660 Supermoto/S	**2006–2008**	
1-Zyl.-4-Takt	659 cm³ ohc	50 PS / 6500 U/min

> Vielleicht das beste Motorrad in dieser Hubraumklasse zu seiner Zeit: Die MZ RT 125.

> Für den echten Geländesport zu schwer, fürs Abstellen vor dem Café ideal: MZ RT 125 SX.

Schon auf der Intermot 1998 stellte MuZ eine neue 125er mit eigenem Viertaktmotor vor, die – entsprechend alter Tradition – wieder RT 125 genannt wurde. Als die neue RT dann im Jahr 2000 serienfertig war, klang der große Boom der 125er-Motorräder schon fast wieder ab. Dennoch konnte sich MZ, wie die Marke seit 2000 wieder ohne Zwischenbuchstabe heißen durfte, mit der neuen RT 125 Marktanteile in lange nicht mehr gekannten Größenordnungen sichern. Dazu trugen auch die durchweg guten Kritiken bei, die der Maschine sehr gute Fahreigenschaften, ein gutes Handling und vor allem einen der besten Motoren dieser Klasse bescheinigten.

Der selbst entwickelte Viertakter, der erste in der Geschichte des Unternehmens, der überhaupt in eine Serienproduktion ging, schaffte immerhin 15 PS und war damit nicht nur der stärkste, sondern mit Flüssigkeitskühlung, zwei oben liegenden Nockenwellen, vier Ventilen und Sechsgang-Getriebe auch der modernste Motor in diesem Segment. 115 km/h Spitzengeschwindigkeit waren möglich, eine Drosselung auf 80 km/h selbstverständlich auch.
Von der RT 125 gab es inzwischen einige Sondermodelle. So wartete diese Maschine in der Variante »Classic« mit Drahtspeichenrädern anstelle der dreispeichigen Gussräder und einigem Chromzierrat auf.

> **Im Supermoto-Look: Die MZ RT 125 SM erblickte im Jahr 2000 das Licht der Welt.**

Die »Striker« in Orange und Schwarz hatte einen geraden schwarzen Lenker, schwarz abgesetzte Felgen und Gabelholme, sowie einen anthrazitfarbenen Triebwerksblock.
Noch im gleichen Jahr brachte MZ auf der Basis der RT eine wunderschöne Enduro heraus. Die RT 125 SX erhielt gegenüber der normalen Version deutlich längere Federwege und ein tolles Design. Rahmen und Motor blieben unverändert. Die Maschine war für Gelände und Straße gleichermaßen gut geeignet; eine Wettbewerbsenduro war sie freilich nicht. Der Testsieger diverser Fachzeitschriften hatte es aber auf einem sich mehr und mehr ausdünnenden 125er-Markt schwer, sich durchzusetzen, nicht zuletzt wegen des in den alten Bundesländern immer noch schwachen Händlernetzes. Im Osten sind die 125er von MZ hingegen unumstrittener Marktführer.
International etwas bekannter wurde die MZ 125 SX, nachdem das französische Heer im Jahre 2004 um die 500 Exemplare in Sonderausführung mit Gepäckträger, Verdunkelungsmaske, Motorschutz, Handprotektoren und schwarzer Lackierung geordert hatte. RT 125 NATO war die interne Bezeichnung für dieses Modell, das Zivilisten allerdings nicht erwerben konnten. Für 3990 Euro war dagegen das Sondermodell SIXDAY´S 87 zu haben. Auch hier waren Handprotektoren und der Motorschutz aus Stahl serienmäßig. Dazu kamen ein grüner Rahmen, ein schwarzer Motordeckel und aluminiumfarbene Felgen.
Äußerst geschickt und mit minimalem Aufwand konnte MZ, zeitgleich mit dem Enduro-Modell, der aufkommenden Super-Moto-Mode mit einem 125er-Modell Rechnung tragen. Dazu mussten nur die Räder der Enduro gegen diejenigen der normalen RT 125 getauscht werden – fertig war die RT 125 SM, die besonders in der schwarzen Lackierung »echt cool« daherkam. Zahlreiche Sondermodelle sorgten dafür, dass die SM zur beliebtesten 125er MZ der Neuzeit wurde, wie z. B. die SM MIG in Fliegergrau mit rotem Stern, die SM Twin Colour in Rot-Schwarz und Orange-Schwarz oder die SM Cup Replica mit Renn-Federbein von Wilbers und konifiziertem Lenker.
Apropos SM Cup: Seit 2002 gab es den SM Youngster Cup, der im Rahmen der internationalen deutschen Super-Moto-Meisterschaft ausgetragen wurde. Mit seriennahen RT 125 SM-Maschinen (lediglich Spezialreifen von Heidenau wurden aufgezogen) war es jugendlichen Nachwuchsfahrern möglich, sich an das Feld der Großen heranzutasten.
Alles in allem muss man MZ aber vorwerfen, aus einem der besten Viertaktmotoren in der 125er-Klasse nicht genug gemacht zu haben. Hier war zweifellos Potenzial verschenkt worden. Mit dem Sondermodell RT 125 Striker endete 2009 die MZ-Fertigung.

MZ RT 125	**2000–2008**	
1-Zyl.-4-Takt	124 cm³ dohc/4	15 PS / 9000 U/min
MZ RT 125 SX	**2000–2008**	
1-Zyl.-4-Takt	124 cm³ dohc/4	15 PS / 9000 U/min
MZ RT 125 Supermoto	**2000–2008**	
1-Zyl.-4-Takt	124 cm³ dohc/4	15 PS / 9000 U/min

Im Sommer 2000 wurde die neue MZ 1000 S vorgestellt; sogar erste Probefahrten waren möglich. Der straff designte Sporttourer mit dem leicht nach vorn geneigten, 117 PS starken Zweizylinder-DOHC-Motor im Brückenrahmen aus Stahl erntete damals Beifall allerorten, wenngleich man sich fragte, warum sich MZ ausgerechnet eines der am heißesten umkämpften Segmente auf dem Motorradmarkt ausgesucht hatte. Aber der supermodernen Maschine wurden durchaus gute Chancen eingeräumt.
2002 sollte das mit einer Telegabel und der Zweiarmschwinge mit Zentralfederbein ausgerüstete Motorrad auf den Markt kommen. Tatsächlich dauerte es dann noch einmal zwei Jahre und 2004 war die große MZ zwar immer noch ein echter Blickfang, aber doch nicht mehr so ganz taufrisch. Dennoch bescheinigten ihr alle Tester ein ausgezeichnetes Fahrwerk und ein gutes Handling. Eine hervorragende Verarbeitung und MZ-übliche, pfiffige Detaillösungen waren weitere Pluspunkte. Diesen standen allerdings ein nicht sonderlich kultivierter, vor allem im unteren Drehzahlbereich recht ruppiger Motor und ein sich am obersten Limit orientierender Preis von 12.500 Euro gegenüber. Sicherlich waren auch diese letztgenannten Faktoren mit dafür verantwortlich, dass die MZ 1000 S viel zu wenig Käufer fand. Mit rund 200 in einer Saison verkauften Maschinen lag man weit unter der Rentabilitätsgrenze. Nachdem der Motor deutlich runder lief und der Preis für 2005 auf 10.790 Euro gesenkt worden war, stieg die schöne Sächsin in der Gunst der Interessenten.

> **Das hubraumstärkste Motorrad aller Zeiten aus Zschopau: MZ 1000 S, erstmals gezeigt auf der Intermot 2000.**

Sie konnten inzwischen alternativ auf das zweite Modell der neuen 1000er Reihe, die MZ 1000 SF, zurückgreifen. SF stand für Super-Fighter und eine bis auf die knappe Lenkerverkleidung entblätterte 1000 S. Von dieser unterschied sich die neue »Nackte« außerdem noch in der Soziusabdeckung, den poppigen Farben und weit ausladenden Spiegeln. Das Motormanagement wurde dahingehend geändert, dass die Ingenieure zu Gunsten eines höheren Drehmoments auf ein wenig Leistung verzichteten – wie es sich für einen echten Streetfighter eben gehörte. Und in dieser Liga spielte die neue MZ, die wieder einmal einen Design-Award für die Sachsen gewann, sofort ganz vorne mit und machte mit ihrem Preis von 9490 Euro denjenigen die Entscheidung schwer, die vielleicht an eine Kawasaki Z 1000 oder Ducati Monster gedacht hatten. Im Sommer 2005 kam mit der MZ 1000 ST das dritte Modell der neuen Baureihe auf den Markt. ST stand hier für »Super-Traveller«, was die Maschine als reisetauglicher und bequemer gegenüber der 1000 S ausweisen sollte. Chassis und Verkleidung blieben dabei nahezu unverändert, aber der Lenker geriet höher und breiter und die Fußrasten wurden etwas tiefer und weiter nach vorn platziert. Die Scheibe wuchs um 30 mm nach oben und erhielt eine Spoilerkante. Für die Bequemlichkeit des Sozius sorgte eine aufgepolsterte Sitzbank.

> **Hätte das Zeug zum Ducati-Jäger gehabt: MZ 1000 SF.**

> **Die MZ 1000 ST schloss 2005 die 1000er Baureihe der Sachsen ab. Da war die Talfahrt des Traditionsunternehmens aber schon nicht mehr zu stoppen.**

Wie bei der 1000 SF wurde auch für die ST die Spitzenleistung des Triebwerks zu Gunsten des Drehmoments verringert. Mit nur 10.290 Euro ist die MZ 1000 ST im Jahre 2005/06 eine Kampfansage an die Konkurrenz, was aber nicht zur wirtschaftlichen Belebung eines der letzten deutschen Motorradherstellers beitrug. Der indessen aber schon eine Reduzierung der Belegschaft und die Verlegung von Teilen der 125er-Montage nach Asien angekündigt hatte.
Im September 2008 schlossen sich die Tore von MZ in Hohndorf und alle Versuche, in den Folgejahren wieder richtige Motorräder am Standort zu bauen, scheiterten.

MZ 1000 S	2004–2008	
2-Zyl.-4-Takt-Reihe	999 cm³ dohc/4	117 PS / 9000 U/min
MZ 1000 SF	**2005–2008**	
2-Zyl.-4-Takt-Reihe	999 cm³ dohc/4	113 PS / 9000 U/min
MZ 1000 ST	**2005–2008**	
2-Zyl.-4-Takt-Reihe	999 cm³ dohc/4	113 PS / 9000 U/min

Sachs

SACHS

Im Jahre 2000 stellte Sachs zwei erwachsene Motorräder der Roadster-Linie vor. Den Anfang machte die Roadster 650 mit einem Einzylinder-Viertaktmotor von Suzuki, der mit 50 PS zu den kräftigsten seiner Zunft gehörte. Dazu gesellte sich ein ordentliches Fahrwerk aus meist italienischen Teilen und ein schönes, klassisches Naked-Bike-Design. Mit seinem 20-Liter-Tank und dem bequemen Soziussitz war dieses Motorrad durchaus auch für die große Tour zu zweit zu gebrauchen und überhaupt war es ein guter Allrounder mit hohen Alltagsqualitäten. Letzteres galt ebenfalls für die Sachs Roadster 800. Und auch deren 58 PS starker V-2-Motor samt Kardanantrieb von Suzuki kam bei den Testern ganz ordentlich weg. Nicht ganz so gut meinten diese es allerdings mit dem Fahrwerk und dessen allzu weichen Federelementen – trotz moderner Upside-Down-Gabel. Dennoch musste der Gesamteindruck der Maschine nicht zuletzt wegen der sehr schönen Linienführung und der Cruiser-Qualitäten überzeugen, was aber dann beim Publikum doch nicht der Fall war. Die Roadster 800 verkaufte sich schlecht und musste ein ums andere Mal in Rabattaktionen einbezogen werden.
Mit zwei Sondermodellen versuchte Sachs das Geschäft anzukurbeln: 2002 erschien die auf 150 Exemplare limitierte b-805 Spezial Edition mit einem futuristischen und aggressiven Äußeren. Lenker, Frontverkleidung, Heck, Cockpit und Instrumentierung waren gegenüber der Basis-800er geändert. Ein knalliges Metallicorange war die Standardlackierung. Das ganze Erscheinungsbild war ein wenig an die auf der Intermot 2000 gezeigte Studie »Beast« angelehnt.
2003 erschien dann mit der s-805 noch ein Ableger der großen Roadster, die nun Designelemente beider 800er miteinander verband und vielleicht die schönste Maschine dieses Dreigestirns war. Aber das half alles nichts, nach nicht einmal 300 verkauften Motorrädern oberhalb der 125 cm³-Marke im Jahre 2003 ließ Sachs die große Roadster 2004 auslaufen. Im Jahr darauf erlitt die 650er das gleiche Schicksal. Der Boom in der 125er-Klasse war so schnell wieder vergangen, wie er gekommen war und zu Beginn des neuen Jahrtausends reduzierte sich das Angebot dramatisch. Auch bei Sachs musste man reagieren und nahm bis auf ein Modell nach und nach alle 125er aus dem Programm. 2004 konnte dann mit der XTC zeitweise nur noch eine Sachs-Maschine in diesem Segment käuflich erworben werden. Aber seit 2002 war diese

XTC nicht mehr mit dem früheren Zweitakt-Renner zu vergleichen. Ab diesem Jahr war nämlich ein harmloser Viertaktmotor von Suzuki zum Einsatz gekommen, der zwar auch 15 PS leistete, diese aber sehr gemächlich entfaltete und das Renndesign der XTC ein wenig ad absurdum führte.
Ab dem Modelljahr 2005 belebten zwei neue Maschinen aus Nürnberg die 125er Szene. Da war zum einen die MadAss 125, die mit ihrem schrillen und zugleich simplen Auftritt und dem günstigen Preis von knapp über 2000 Euro ganz klar auf ein junges Publikum abzielte. Der Viertaktmotor leistete neun PS und beschleunigte die kleine Maschine auf maximal 90 km/h. Immerhin gab es von diesem skurrilen Gefährt bereits eine Mokick-Version, die 2004 zur meistgekauften 50er mit Schaltgetriebe avanciert war.
Eher Chancen auf einen vorderen Platz in der Zulassungsstatistik hatte die andere neue Maschine, die X-Road 125. Es war der zweite Versuch der Franken, nach der XTC-N wieder ein klassisches Naked Bike auf dem 125er Markt zu etablieren, das mehr noch als sein Vorgänger durch

> Der Sachs Roadster 800-Ableger b-805, ebenfalls mit Suzuki-VX-800-Twin.

> Schön, aber trotzdem nicht erfolgreich: Die Sachs Roadster 650 mit Suzuki-Triebwerk.

> Polarisiert und ist längst Kult: die ungewöhnliche Sachs MadAss 125.

> Ein weiterer Ableger der Roadster 800, die s-805, entstand 2003 in nur wenigen Exemplaren.

> Die Sachs XTC 125, ab 2002 mit Suzuki-Viertakt-Motor.

> Auch die Sachs X-Road 125 hatte den Suzuki-Viertakter, ein zuverlässiges Triebwerk, jedoch ohne Temperament.

> Der schönen Sachs Roadster 800 mit dem Motor der kleinen Suzuki Intruder war leider auch kein Erfolg beschieden.

eine aggressive, jugendlich gestylte Optik auffiel. In deren Mittelpunkt stand klar der knallrot lackierte Gitterrohrrahmen und das von einer ebenso roten Zweiarmschwinge gehaltene, fette 160er Hinterrad. Als Antrieb diente hier wieder der luft-/ölgekühlte Suzuki-Viertakter, der auch in der neuen XTC 125 seinen Dienst tat.
Bei den 125ern war Sachs Mitte des Jahrzehnts also gut aufgestellt, das Hauptgeschäft der 120 Mitarbeiter (2005) lag aber längst in anderen Bereichen. Die Sachs-Quads liefen gut und mit dem Vertrieb französischer Voxan-Motorräder, SYM-Roller aus Taiwan und italienischer Mokicks und Roller der Marke Malaguti verdienten die Nürnberger gutes Geld.
Aber der Rückgang der zugelassenen, selbstproduzierten Motorräder von über 70 % im Jahre 2005 drückte die Gesamtbilanz der Nürnberger deutlich nach unten. Nach der Übernahme von Sachs durch einen Finanzinvestor aus Hongkong im Februar 2006 wurde die Fertigung der Motorräder nach China verlagert. Der älteste deutsche Motorradhersteller kümmerte sich nur noch um den Vertrieb der in Asien gefertigten Maschinen, die nach und nach ihre Eigenständigkeit verloren.

Sachs Roadster 650	2000–2005	
1-Zyl.-4-Takt	644 cm³	50 PS / 6800 U/min
Sachs Roadster 800	**2000–2004**	
2-Zyl.-4-Takt-V	805 cm³	58 PS / 6000 U/min
Sachs b-805	**2002–2003**	
2-Zyl.-4-Takt-V	805 cm³	58 PS / 6000 U/min
Sachs s-805	**2003**	
2-Zyl.-4-Takt-V	805 cm³	58 PS / 6000 U/min
Sachs XTC 125	**2002–2006**	
1-Zyl.-4-Takt	125 cm³	15 PS / 10.500 U/min
Sachs X-Road 125	**2005–2006**	
1-Zyl.-4-Takt	125 cm³	15 PS / 10.500 U/min
Sachs MadAss 125	**2005–2006**	
1-Zyl.-4-Takt	125 cm³	9 PS / 7500 U/min

Simson

Das Leben der gerade erst gegründeten Simson Zweirad GmbH war nur von kurzer Dauer, im Januar 2000 musste sie Konkurs anmelden. Der letzte Rettungsversuch hieß Klaus Bänsch mit seiner schwäbischen Firma Kontec, der mit noch rund 80 Mitarbeitern die Produktion unter dem Namen Simson Motorrad GmbH weiterführte.
Der nordische Greifvogel Shikra, nach dem die erste echte Suhler 125er benannt worden war, zog nicht mehr so recht, wie übrigens auch der Motor aus Fernost und so schaffte der neue Simson-Besitzer beides einfach ab. Das Motorrad wurde für die Saison 2001 im Design leicht verändert und ein neuer Motor der italienischen Firma Moto Morini eingebaut (wurde auch schon bei den letzten Shikra-Modellen verwendet). Ohne »Vogel« nannte sich die Maschine ab 2001 nur noch Simson 125.
Ein entsprechendes Sportmodell zog im gleichen Jahr nach. Die frühere Halbverkleidung wich hier einer gewaltigen Rennsportverkleidung, die Gussfelgen wurden entsprechend der Farbe des Bikes in Schwarz oder Gelb getaucht – fertig war die Simson 125 RS. Mit dem Einbau des Morini-Motors erhielten beide Suhler 125er (eine kurze Zeit lief als drittes Modell auch noch die Sport-Version 125 S) ein 6-Gang-Getriebe.
Aber das alles half nichts: Im Sommer 2002 meldete Simson erneut Konkurs an und im September liefen die letzten Mokicks und Motorräder vom Band.

Simson 125	2001–2002	
1-Zyl.-4-Takt	125 cm³ ohc/2	13,6 PS / 9500 U/min
Simson 125 RS	**2001–2002**	
1-Zyl.-4-Takt	125 cm³ ohc/2	13,6 PS / 9500 U/min

> Nachdem der Taiwan-Single ständig Ärger bereitet hatte, wechselte Simson den Lieferanten. Der Motor der Simson 125 stammte von Moto Morini.

> Unverdienter Misserfolg: Die Simson 125 RS hätte durchaus das Zeug zum Bestseller gehabt.

90 Jahre BMW Motorräder und die

Rückkehr von Horex

Rund 100.000 Motorräder baute BMW inzwischen jährlich, wovon knapp 20 Prozent in Deutschland blieben. Damit war man hierzulande klar Marktführer und baute zudem mit der R 1200 GS das seit Jahren in Deutschland und vielen anderen Ländern meistverkaufte Motorrad.

War das letzte BMW-Jahrzehnt schon geprägt von Innovationen, neuen Konzepten und Modellreihen, so begann 2010 ein neues Kapitel in der Geschichtsschreibung von BMW-Motorrad. Neben der Renovierung nahezu aller Motorenbaureihen, der Einführung eines echten Supersportlers und der Präsentation eines Sechszylindermotors war es auch der Wiedereinstieg in den Motorrollerbau, der die Münchner fast zum Komplettanbieter machte. Fast – denn eine jugendfreundliche 125er fehlt bis heute. Immerhin versuchten die Bayern mit der G 310 R das Zielgruppenalter deutlich zu senken.

Das war nicht erstes Ziel der Landsberger 3C-Carbon-Group, die 2015 auf der IAA in Frankfurt eine neue Horex VR 6 vorstellte und damit für einen Paukenschlag sorgte. Alle bisher gescheiterten Bemühungen, der Traditionsmarke Horex neues Leben einzuhauchen, schienen vergessen, als ab Sommer 2016 wieder Horex-Motorräder im Angebot waren. Für rund 40.000 Euro allerdings keine Schnäppchen.

> Optisch lagen F 800 GS und F 700 GS (Bild) gar nicht so weit auseinander, technisch und preislich trennten sie aber schon fast Welten.

> 2016 eröffnete der erste Flag-Ship-Store der neuen Horex-Manufaktur, natürlich in Bad Homburg und genau gegenüber dem Horex-Museum.

> Als Einstieg ins F 800-Programm sah BMW ab 2009 die F 800 R vor. Das Design mit der asymmetrischen Beleuchtungseinheit lehnte sich ein wenig an die große K-Schwester an.

BMW

Mit dem weiteren Ausbau der Zweizylinder-Modellreihe erschien in der Optik der 800er GS ab 2012 die F 650 GS als Sondermodell »Sonnengelb«, gleichzeitig war die F 800 GS mit Motorschutz und Handprotektoren als Sondermodell »Trophy« zu haben. Und ganz in Schwarz gekleidet bot sie BMW als »Tripple Black« an.

Die 800er Modelle verkauften sich gut, die nackte K 1200/1300 R war ebenfalls begehrt, also was lag näher, als in der Twin-Reihe noch eine nackte F 800 R nachzuschieben? 2009 kam die Maschine, die optisch (unter anderem mit dem asymmetrischen Doppelscheinwerfer) an die große Schwester angelehnt war, auf den Markt und setzte sich mit ihrem moderaten Preis (8.100 Euro 2010) schnell gegen so manche Konkurrenz aus Fernost durch. 210 km/h waren mit dem 87-PS-Motor theoretisch möglich, die Rennstrecke war aber nicht das Metier dieser Maschine. Die kürzer übersetzten Gänge 4–6 luden vielmehr zum Kurvenräubern auf der Landstraße ein. Wie bei den GS-Modellen, aber anders als bei der F 800 S/ST, lief das Hinterrad in einer Zweiarmschwinge und wurde mittels Kette anstelle des Zahnriemens angetrieben.

Der Stuntman Chris Pfeiffer hatte mit einer selbst nackt gemachten F 800 S und dem Stuntwelt- und Europameistertitel für Furore gesorgt, noch bevor es die R 800 R überhaupt gab. Immerhin sah sich BMW veranlasst, 2010 eine dreifach lackierte R 800 R als Chris Pfeiffer-Replica ins Programm aufzunehmen.

Als neues Modell muss die 2015 auf den Markt gekommene F 800 R bezeichnet werden. Unter anderem neue Scheinwerfer, eine Upside-down-Gabel anstelle der herkömmlichen Telegabel, radial verschraubte Bremssättel, eine angenehmere und tiefere Sitzposition und nicht zuletzt die um drei PS gesteigerte Motorleistung sollte das Modell noch einsteigerfreundlicher machen. Eine Drosselung auf 48 PS war möglich.

> Zum Neuheitenfeuerwerk des Jubiläumsjahres 2013 gehörte auch die F 800 GT, die mit vielen Verbesserungen das Modell ST ablöste.

> Für die Vergrößerung des Tanks an der neuen F 800 GS Adventure musste das Heck der Maschine verändert werden.

> Mit veränderter Optik und vielen überarbeiteten Details erschien 2015 für 8.900 Euro eine neue F 800 R, die noch einsteigerfreundlicher sein sollte als das Vorgängermodell.

Fünf Jahre lang war es für alle Beteiligten schwierig, die F 650 GS mit dem 800er Twin ins BMW-Programm einzuordnen. Für das Modelljahr 2013 verpassten die Ingenieure dem Einstiegsmodell nun 4 PS mehr Leistung (75 statt 71), eine zweite Bremsscheibe für das Vorderrad, eine neue, sehr bequeme Sitzbank und nannten das Ganze F 700 GS. Mit 8.750 Euro lag das Zweizylinder-Einstiegsmodell (das auf jetzt versicherungsgünstige 48 PS gedrosselt werden konnte) glatte zwei große Scheine unter der »echten« F 800 GS.

Und noch eine 800er startete runderneuert ins 90. Jubiläumsjahr der BMW-Motorräder. Die F 800 GT löste 2013 die ST als Tourenmaschine ab. Ein höherer Lenker, eine größere Scheibe in Verbindung mit einer neuen Verkleidung, eine neue Sitzbank und das serienmäßige ABS verbesserten die Reisetauglichkeit; die auf 90 PS gestiegene Motorleistung machte den nur 213 kg schweren Tourer agiler. Für alle F-Modelle gab es jetzt optional das ESA fürs hintere Federbein und die Antischlupfregelung ASC. Für die 11 Kilogramm, die der GT gegenüber der ST mehr aufgebürdet werden durften, konnten neue Reisekoffer geordert werden.

Und das musste ja kommen: Ab 2014 gab es die F 800 GS auch in der Version »Adventure«. Für den von 16 auf 24 Liter vergrößerten Tank musste das Rahmenheck geändert werden, da die F-Modelle ja nach wie vor den Tank unter der Sitzbank haben. Um den Tank herum waren Stahlrohr-Kofferhalter geführt, die gleichzeitig als Schutzbügel dienten. Handprotektoren, größeres Windschild und Motorschutzbügel gehörten zusammen mit der komfortableren Sitzbank zur Serienausstattung, die sich BMW mit 1.200 Euro extra gegenüber der normalen F 800 GS bezahlen ließ. Fahr- und Triebwerk blieben unverändert.

BMW F 800 R	2009–2014	
2-Zyl.-4-Takt-Reihe	800 cm³ dohc	87 PS / 8000 U/min
BMW F 700 GS	**2013–2017**	
2-Zyl.-4-Takt-Reihe	800 cm³ dohc	75 PS / 7300 U/min
BMW F 800 GT	**2013–2018**	
2-Zyl.-4-Takt-Reihe	800 cm³ dohc	90 PS / 8000 U/min
BMW F 800 GS Adventure	**2014–2018**	
2-Zyl.-4-Takt-Reihe	800 cm³ dohc	85 PS / 7500 U/min
BMW F 800 R	**2015–2019**	
2-Zyl.-4-Takt-Reihe	800 cm³ dohc	90 PS / 8000 U/min

Bei den Einzylindern konnten die G-Modelle die Verkaufserwartungen nicht erfüllen. Das besserte sich auch nicht, als bekannt wurde, dass BMW die Motoren in China fertigen ließ, was deren Qualität aber keinen Abbruch tat! 2010 stellten die Bayern die Fertigung der Maschinen ein und präsentierten für 2011 eine neue alte Bekannte: Aus der ehemaligen Einzylinder-F 650 GS wurde nun unter anderem mittels Gussräder, neuer Scheinwerfer mit Windschild und neue Armaturen die G 650 GS.

Optisch war die Maschine vom Schnabel bis zur Sitzbank stark an die alte 650er angelehnt und fügte sich sofort gut ins BMW-Programm ein. Wegen der ab 2013 geltenden Führerscheinregelung für Neueinsteiger war der Motor auf 48 PS gedrosselt worden, erhielt aber auch weiterhin

> Die G 650 GS war der echte Nachfolger der einzylindrigen F 650 GS. Und wie damals erhielt der Käufer auch jetzt viel Motorrad zu einem angemessenen Preis.

> Wie einst die »Dakar«, war die G 650 GS Sertao die mehr nach Schotterpiste aussehende kleine Reiseenduro mit einem sehr guten Preis-Leistungsverhältnis.

> Die BMW G 310 R sollte als »echtes« Motorrad die Marke BMW auch für den Nachwuchs interessant machen.

beste Noten von Testern und Kunden. Die freuten sich zudem über den Preis von 6.900 Euro (2012), der endlich wieder zu einem Einstiegsmodell passte.

Nachdem also die gute alte F 650 GS zurückgekehrt war, war auch der Weg frei für eine neue Dakar-Version. Die hieß ab 2013 »Sertao« (nach einer Halbwüste in Brasilien), hatte Speichenräder (vorn 21 Zoll), deutlich längere Federwege (210 mm), eine höhere Scheibe, Motorschutz, Handprotektoren und einen längeren Schnabel. Verglichen mit den vorherigen G-Modellen war der Einstieg von 8.050 Euro für diese Maschine ein fairer Preis.

In ein völlig neues Segment stieß BMW 2016 mit dem Modell G 310 R vor. Eine Einzylindermaschine mit Designelementen der S 1000 R in der versicherungsgünstigen 34-PS-Klasse sollte den Altersdurchschnitt in der BMW-Käuferschaft senken und ein Stadtflitzer in den Metropolen dieser Welt sein. Der Einstiegspreis wurde in Deutschland im Einführungsjahr bewusst deutlich unter 5.000 Euro gehalten.

BMW G 650 GS	**2011–2015**	
1-Zyl.-4-Takt	650 cm³ dohc	48 PS / 6500 U/min
BMW G 650 GS Sertao	**2013–2015**	
1-Zyl.-4-Takt	650 cm³ dohc	48 PS / 6500 U/min
BMW G 310 R	**2016–2021**	
1-Zyl.-4-Takt	313 cm³ dohc	34 PS / 9500 U/min

Die Innovationen des neuen Jahrzehnts hatten bei BMW schon 2009 mit den K-Modellen mit querliegender Kurbelwelle begonnen, deren Motor von 1157 cm³ auf 1293 cm³ Hubraum vergrößert worden war. Dabei wuchs die Spitzenleistung um rund zehn PS und das Drehmoment konnte schon bei niedrigen Drehzahlen deutlich zulegen. Ein neues Getriebe und eine jetzt zweigeteilte Kardanwelle mit Ruckdämpfer setzten die Leistung in Vortrieb um. Das überarbeitete Duolever stabilisierte die Vorderradführung.

Optisch waren die Retuschen der neuen 1300er marginal. So zeigte die K 1300 R einen neuen Endschalldämpfer und neue Armaturen. Die fanden sich auch an der K 1300 GT, deren Verkleidung samt Beleuchtungselementen sanft überarbeitet erschien. Abgesehen von der HP2 Sport blieb die große GT mit 17.600 Euro die teuerste BMW-Serienmaschine. Das sinnvolle elektronische Fahrwerk ESA (mit neuen Einstellmöglichkeiten vom Fahrersitz aus) kam da noch oben drauf.

175 PS ließen die Ingenieure für die neue K 1300 S zu, was vor allem dem sowieso schon guten Durchzugsvermögen zu Gute kam. Auch das neue S-Modell war vor allem an der überarbeiteten Verkleidung zu erkennen. Im Laufe ihrer Produktionszeit boten die Marketingstrategen diverse Sondermodelle der S an. So etwa 2012 das Modell K 1300 S/HP mit serienmäßigem ESA, Schaltassistenten, Reifendruckkontrolle Heizgriffen usw. 2013 wurden diese Extras in die Edition 30 Jahre K-Modell übernommen und für 2015 brachte BMW eine K 1300 S/Motorsport als Sondermodell auf den Markt.

> **Die K 1300 GT blieb vorerst der komfortabelste, aber auch teuerste Tourer von BMW.**

Schon 2011 wurde die Fertigung der K 1300 GT zugunsten der neuen 1600er eingestellt. BMW war inzwischen mit Abstand Marktführer in Deutschland, die Käufer wurden immer älter und hatten immer mehr Geld zur Verfügung. Da war ein Sechszylinder-Bike eigentlich nur konsequent, zumal BMW hier auf dem Automobilsektor seit Jahrzehnten eine Vorreiterrolle einnahm. Der neue Reihensechszylinder baute nur

> Im Laufe der Jahre erfuhren die K-Modelle leichte Überarbeitungen, im Bild eine K 1300 R von 2012. Basispreis: 13.900 Euro.

> Mit 175 PS war die K 1300 S das stärkste Bike der K-Reihe. Racing-Orange war da die passende Farbe für den Sportler.

> Die K 1600 GT (rechts) erblickte, wie auch ihre noch üppiger bestückte Schwester K 1600 GTL, im Jahre 2011 die Verkaufsräume der BMW-Händler.

13 cm breiter als der 1300er, was die Silhouette schlank und das Handling sowieso BMW-gewohnt leichtfüßig machte. Während die Techniker die Höchstleistung bei moderaten 160 PS beließen, stieg das Drehmoment auf gewaltige 175 Nm bei nur 5250 U/min, was die große GT zum Raumgleiter werden ließ.
2012 kostete das Bike 20.200 Euro, Traktionskontrolle mit Schräglagensensor und ESA II kamen extra dazu. Und wer es auf der großen Reise noch komfortabler haben wollte und 2000 Euro extra übrig hatte, konnte sich die K 1600 GTL unter anderem mit gemütlicher Couch, Audiosystem (mit Navivorbereitung), vorverlegten Fußrasten und Topcase bestellen. Kurvenlicht, Soziusarmlehnen und vieles andere mehr war optional erhältlich. Mit dem etwas größeren Tank (26,5 Liter) wog die Maschine 348 Kilogramm – auch das ein Rekord für ein BMW-Motorrad.
Schon 2014 hielt BMW für die beiden 1600er je ein Sondermodell bereit. Die K 1600 GT/Sport glänzte mit einer Zweifarb-Lackierung, schwarz glänzenden Felgen, einer etwas anderen Sitzbank und einer niedrigeren Scheibe. Die K 1600 GTL/Exclusive wartete mit einem schlüssellosen Startsystem, Nebelscheinwerfern, beheizter Rückenlehne, Armlehnen, Anfahrhilfe und Kurvenlicht auf. Damit näherte sich diese Maschine bedenklich der 30.000-Euro-Grenze; ein Navigationsgerät musste immer noch extra bezahlt werden.

BMW K 1300 R	2009–2019	
4-Zyl.-4-Takt-Reihe	1300 cm³ dohc	173 PS / 9250 U/min
BMW K 1300 S	**2009–2015**	
4-Zyl.-4-Takt-Reihe	1300 cm³ dohc	175 PS / 9250 U/min
BMW K 1300 GT	**2009–2011**	
4-Zyl.-4-Takt-Reihe	1300 cm³ dohc	160 PS / 9000 U/min
BMW K 1600 GT	**2011–2021**	
6-Zyl.-4-Takt-Reihe	1650 cm³ dohc	160 PS / 7750 U/min
BMW K 1600 GTL	**2011–2021**	
6-Zyl.-4-Takt-Reihe	1650 cm³ dohc	160 PS / 7750 U/min

Es gab die HP2 Enduro und die HP2 Super Moto, fehlte also noch ein Sportler mit »High Performance«. Der erschien als HP2 Sport 2008, basierte auf der R 1200 S und war auf Anhieb der bis dahin schnellste und mit 21.600 Euro auch teuerste Serienboxer aller Zeiten. Extremer Leichtbau bis ins Detail mit viel Kohlefaser, Federelementen und Bremsen aus dem Rennsport und geschmiedeten Leichtmetallradern, um

> **Die HP2 Sport mit dem neuen Boxermotor mit zwei im Kopf liegenden Nockenwellen war bis ins letzte Detail auf Rennstrecke getrimmt.**

> Eine R 1200 GS, Baujahr 2010 und jetzt erkennbar an den neuen Ventildeckeln. Die Koffer mussten extra bezahlt werden.

> Auch die R 1200 GS Adventure war mit der neuen Ventilsteuerung und – wie im Bild – als Jubiläumsmaschine 30 Jahre GS erhältlich.

nur einige Besonderheiten dieser besonderen BMW zu nennen. 130 PS stemmte der Motor dank zweier obenliegender Nockenwellen pro Zylinder und der damit möglichen Drehzahlreserve.

2010 hielt die neue Boxermotor-Konstruktion mit je zwei obenliegenden Nockenwellen und radial angeordneten Ventilen bei den 1200er Serienmaschinen R 1200 GS, R 1200 GS Adventure und R 1200 RT Einzug. Während bei den GS-Varianten die Motorleistung auf 110 PS stieg, beließ man die schon zuvor bei der RT erreichten 110 PS zugunsten eines etwas höheren Drehmoments. Optisch blieben die Maschinen gegenüber der ab 2004 eingeführten Baureihe nahezu unverändert, waren aber an den neuen Ventildecken gut erkennbar.

Wie immer musste die R 1200 R auch jetzt die Rolle des Nachzüglers übernehmen und erschien erst 2011 dann ebenfalls mit dem neuen Boxermotor. Auch hier änderte sich optisch nicht viel; ein kürzerer, jetzt gebürsteter Auspufftopf, dickere Gabelstandrohre und der jetzt serienmäßige Hauptständer waren schon fast alles. Und nur Drahtspeichenräder, schwarze Lackierung, silberne Fahrwerksteile und ein verchromter Auspuff machten den Unterschied zwischen der gleichzeitig angebotenen R 1200 R Classic und der normalen R aus. Die 800 Euro Mehrpreis wollte dafür kaum jemand bezahlen.

Zu den R 1200-Modellen mit zwei obenliegenden Nockenwellen muss auch die Jubiläumsmaschine R nineT gezählt werden, die im Herbst 2013 vorgestellt wurde und deren Jahresproduktion 2014 im Handumdrehen ausverkauft war. Im Vorfeld war viel spekuliert worden, wie der angekündigte klassische Roadster denn aussehen würde, am Ende war es nicht wirklich spektakulär. Klar machten Drahtspeichenräder mit Bobberbereifung, freistehende, runde Scheinwerfer, ebensolche Instrumente und der modular aufgebaute Stahl-Gitterrohrrahmen mit abnehmbarem Heck (und dem coolen Soloauftritt vor der Eisdiele) schon was her. Dazu gab es eine Upside-down-Gabel anstelle des Telelever und zwei nach links herausgezogene Auspufftöpfe. Mit entsprechendem Zubehör sollte die R nineT sogar reisetauglich sein. Und dafür knapp 2000 Euro mehr hinlegen als für eine R 1200 R? Ja, sagt die Kundschaft, auch die, die nie im Leben BMW fahren wollte. In den Folgejahren hielten diverse Sondermodelle die R nineT weiter sehr attraktiv.

> Die nackte R 1200 R war wie immer die Letzte aus der Reihe, die in den Genuss neuer Konstruktionsdetails kam. 2011 erhielt auch sie den 110-PS-Boxer.

> 90 Jahre konnte man auf Englisch auch nineT nennen und dazu ein Jubiläumsbike bauen, das es so ähnlich zwar schon von manchem Eigentüftler gegeben hatte, aber noch nie bei BMW direkt gekauft werden konnte.

> Die R 1200 RT, Baujahr 2010, mit dem neuen Motor und zusätzlichen Schutzkappen auf dem Zylinderdeckel.

BMW HP2 Sport	2008–2011	
2-Zyl.-4-Takt-Boxer	1200 cm³ dohc	130 PS / 8750 U/min
BMW R 1200 GS	**2010–2012**	
2-Zyl.-4-Takt-Boxer	1200 cm³ dohc	110 PS / 7750 U/min
BMW R 1200 GS Adventure	**2010–2013**	
2-Zyl.-4-Takt-Boxer	1200 cm³ dohc	110 PS / 7750 U/min
BMW R 1200 RT	**2010–2013**	
2-Zyl.-4-Takt-Boxer	1200 cm³ dohc	110 PS / 7750 U/min
BMW R 1200 R	**2011–2014**	
2-Zyl.-4-Takt-Boxer	1200 cm³ dohc	110 PS / 7750 U/min
BMW R 1200 R Classic	**2011–2014**	
2-Zyl.-4-Takt-Boxer	1200 cm³ dohc	110 PS / 7750 U/min
BMW R nineT	**2013–2020**	
2-Zyl.-4-Takt-Boxer	1200 cm³ dohc	110 PS / 7750 U/min

> Kleine Veränderungen beim Motormapping, an der Verkleidung und dem Heck frischten die S 1000 RR für das Modelljahr 2012 auf.

Schon 2009 war BMW mit der S 1000 RR in der Superbike-WM gestartet, zunächst um Erfahrung zu sammeln und Lehrgeld zu bezahlen. So war es jedenfalls keine große Überraschung mehr, dass die Maschine 2010 für rund 15.500 Euro als Serienprodukt zu den Händlern rollte. Und sich auf Anhieb in der BMW-Verkaufsrangliste hinter dem Topseller R 1200 GS einreihte. Dabei war die S 1000 RR so gar kein typisches BMW-Motorrad: Ein neukonstruierter Vierzylinder-Reihenmotor mit querliegender Kurbelwelle, ein Brückenrahmen aus Leichtmetall, eine Upside-down-Gabel fürs Vorderrad und eine Zweiarmschwinge fürs Hinterrad. So waren auch japanische Supersportler aufgebaut, aber die konnten der BMW mit ihren 193 PS bei nur 205 kg fahrfertigem Leergewicht, dem Renn-ABS, Schaltassistent und vielen elektronischen Helferlein mit der Traktionskontrolle (optional) an der Spitze, nicht mehr das Wasser reichen. Wer hätte das je gedacht: BMW baute plötzlich den besten Serien-Supersportler der Welt, der genauso teuer war wie eine Yamaha R 1!

Für 2012 wurde die S 1000 RR sanft am Fahrwerk und der Motorelektronik überarbeitet, so dass sie weiterhin jeden Vergleich mit der Konkurrenz gewann. Optisch hatte es an der Verkleidung und dem Heckaufbau leichte Retuschen gegeben.

Nach der Auffrischung der Basis-Tausender 2012 stellte BMW noch im selben Jahr einen Super-Super-Sportler mit dem gleichen Motor als HP4 auf die Räder. Nochmals optimiertes Gewicht (199 kg), noch hochwertigere Materialien und vor allem das von BMW entwickelte DDC (dynamische Dämpfungsanpassung, elektronisch errechnet aus Schräglage, Geschwindigkeit, Drehzahl, Federbewegung usw.) machten die HP4 unschlagbar. Aber auch 4.000 Euro teurer als die S 1000 RR. Und für weitere 2.900 Euro gab einen sogenannten Competition-Kit zur Kurvenhatz auf der Rennstrecke.

Nach dem Upgrade musste natürlich auch ein Downgrade folgen. Der kam im Modelljahr 2014, nannte sich S 1000 R, wobei das R hier für Roadster stand. Denn bis auf die offensichtlich unverzichtbaren Plastik-Schnörkeleien war die Maschine verkleidungsfrei. Ansonsten basierte sie sowohl fahrwerks- wie auch motorseitig auf der S 1000 RR und war mit jetzt 160 PS immer noch ausgezeichnet motorisiert. Die Maschine wurde gegen Aufpreis mit einem Sport-Paket, das unter anderem einen Schaltassistenten beinhaltete, oder einem Dynamic-Paket, unter anderem mit elektronischer Fahrwerkssteuerung, angeboten.

Und da ging doch immer noch etwas: Für 2015 kam dann die S 1000 XR ins Programm. Ein Allrounder mit hochbeinigem 17-Zoll-Fahrwerk, langen Federwegen, gutem Wetterschutz und viel Elektronik, zum Beispiel abschaltbares, teilintegrales ABS oder Rain- und Road-Modus. Die Aufpreisliste (u. a. mit dem elektronischen ESA-Fahrwerk) war end-

> Die Steigerung von S 1000 RR hieß HP4 und war – vor allem mit dem Competition-Kit (Foto) – gnadenlos auf Rennstrecke getrimmt.

> Bei einem Preis von nur 12.800 Euro für die S 1000 R musste man den »Senfbecher« für die Bremsflüssigkeit in Kauf nehmen.

> Nachdem sie sich von dem Schock erholt hatte, war die japanische Konkurrenz inzwischen wieder an die S 1000 RR herangefahren. Zeit also für BMW, 2015 eine gründlich überarbeitete RR anzubieten.

> Sieht aus wie ein Motorrad, das einerseits jede Menge Spaß macht und andererseits jede Alltagssituation souverän bewältigt: das Multifunktions-Bike S 1000 XR.

los, der Motor mit 160 PS der S 1000 R entnommen. »Ausdrucksvoller Adventure Sport« nannte BMW das Konzept des bisher gattungslosen Crossover-Bikes, das doch ein bisschen Reiseenduro und ganz viel Alltagsfahrzeug war. Die Multistrada von Ducati ließ grüßen. Mit 15.200 Euro war die BMW einen guten Tausender preiswerter als die leistungsgleiche Italienerin.

Supersportler unterliegen einem schnelleren Modellwechsel als andere Motorräder, insofern ließ sich BMW viel Zeit für die neue S 1000 RR. Immerhin waren die Verkaufszahlen von 2049 Exemplaren im Jahre 2010 auf nur noch 1.135 Maschinen 2013 zurückgegangen. Die neue war jetzt so komplett auf Rennstrecke getrimmt, dass es der HP4 nicht mehr bedurfte. Der vor allem im Zylinderkopf überarbeitete Motor leistete jetzt mindestens 199 PS (die offizielle Höchstgeschwindigkeit wurde mit 299 km/h angegeben), was die drei Kilogramm leichtere Maschine noch agiler machte.

Fahrwerksseitig waren die Änderungen marginal, elektronisch wurde aber weiter massiv aufgerüstet, zum Beispiel mit einem elektronischen Gasgriff ohne Bowdenzüge! Oder einem neuen Schaltautomat, der schnellstes, kupplungsfreies Schalten in beide Richtungen ermöglichte – für heutige Rennmotorräder unerlässlich. Optisch war die neue Tausender auf Anhieb an der neuen Verkleidung mit entschärfter, aber immer noch asymmetrischer Lampenoptik zu erkennen. Mit rund 17.500 Euro lag sie nun etwas über der Konkurrenz von Kawasaki (ZX-10R) und Yamaha (R1/M).

BMW S 1000 RR	**2010–2014**	
4-Zyl.-4-Takt-Reihe	1000 cm³ dohc	193 PS / 13.000 U/min
BMW HP4	**2012–2014**	
4-Zyl.-4-Takt-Reihe	1000 cm³ dohc	193 PS / 13.000 U/min
BMW S 1000 R	**2014–2020**	
4-Zyl.-4-Takt-Reihe	1000 cm³ dohc	160 PS / 11.000 U/min
BMW S 1000 XR	**2015–2020**	
4-Zyl.-4-Takt-Reihe	1000 cm³ dohc	160 PS / 11.000 U/min
BMW S 1000 RR	**2015–2018**	
4-Zyl.-4-Takt-Reihe	1000 cm³ dohc	199 PS / 13.500 U/min

> An der 2013er R 1200 GS war nicht nur der Antriebsblock samt Getriebe und Kupplung neu. Auch Fahrwerk und Design waren gründlich überarbeitet worden.

> Als zweites Modell mit dem neuen Boxermotor folgte 2014 die R 1200 GS Adventure, weiterhin unter anderem gut erkennbar am großen Tank und den diversen Schutzbügeln.

> Die seit Jahrzehnten beliebte Boxer-RT erhielt 2014 als R 1200 RT ebenfalls den neuen Motor.

> Ein roter Rahmen kommt immer gut. Ab 2015 gab es ihn zusammen mit der neuen R 1200 R und dem wassergekühlten Boxer beim Händler zu kaufen.

Echte Boxer-Fans mussten tapfer sein, als BMW die neue GS für die Saison 2013 vorstellte. Eine kombinierte Wasser-/Luft-Kühlung und fast gerade Ansaugwege veränderten vor allem die Zylinderköpfe und zusammen mit dem nun gemeinsamen Gehäuse von Motor, Getriebe und Kupplung das gesamte Bild des Boxers nachhaltig. 125 PS schaffte die Maschine jetzt bei immer noch sehr moderaten 7700 U/min, was die Souveränität dieses seit Jahren in Deutschland am meisten verkauften Motorrads weiter steigerte.

Und die neue, um den Motor herum konstruierte und mit einem weiterentwickelten ESA ausgestattete GS schaffte da auf Anhieb den Anschluss. In der Grundausstattung kostete die Maschine 14.400 Euro, die Aufpreisliste war lang. Ebenso wie die Liste der GS-Fahrer, die sich über technische Mängel, vor allem Kupplungs- und Getriebeprobleme beklagten. Waren 19 Motorrad-Grundmodelle und drei Motorroller, darunter viele Neuentwicklungen für die Saison 2015 vielleicht doch etwas zu viel des Guten?

2014 folgte die völlig überarbeitete R 1200 GS Adventure mit dem neuen Boxermotor. Der war mit etwas mehr Schwungmasse ausgestattet, um ihn bei geringen Drehzahlen agil zu halten. Diese Maßnahme übernahm BMW dann auch für die anderen Boxermodelle. 260 kg wog die große Reiseenduro mit dem 30-Liter-Spritfass, diversen Schutzbügeln, Rohrgepäckträgern und dem besseren Windschutz. 15.900 Euro kostete die Maschine – Koffer waren da noch nicht dabei.

Auch die R 1200 RT erhielt für 2014 den neuen teilwassergekühlten Boxermotor mit 125 PS. Der wurde jetzt für längere Autobahnetappen etwas drehzahlberuhigt. Ansonsten war auch die RT eine Neukonstruk-

> Seit dem Auslaufen der R 1150 RS im Jahre 2005 hat es diese Modellvariante bei den Boxern nicht mehr gegeben. 2015 wurde sie mit der R 1200 RS wieder ins Leben gerufen.

tion mit neuen Bauteilen wie Rahmen, Sitzen, Lenker usw. Stabilitätskontrolle ASC und Fahrmodi »Rain« oder »Road« gab es wieder serienmäßig, weitere hilfreiche Elektronik musste bei einem Basispreis von 16.990 Euro extra bezahlt werden. Ein speziell für die RT entwickelter Schaltassistent ermöglichte sämtliche Schaltvorgänge ohne Gasgriff und Kupplung.

Der ewige Nachzügler R 1200 R erhielt dann für 2015 den neuen Boxermotor, der als mittragendes Element in einem neu konstruierten Stahlrohr-Brückenrahmen saß. Neu war auch die Upside-down-Gabel, die etwas überraschend und bedingt durch den Wasserkühler die seit über 20 Jahren bei den BMW-Boxern verwendete Telelever-Radführung ersetzte. Die Paralever-Einarmschwinge mit dem Kardanantrieb wechselte von der rechten auf die linke Seite. ABS, ASC und die Fahrbahnmodi »Rain« und »Road« waren serienmäßig an Bord. Viele Extras konnten auf den Grundpreis von 12.800 Euro zugebucht werden.

Im fast identischen Fahrgestell wie bei der R 1200 R stellte BMW Ende 2014 seit langem mal wieder ein RS-Boxermodell vor. Die R 1200 RS war als Sporttourer mit einer Halbverkleidung unterwegs, die optisch an die S 1000 RR erinnerte. Der Motor war das inzwischen bekannte luft-/wassergekühlte Boxertriebwerk mit 125 PS, das die 236 kg schwere Maschine bis auf 210 km/h beschleunigte. 13.400 Euro kostete die neue RS, Elektronik wie bei der »R« aufgeführt, serienmäßig, alles andere war der aufpreispflichtigen Sonderausstattung zu entnehmen.

BMW R 1200 GS	**2013–2018**	
2-Zyl.-4-Takt-Boxer	1200 cm³ dohc	125 PS / 7700 U/min
BMW R 1200 GS Adventure	**2014–2018**	
2-Zyl.-4-Takt-Boxer	1200 cm³ dohc	125 PS / 7700 U/min
BMW R 1200 RT	**2014–2018**	
2-Zyl.-4-Takt-Boxer	1200 cm³ dohc	125 PS / 7750 U/min
BMW R 1200 R	**2015–2018**	
2-Zyl.-4-Takt-Boxer	1200 cm³ dohc	125 PS / 7700 U/min
BMW R 1200 RS	**2015–2018**	
2-Zyl.-4-Takt-Boxer	1200 cm³ dohc	125 PS / 7700 U/min

Horex

Wie begehrt der Markenname Horex im deutschen Motorradbau war, belegen seine zahlreichen Wiederbelebungsversuche. Nachdem die Einzelfertigung der berühmten Münch-Motorräder (siehe Kapitel Münch) von der Firma Heinz W. Henke übernommen worden war, gründete Friedel Münch in Nidderau/Hessen, ganz auf den berühmten Markennamen vertrauend (Münch war früher für Horex tätig gewesen), die Horex Motorrad-GmbH. Gleichzeitig benutzte auch der Importeur Zweirad-Röth aus Hammelbach den Markennamen für seine Moped-Importe aus Italien und Portugal. Natürlich hatte Firmeninhaber und Konstrukteur Münch die neue 1400 TI, die zu Beginn der 1980er Jahre das hubraumstärkste Motorrad in Europa war, aus seiner Münch TTS entwickelt und selbstverständlich wurde auch dieses Superbike von den Überresten des alten, immer noch luftgekühlten NSU TTS 1200-Triebwerks angetrieben. Der Motor wurde aus Einzelteilen bei Horex montiert und mit einer Benzineinspritzung samt Turbolader ausgerüstet. Die fast 300 kg schwere Maschine kostete 1980 über 36.000 DM und fand schon allein deshalb nur sehr wenige Liebhaber. 1983 beendete Münch das Horex-Experiment und nennenswert tauchte der Name danach erst wieder bei MZ-B in Zschopau auf (siehe oben).

Horex 1400 TI	**1979–1983**	
4-Zyl.-4-Takt-Reihe	1326 cm³ ohc	100 PS / 7200 U/min

> Sechs Monate musste der betuchte Kunde auf eine Horex 1400 TI aus der Manufaktur von Friedel Münch warten.

> Die ersten Modelle der Horex VR6-Baureihe wurden 2013 als »Roadster« gebaut und für 21.700 Euro angeboten.

> Stummellenker und schlankes Heck – das waren die Attribute des vorerst letzten Horex-Modells, der VR 6 Café Racer.

Bis 2009 besaß die HÖRMANN-RAWEMA GmbH in Chemnitz die Markenrechte und fertigte und rekonstruierte historische Horex-Motorräder. Am 15. Juni 2010 stellte die HOREX GmbH in Homburg auf einer Pressekonferenz die HOREX VR6 vor und kündigte an, dieses Motorrad ab Ende 2011 zu produzieren. Das Design stammte vom deutschen Designer Peter Naumann. Der Verkaufspreis der neuen Horex wurde bereits 2010 mit über 20.000 Euro angegeben. Am 14. Januar 2011 kündigte die Horex GmbH an, dass das neue Motorrad nicht in Bad Homburg, sondern in Augsburg gebaut werden soll. Der Umzug des Unternehmens nach Augsburg erfolgte dann 2012. Der ursprüngliche Plan, den Motor durch einen Kompressor aufzuladen, wurde ebenso aufgegeben wie der Sekundärantrieb mittels Zahnriemen.
Im April 2012 gab das Unternehmen die Verschiebung der Serienproduktion auf Ende Mai 2012 bekannt. Am 1. Juni 2012 meldete die Augsburger Allgemeine den Start der Auslieferung für Juni 2012, doch auch dieser Termin konnte nicht eingehalten werden.
In Augsburg sollten pro Tag vier Maschinen von vier Monteuren hergestellt werden. 2013 wurden dann auch die ersten 19 Horex VR6 Roadster gebaut und als »Limited Edition« für 21.700 Euro angeboten.

Foto: MotoWallpapers.com

> **Für das Modell Horex VR6 Classic setzten die Augsburger auf frische Farben, Drahtspeichen und einen gezähmten Motor.**

> **Das limitierte Modell Silver Edition eröffnete die Horex VR6-Modellpallette unter dem neuen Eigentümer 3C-Carbon.**

Anfang Dezember 2013 nahm Horex auch die Motorenfertigung, die bisher in Markdorf bei Weber Motor durchgeführt wurde, in Augsburg auf einer eigenen Produktionsstraße auf. Die Horex VR6 wird von einem Sechszylinder-VR-Motor mit einem Zylinderwinkel von 15° angetrieben. Der 1218-cm³-Dreiventil-Viertaktmotor hat eine Höchstleistung von 118 kW (160 PS), die Fahrgeschwindigkeit wird auf 250 km/h begrenzt. Das VR-Konzept ermöglicht eine besonders kompakte Bauweise, die sich in der geringen Baubreite des Zylinderkopfes von nur ca. 430 mm zeigt.

Eine Besonderheit stellen die einseitig schräg ausgebildeten Kolbenböden dar, sodass die unteren Grenzflächen aller Brennräume in einer Ebene liegen, alle Zylinder einen gemeinsamen Zylinderkopf haben können und bei radialer Anordnung der Ventile eine nahezu parallele Lage aller Einlasskanäle möglich wird; dadurch können die insgesamt 18 Ventile von drei obenliegenden Nockenwellen (»TOHC« – triple overhead camshaft) direkt betätigt werden. Die mittlere Nockenwelle betätigt insgesamt neun Ventile beider Zylinderbänke, die beiden außenliegenden sechs bzw. drei. Der 12,5:1 verdichtete Motor ist mit 68 mm Zylinderbohrung und 55 mm Kolbenhub im Interesse relativ niedriger Kolbengeschwindigkeiten kurzhubig ausgelegt. Das Motorrad beschleunigt in unter 10 Sekunden von 0 auf 200 km/h.

Nach einem in der Motorleistung reduzierten Classic-Modell wurden ab Frühjahr 2014 33 Stück VR6 Café Racer für über 33.000 Euro angeboten. Gebaut wurde nur ein Bruchteil davon. Wegen Zahlungsunfähigkeit stellte der Inhaber des Unternehmens, Clemens Neese, am 28. August 2014 beim Amtsgericht Augsburg den Antrag auf Eröffnung eines Insolvenzverfahrens, nachdem sich die Erwartungen mit 140 Zulassungen bis August 2014 offenbar nicht erfüllt hatten.

Horex VR6 Roadster	**2012–2014**	
6-Zyl.-4-Takt-Reihe	1218 cm³ TOHC	160 PS / 8800 U/min
Horex VR6 Classic	**2013–2014**	
6-Zyl.-4-Takt-Reihe	1218 cm³ TOHC	126 PS / 8500 U/min
Horex VR6 CaféRacer	**2014–2016**	
6-Zyl.-4-Takt-Reihe	1218 cm³ TOHC	160 PS / 8800 U/min

> Ein Bild von einem Motorrad: In verschiedenen klassischen Farbgebungen erschien 2016 die Horex VR6 Classic als vorläufiges Einstiegsmodell.

> Als Einstieg in die zweite Modellreihe brachte Horex die VR6 Black Edition heraus, die inzwischen mit dem renommierten Red Dot Design Award ausgezeichnet wurde.

> Als zweites unlimitiertes Serienmodell kam im Sommer 2016 die einsitzige Horex VR6 Café Racer auf den Markt.

Am 29. Januar 2015 übernahm die 3C-Carbon Composite Company aus Landsberg am Lech das Unternehmen. 3C ist ein Hersteller von Carbonteilen für medizinische Anwendungen, für die Automobilindustrie und für das Militär. Aber auch eine Firma, die sehr erfolgreich im Motorradrennsport unterwegs ist. Eine rechtliche Verbindung zu dem Vorgängerunternehmen Horex GmbH besteht nicht. Bei 3C-Carbon wurde die VR6 gründlich überarbeitet und mittlerweile bekannte Schwachstellen beseitigt. Davon blieb letztlich bis auf den Tank, dem Alu-Druckgussrahmen (Steuerkopfrahmen jetzt erstmals im Motorradbau aus Kohlefaser) und dem Motorprinzip nichts unverändert, so dass man heute durchaus von einer neuen Horex sprechen kann. Während das Gewicht der Maschine um insgesamt 39 kg reduziert werden konnte (219–224 kg), wurde gleichzeitig die Leistung des Motors auf 163 und 171 PS gesteigert.
State-of-the-Art-Manufakturfertigung nennt es 3C, was noch Ende 2015 mit der auf 33 Exemplare limitierten Auflage der Horex VR6 Silver Edition begann. Diese Maschine war der Aufgalopp für die ab Juni 2016 unlimitiert und zum Preis von 38.500 Euro angebotene Horex VR6 Classic. Während die Sondermodelle mit einer Motorleistung von 170 PS aufwarten, kommen die so genannten Serienmodelle mit 163 PS aus. Das galt auch für die Horex VR6 Black Edition, die das ebenfalls ab Juni 2016 für 42.500 Euro angebotene Serienmodell Horex VR6 Café Racer (im Gegensatz zum Classic-Modell ein Einsitzer) einläuten sollte.

Horex VR6 Silver Edition	2015–2017	
6-Zyl.-4-Takt-Reihe	1218 cm³ TOHC	170 PS
Horex VR6 Black Edition	**2016–2017**	
6-Zyl.-4-Takt-Reihe	1218 cm³ TOHC	170 PS
Horex VR6 Classic	**2016–2022**	
6-Zyl.-4-Takt-Reihe	1218 cm³ TOHC	163 PS
Horex VR6 Café Racer	**2016–2022**	
6-Zyl.-4-Takt-Reihe	1218 cm³ TOHC	163 PS

> Die Maß ist fast voll! 900 Kubik pro Zylinder – vor fast 50 Jahren wagte sich BMW mit dem Boxermotor in diese Hubraumklasse. Allerdings aus zwei Zylindern zusammen.

Ein Jahrhundert

BMW Boxer und eine neue Regina

Längst schon war BMW nach dem endgültigen Aus von MZ und Simson als einziger deutscher Hersteller von Motorrädern in nennenswerten Stückzahlen geblieben und im Jubiläumsjahr 2016 knackte BMW bereits im Oktober die Zahl 100 000 bei den Motorradauslieferungen. Davon war die Firma 3C-Carbon mit ihren in Manufaktur gefertigten neuen Horex-Sechszylindermaschinen meilenweit entfernt. Trotzdem sollen die Maschinen der traditionsreichen Marke weiterhin an dieser Stelle des Buches vorgestellt werden.

BMW

Als ersten Ableger der bereits vorgestellten kleinen BMW G 310 R brachten die Bayern 2017 ein GS-Modell auf den Markt. Optisch war die »Baby-GS« an die große 1200er angelehnt, viel mehr konnte man im Vergleich von der 34-PS-Maschine kaum erwarten.

> Mit der G 310 GS schob BMW für 2017 einen ersten Ableger des neuen Einstiegsmodells nach.

Nach sechs Jahren erschien es dann an der Zeit, dem kleinsten Roadster eine neue Verpackung zu gönnen. Die in Indien produzierte Maschine erhielt ein aggressiveres Styling, einen E-Gasgriff, eine automatische Leerlaufanhebung, eine Anti-Hopping-Kupplung, vierstufig einstellbare Handhebel und LED-Licht.

BMW G 310 GS	2017–	
1-Zyl.-4-Takt	313 cm³ dohc/4	34 PS / 9500 U/min
BMW G 310 R	**2021–**	
1-Zyl.-4-Takt	310 cm³ dohc/4	34 PS / 9500 U/min

> Mit neuem Design und einigen technischen Neuerungen stellte BMW die in Indien produzierte G 310 R für das Modelljahr 2021 vor.

Nach der erfolgreichen Einführung der R nineT in der Roadster-Version brannte BMW ein ganzes Retro-Feuerwerk ab, das die »neue BMW Motorrad Erlebniswelt Heritage« begründen sollte. Den Anfang machte noch 2016 die R nineT Scrambler. Ein größeres 19-Zoll-Vorderrad (Alu-guss oder Speichen), eine Telegabel im Classic-Look mit Faltenbälgen,

> Mit der R nineT Scrambler begann BMW 2016 die Modellpalette der Retrobikes auszubauen.

ein zentraler Tacho und die linksseitig hochgezogenen Schalldämpferenden machten den Unterschied zur bisherigen R nineT. Und der Preis: glatte 13.000 Euro rief BMW 2017 für den Scrambler auf, während die zweifellos alltagstauglichere R ninT mit 15.200 Euro zu Buche stand. Die Leistungsdaten des luft-ölgekühlten Boxermotors blieben unverändert.

> Die Pure Freude: Mit 12 300 Euro begann 2017 der Spaß mit einer R ninT Pure.**

> »R nineT Racer« nannte BMW die Mischung aus Retrobike, 70er Jahre Renner und bayrischer Rennsportlackierung.

Noch preiswerter ging es ab 2017 mit der R ninT Pure für 12.300 Euro, einem in Farbe, Chrom und Ausstattung reduziertem Bike, sozusagen die »Sportster« unter den BMW-Klassikern.

Ein völlig anderes Bild gab die ebenfalls 2017 eingeführte R nineT Racer. Mit Halbschalenverkleidung um den Rundscheinwerfer, Einmann-Höckersitzbank und BMW-Sportlackierung (bei unveränderten Leistungsdaten) entstand ein sehr spezielles Motorrad für ganz spezielle Interessenten.

Die suchte auch die R nineT Urban G/S für glatte 13.000 Euro. Die Scrambler diente hier als Ausgangsbasis, der die Ingenieure einen hochgezogenen vorderen Kotflügel, eine knappe Lampenverkleidung und eine Lackierung im Stil der Paris-Dakar-G/S, mit der Hubert Auriol 1981 diese Rallye gewann, verpassten. Optional und zu dieser Maschine passend, gab es Stollenreifen auf Speichenrädern.

Mit neuen Zylinderköpfen, die halfen, die Euro 5-Norm zu erfüllen, überarbeitetem Design und neuen Ausstattungsvarianten gingen die

> Und wenn schon Retro, dann muss auch ein Modell an den Beginn der R 80 G/S-Fertigung erinnern: R nineT Urban G/S.

> Die »Scrambler« blieb auch in der Neuauflage das meistverkaufte Modell der R NineT-Reihe.

> Die R NineT des Modelljahres 2021 in der Option 719 mit rotem Rahmen, schwarzen und aluminiumfarbenen Teilen.

> Auch die R NineT Urban G/S gab es in einer »40 Jahre GS«-Edition.

R nineT-Modell 2021 an den Start und wurden von BMW als Neuerscheinungen eingestuft. Zu der seit 2013 erhältlichen Basisversion ließ BMW weiterhin die R nineT Scrambler, die R nineT Urban G/S und die R nineT Pure im Programm. Die »Racer« und die auf das Jubiläumsjahr 2019/20 beschränkte »/5« waren entfallen.

> Mit 12.234 Euro bildete die R NineT Pure 2021 das Einstiegsmodell der Retrobaureihe.

BMW R nineT Scrambler	2016–2020	
2-Zyl.-4-Takt-Boxer	1170 cm³ dohc	110 PS / 7750 U/min
BMW R nineT Pure	**2017–2020**	
2-Zyl.-4-Takt-Boxer	1170 cm³ dohc	110 PS / 7750 U/min
BMW R nineT Racer	**2017–2020**	
2-Zyl.-4-Takt-Boxer	1170 cm³ dohc	110 PS / 7750 U/min
BMW R nineT Urban G/S	**2017–2020**	
2-Zyl.-4-Takt-Boxer	1170 cm³ dohc	110 PS / 7750 U/min
BMW R nineT	**2021–**	
2-Zyl.-4-Takt-Boxer	1170 cm³ dohc	109 PS / 7250 U/min
BMW R nineT Scrambler	**2021–**	
2-Zyl.-4-Takt-Boxer	1170 cm³ dohc	109 PS / 7250 U/min
BMW R nineT Urban G/S	**2021–**	
2-Zyl.-4-Takt-Boxer	1170 cm³ dohc	109 PS / 7250 U/min
BMW R nineT Pure	**2021–**	
2-Zyl.-4-Takt-Boxer	1170 cm³ dohc	109 PS / 7250 U/min

BMW wollte wachsen, mittelfristig auf 150 000 Motorräder pro Jahr, langfristig sollten es sogar 200 000 sein. In Deutschland war man zwar seit einigen Jahren Marktführer, aber hierzulande war ein Wachstum nur noch eingeschränkt möglich. Export hieß das Zauberwort. Dafür hatten die Münchner am untersten Ende ihrer Produktskala die G 310 R gesetzt; in der Mitte die eierlegende Wollmilchsau R 1200 GS mit ihren Varianten und die R nineT-Familie. Am oberen Ende gab es ab 2017 die K 1600 B, die vor allem den US-amerikanischen Markt aufmischen sollte, den die bayrischen Strategen als zweitwichtigsten nach Deutschland sahen. Bei der K 1600 B war alles ein bisschen schwärzer

> **Den US-amerikanischen Markt fest im Blick: Das Sechszylinder-Modell K 1600 B in der ersten Ausführung von 2017.**

und ein bisschen pompöser als bei den bisherigen Sechszylinder-Modellen. Das B stand für »Bagger«, das wiederum für die neuen, spitz nach hinten zulaufenden Heckkoffer stand. Für diese musste das Heck konstruktiv verändert werden, was auch eine tiefere Sitzposition für den Sozius mit sich brachte. In die Koffer war die Heckbeleuchtung integriert. Für 21.900 Euro konnte die Maschine ab September 2017 auch in Deutschland bestellt werden.

Mit neuer Euro-5-Abstimmung, 5 Newtonmeter mehr Drehmoment und weiterhin 160 PS bei um 1000 U/min reduzierter Drehzahl, gingen die Sechszylinder-Motoren der K 1600-Reihe ab 2022 ans Werk. Und zusammen mit dem neuen Elektronik-Fahrwerk Dynamic ESA »Next Generation«, welches die Dämpfung den Fahrmanövern und Fahrzuständen automatisch anpasst und überarbeiteter Designelemente sprach BMW hier von Neuerscheinungen auf dem Markt. Die Unterteilung erfolgte wieder in K 1600 GT mit Stufensitzbank und Seitenkoffern und K 1600 GTL mit Zweipersonen-Tourensofa inklusive Topcase mit Rücken- und Armlehnen. Dazu kam das Modell K 1600 B wie »Bagger« mit der vorne fett und nach hinten flach auslaufenden Designlinie, die ganz speziell für den amerikanischen Markt aufgelegt worden war. Wie auch die

> **Bei der neuen K 1600 B stand der letzte Buchstabe wieder für »Bagger«, was ein speziell in den USA beliebtes Styling mit einer nach zum Fahrzeugheck hin abflachenden Linie bedeutete.**

> **Mit überarbeitetem Fahr- und Triebwerk ging für das Modelljahr 2022 die nächste Generation der Sechszylinder-K-Maschinen an den Start. Links die K 1600 GT, rechts das Modell GTL.**

> Lässt keine Wünsche für die große Reise zu zweit offen: BMW K 1600 »Grand America«.

K 1600 Grand America, praktisch eine Bagger mit Topcase und Rückenlehne. Die Maschinen besaßen zwar schon eine sehr reichhaltige Ausstattung, für Customizing ab Werk oder luxuriöse Extras wie Soundbar mit Digitalradio DAB war aber noch Luft nach oben.

BMW K 1600 B	**2017–2021**	
6-Zyl.-4-Takt-Reihe	1650 cm³ dohc	160 PS / 7750 U/min
BMW K 1600 GT	**2022–**	
6-Zyl.-4-Takt-Reihe	1649 cm³ dohc	160 PS / 6750 U/min
BMW K 1600 GTL	**2022–**	
6-Zyl.-4-Takt-Reihe	1649 cm³ dohc	160 PS / 6750 U/min
BMW K 1600 B	**2022–**	
6-Zyl.-4-Takt-Reihe	1649 cm³ dohc	160 PS / 6750 U/min
BMW K 1600 Grand America	**2022–**	
6-Zyl.-4-Takt-Reihe	1649 cm³ dohc	1160 PS / 6750 U/min

Für das Modelljahr 2018 fiel die gerade erst Euro 4 fitgemachte F 700 GS aus dem Programm und wurde durch eine neue F 750 GS ersetzt. Obwohl der Motor 853 cm³ aufwies hielt man an der merkwürdigen Modellbezeichnung fest, um sich deutlich von der ebenfalls neuen F 850 GS abzuheben. Beide Maschinen hatten jetzt einen Stahlblech-Brückenrahmen mit dem Motor als mittragendes Element, anstelle des rot lackierten Gitterrohrrahmens. Das Heck wurde von einer Rohrkonstruktion getragen. Der Motor war nahezu eine Neukonstruktion, die mit 90° Hubzapfenversatz und 270° Zündversatz wie ein V 2 bollerte und die mehr Drehmoment und mehr Leistung ermöglichte. Letztere bedeutete bei der F 750 GS moderate 77 PS während die F 850 GS jetzt

> Kaum war die F 700 GS für 2017 modellgepflegt worden, erschien mit der F 750 GS im Jahr darauf ein völlig neues Motorrad.

> **Wie schon zuvor bei den Zweizylinder-GS-Modellen hob sich die F 850 GS durch eine bessere Ausstattung und mehr Offroad-Tauglichkeit von der 750er ab.**

mit 95 PS auftrumpfte. Außerdem hob sie sich durch das große 21-Zoll-Vorderrad, die Kreuzspeichenräder, die höhere Sitzposition und längere Federwege von der F 750 ab. Mehr Offroad also und mehr Möglichkeiten zur Aufrüstung in der schier unendlichen Zubehörliste. Ganz wichtig dort übrigens für fast alle BMW-Modelle das Connectivity-System mit 6,5-Zoll-Farbdisplay und allen nur denkbaren Kontrollfunktionen. Es lebe die Digitalisierung.

3.600 Euro betrug 2019 die Preisdifferenz zwischen der F 750 GS und der F 850 GS. Letztere stand mit 12.950 Euro in der Basisversion zu Buche, genau so viel wie eine R 1200 GS im Jahre 2011.

Ein Jahr nach der Einführung des neuen Zweizylinder-Motors kam auch die neue F 850 GS Adventure in dessen Genuss. Noch mehr auf Geröll und vor allem die große Reise getrimmt, unterschied sie sich gegenüber der normalen GS-Version in den schon früher beschriebenen Details. Und in der auch hier langen Optionen-Liste waren lediglich die Stollenreifen kostenfrei.

Überraschenderweise brachte BMW zum Modelljahr 2020 zwei neue Paralleltwin-Maschinen mit 895 cm³ Hubraum auf den Markt.

In München bzw. Berlin waren die Wettbewerbsbeobachter der Meinung, dass die neue Roadster – jetzt F 900 R genannt – 10 PS mehr braucht, als die bisherigen GS-Modelle, die mit ihren 95 PS in der Schotterklasse noch auf der Höhe der Zeit waren. Und mit den nun

> **2019, ein Jahr nach Einführung der F 850 GS, erschien auch der Ableger GS Adventure.**

erreichten 105 PS (und erfüllender Euro-5-Norm) war man exakt auf dem Leistungsstand einer KTM Duke, die man im Segment der Nackten wohl als größte Herausforderung sah. Andere konnten zwar noch mehr, aber mit ihrem modernen Design und dem Grundpreis – in dem für BMW-Verhältnisse eine reichhaltige Ausstattung steckte – von 8.800 EUR war die neue F 900 R ein durchaus attraktives Angebot.

> Gegenüber den GS-Modellen der F-Reihe erhielt die nackte F 900 R einen auf knapp 900 cm³ aufgebohrten Motor und 10 PS mehr.

Die Vergrößerung des Hubraums auf 895 cm³ ergab sich aus der Vergrößerung der Zylinderbohrung um 2 mm gegenüber dem 853er Motor (86 mm statt 84 mm) bei unverändertem Hub (77 mm). Außerdem ersetzten hier Schmiedekolben die bisherigen Gussteile.
Zusammen mit der Roadster schob BMW auch gleich noch einen Sporttourer mit der Bezeichnung F 900 XR und den gleichen Leistungsdaten hinterher. Allen F-Modellen blieb weiterhin der Stahl-Brückenrahmen gemein, genau wie das serienmäßige 6,5-Zoll-Display inclusive Connectivity. Und auch die neuen F-Modelle konnten in einer 95 PS-Version geliefert und dann auf A2-taugliche 48 PS gedrosselt werden.

> Mit der F 900 XR wurde die Modellreihe der Zweizylinder-Maschinen um einen Sporttourer erweitert. Die neuen 900er Motoren erfüllten die Euro 5-Norm.

BMW F 750 GS	2018–	
2-Zyl.-4-Takt-Reihe	853 cm³ dohc	77 PS / 7500 U/min
BMW F 850 GS	**2018–**	
2-Zyl.-4-Takt-Reihe	853 cm³ dohc	95 PS / 8250 U/min
BMW F 850 GS Adventure	**2019–**	
2-Zyl.-4-Takt-Reihe	853 cm³ dohc	95 PS / 8250 U/min
BMW F 900 R	**2020–**	
2-Zyl.-4-Takt-Reihe	895 cm³ dohc	105 PS / 8500 U/min
BMW F 900 XR	**2020–**	
2-Zyl.-4-Takt-Reihe	895 cm³ dohc	105 PS / 8500 U/min

Ein Superbike bedarf kürzerer Produktionszyklen, um mit der Konkurrenz mithalten zu können und so war es für BMW enorm wichtig, 2019 eine komplett neue S 1000 RR anbieten zu können.
Dank variabler Steuerzeiten und Ventilhübe in Verbindung mit einer eiterentwickelten Regelelektronik leistet der noch kompakter gewordene Supersportler in seiner dritten Auflage nun 207 PS bei 13.500 U/min.

> Mit der neuen, 2019 erschienenen S 1000 RR spielte BMW wieder ganz vorne in der ersten Liga der Supersportler mit.

Mit dem gleichzeitig um elf Kilogramm (jetzt 197 kg) reduzierten Gewicht und dem semiaktiven Fahrwerk der zweiten Generation verspricht die neue Super-BMW die Erfolgsgeschichte ihrer Vorgängerinnen fortzuschreiben. In der Optik hat man sich bei BMW endlich von den asymetrischen Scheinwerfern verabschiedet und auch mit dem neuen TFT-Display ist man auf der Höhe der Zeit. Wie auch mit dem Basispreis von 18.750 Euro, der sich sehr genau an der Konkurrenz orientiert. Das Optionsangebot ist auch hier wieder ellenlang.
Nach RR wurden auch XR und R als letzte der Vierzylinder-Trios komplett überarbeitet. Die mehr für die Landstraße denn für die Rennstrecke konzipierte S 1000 R war das auf Comfort getrimmte Superbike, komplett neu eingekleidet und mit Euro-5-konformen Motor bestückt. Der war auf weniger Spitzenleistung, dafür mehr Zug in mittleren Drehzahlen getrimmt und das Getriebe dazu passend weniger scharf abgestuft.

> **Auch in der Neufassung von 2021 blieb die S 1000 R ein auf mehr Komfort getrimmtes Superbike.**

Die Regelelektronik wurde neu abgestimmt, die Beleuchtung samt Blinkern auf LED-Licht umgestellt. 6,5 kg sollte die neue R weniger wiegen als das Vorgängermodell, mit dem teuren M-Paket konnten weitere 5 kg reduziert werden. So oder so war bei 255 km/h Höchstgeschwindigkeit Schluss.

Die bereits für 2020 eingeführte, neue S 1000 XR war der Topseller der S-Baureihe. Jetzt mit neuem Euro-5-Motor, elektronisch verstellbarem Fahrwerk, TFT-Display und Voll-LED-Licht. Knapp 17.000 EUR musste der Interessent 2020 für die sehr gut ausgestattete XR hinblättern.

»Tuning ab Werk« - warum sollte das seit Jahrzehnten eigentlich nur für die Automobile aus München gelten? 2021 fuhr erstmals auch ein BMW-Motorrad in der M-Klasse vor und sorgte für Aufregung auf den Rennstrecken dieser Welt. M 1000 RR – das hieß High-End-Renntechnik auf dem freien Markt, sofern ambitionierte Fahrer und Fahrerinnen bereit waren mindestens gut 32.000 Euro auf den Tisch des BMW-Händlers zu legen. Dafür gab es dann aber auch ein mit feinsten Zutaten bestücktes und 212 PS leistendes Triebwerk sowie das Fahrwerk und

> **Die 2020 eingeführte S 1000 XR entwickelte sich zum Topseller der 1000er S-Baureihe.**

> **Die M 1000 RR war das erste M-Motorrad von BMW. Auf der Basis der S 1000 RR wurde diese Maschine auf maximale Rennperformance getrimmt.**

> **BMW M 1000 R: Ein Naked Bike der Superlative mit 210 PS. Was würde »Klacks« heute dazu sagen?**

die Verkleidung auf dem Niveau der Superbike-Werksrenner. Und spätestens als der Brite Peter Hickman im Juni 2022 mit der M 1000 RR gleich drei Rennen auf der Isle of Man gewann, darunter die prestigeträchtige Senior-TT, war der neue BMW-Renner in aller Munde.
Und weil es so schön war präsentierte BMW 2023 gleich noch eine M 1000 mit nur einem R, die offiziell nur 2 PS weniger auf den Prüfstand brachte, aber gleich mal 10.000 Euro preiswerter war als die Doppel-R. Ein naked Bike mit 210 PS – musste das sein? Die Bayern meinten ja und schnitzten aus der S 1000 R und der S 1000 RR eine »Hyper Naked«, die 280 km/h schnell sein konnte, falls das irgendjemand ohne Verkleidung aushalten sollte. Wer's braucht!

BMW S 1000 RR	**2019–**	
4-Zyl.-4-Takt-Reihe	1000 cm³ dohc	207 PS / 13500 U/min
BMW S 1000 XR	**2020–**	
4-Zyl.-4-Takt-Reihe	999 cm³ dohc	165 PS / 11000 U/min
BMW S 1000 R	**2021–**	
4-Zyl.-4-Takt-Reihe	999 cm³ dohc	165 PS / 11000 U/min
BMW M 1000 RR	**2021–**	
4-Zyl.-4-Takt-Reihe	999 cm³ dohc	212 PS / 14500 U/min
BMW M 1000 R	**2023–**	
4-Zyl.-4-Takt-Reihe	999 cm³ dohc	210 PS / 13750 U/min

2019 erschienen alle im Programm befindlichen Boxermodelle mit einem neuen Motor, der nun 1254 cm³ aufwies und in allen Serientypen 136 PS bei 7750 U/min leistete. Ganz wichtig auch – gerade bei den ganz schweren Brocken – das Drehmoment erhöhte sich von 125 Nm bei 6500 U/min auf 143 Nm bei 6250 U/min. Also mehr Durchzug bei niedrigeren Drehzahlen. Erreicht wurde das Ganze neben dem größeren Hubraum durch den so genannten ShiftCam – also Nockenwellen mit variablem Hub und Steuerzeiten auf der Einlassseite.
Vergleicht man die Listen-Basispreise begann der Einstieg bei den neuen 1250er Boxern mit der 13.750 Euro teuren R 1250 R. Aber wer

> **Die neuen 2019er Boxer-Modelle wurden neben den Standard-Ausführungen auch als Sondermodelle »Exklusive« und »HP« geliefert. Hier die R 1250 R Exklusive.**

kauft heute noch ein Motorrad zum Einstiegspreis? Da locken doch LED-Tagfahrlicht, zusätzliche Fahrmodi, der Notruf ECALL oder das Dynamic-ESA der zweiten Generation. Immerhin hatte die R serienmäßig ein 6,5 Zoll-TFT-Display mit den damit verbundenen Vernetzungsmöglichkeiten, das bei den anderen Boxern extra zu buchen war.
Ganz oben in der Preisliste stand mit 18.000 Euro die R 1250 RT für deren 279 kg Leergewicht die Leistungssteigerung des neuen Motors zweifellos am sinnvollsten war. Da bei der RT lediglich die Koffer, Heizgriffe und die stufenlos einstellbare Scheibe serienmäßig waren, dürfte kaum eine neue R 1250 RT unter 20.000 Euro aus der Händlerhalle gerollt sein.

Zwischen den genannten Modellen reihten sich die R 1250 RS (neue Verkleidung, LED-Scheinwerfer und 6,5 Zoll-TFT-Display serienmäßig) als souveräner Sporttourer, die R 1250 GS (Grundpreis 2019: 16.150 Euro), die sich äußerlich nur wenig veränderte und weiterhin »die beste GS aller Zeiten« bleibt und natürlich die R 1250 GS Adventure ein, die leer schon 268 kg auf die Waage brachte und der mit voller Abenteuer-Beladung die neue Motorcharakteristik sicherlich auch sehr zugute kam. Apropos, so richtig abenteuertauglich wurde die 17.700 Euro kostende (Basispreis) Adventure erst mit dem 2.000 Euro teuren Touring-Paket und das Dynamic-Paket für 990 Euro konnte auch nicht schaden…

> Für die neue BMW R 1250 RT kam die gesteigerte Motorleistung gerade recht. Hier die alpine-weiße Ausführung.

> Seit Erscheinen der S 1000 R-Modelle hatte es eine RS im Boxerprogramm schwer – dabei handelte es sich doch um einen ausgewogenen Sporttourer.

> Neben den schon erwähnten Exklusive-Sondermodellen waren die neuen 1250er Boxer-Maschinen – wie diese R 1250 GS – auch in der Spezialausführung »HP« zu haben.

> **Nicht wie bisher üblich zeitversetzt, sondern zeitgleich mit der neuen GS erschien für das Modelljahr 2019 auch die GS Adventure (hier in HP-Ausführung).**

Als Neuerscheinung für das Modelljahr 2021 benannte BMW schon wieder den Supertourer R 1250 RT. Neben der Euro 5-Norm hatten die Bayern dem 280 kg schweren Brocken eine im Windkanal geformte und damit strömungsgünstiger gestaltete Verkleidung verpasst. Als Highlight – allerdings nur optional erhältlich – konnte eine radarüberwachte Abstandsregelung in Verbindung mit dem Tempomat bestellt werden. Navigation und Infotainment liefen jetzt über ein riesiges 10,25-Zoll-Display, das auch die Telefonanlage beinhaltete. Fast 20.000 Euro kostete die Maschine 2022 in der Grundausstattung und noch 5000 oben drauf kamen mit diversem Sonderzubehör sehr schnell zusammen.

> Kilometerfresser: Mit im Windkanal neu gestylter Verkleidung und optional erhältlicher Abstandsmessung per Radar stellte BMW für das Modelljahr 2021 eine »neue« R 1250 RT vor.

BMW R 1250 GS	2019–	
2-Zyl.-4-Takt-Boxer	1250 cm³ dohc	136 PS / 7750 U/min
BMW R 1250 GS Adventure	**2019–**	
2-Zyl.-4-Takt-Boxer	1250 cm³ dohc	136 PS / 7750 U/min
BMW R 1250 RT	**2019–2020**	
2-Zyl.-4-Takt-Boxer	1250 cm³ dohc	136 PS / 7750 U/min
BMW R 1250 R	**2019–**	
2-Zyl.-4-Takt-Boxer	1250 cm³ dohc	136 PS / 7750 U/min
BMW R 1250 RS	**2019–**	
2-Zyl.-4-Takt-Boxer	1250 cm³ dohc	136 PS / 7750 U/min
BMW R 1250 RT	**2021–**	
2-Zyl.-4-Takt-Boxer	1250 cm³ dohc	136 PS / 7750 U/min

2005 endete die erste Cruiser-Ära bei BMW. Die Maschinen verkauften sich damals eher schleppend, stehen aber längst als Gebrauchtmaschinen hoch im Kurs. Auch ein Grund, warum es BMW 2020 noch einmal versuchen wollte und ein echtes Schwermetall auf die Räder stellte, das als Versuchsballon ab August des laufenden Jahres bei einigen BMW-Händlern stand. 345 kg Leergewicht, 1802 cm³ Hubraum aus zwei luftgekühlten Boxerzylindern, 158 Nm Drehmoment bei lediglich

> Ein echter Dampfhammer von BMW: Die R 18, hier mit Option 719: Lackierung Galaxy Dust metallic/Titansilber.

3000 Umdrehungen und die dazu passende Starrahmenoptik – das kannte man vor allem von amerikanischen Herstellern mit V-2-Motoren. Dazu wurde weder am hochwertigen Lack noch am Chromzierrat gespart und auch die offen laufende Kardanwelle erinnerte an alte Zeiten. Genau genommen sollte das Ganze an die legendäre, 85 Jahre alte R 5 erinnern, allerdings war von der, bis auf die erwähnte Kardanwelle und dem tropfenförmigen Tank nicht viel übriggeblieben. Moderne Zeiten vermittelten dagegen der Euro-5-konforme Motor, die einstellbaren Fahrmodi (mit »Rain«, »Rock« und »Roll«! bezeichnet), die BMW-üblichen Assistenzsysteme und – optional – die Berganfahrhilfe und der Rückwärtsgang. Außerdem waren ab Werk diverse Custom-Versionen lieferbar, etwa mit viel schwarzen Triebwerksteilen und Highriser-Lenker.
Mit der Maschine traf BMW buchstäblich ins Schwarze – bereits im Herbst 2020 war die »First Edition« mit einem Basispreis von 22.225 Euro ausverkauft.
Aber wenn es läuft, kann man ja nachlegen. Und – wie bei BMW üblich eine Familie gründen. So kam noch für das Modelljahr 2021 die R 18 Classic ins Programm. Eine Harley Davidson Road King mit Boxermotor für 24.500 Euro. Rund 700 Euro teurer als das Original, dafür aber wesentlich besser ausgestattet. Abweichend von der R 18 der ersten Generation hatte die Classic Zusatzscheinwerfer, eine Scheibe, Seitenkoffer und 16-Zöller vorn anstelle des 19er Rades. Hinten fuhren die R 18-Modelle alle mit 16-Zoll-Rädern.

> Windschild, Zusatzscheinwerfer, Seitentaschen und Soziuskissen: Mit der R 18 Classic schob BMW das zweite Modell mit dem XXL-Boxer nach.

In der Folge der weiteren Familienplanung wurden das Basismodell R 18 und die Classic im Finish und im Preis ein wenig zurückgenommen, dafür erschienen 2022 zwei weitere Modelle, die die Preisskala nach oben erweiterten. Denn es fehlte ja nun noch so etwas wie die Indian Chieftain oder die Harley-Glide-Modelle. Bei BMW nannten sich diese Maschinen R 18 B und R 18 Transcontinental. Zwei große Reisetourer mit voluminöser Batwing-Verkleidung und einem Soundsystem von Marshall. Da ist das Route 66-Feeling immer dabei. Während die R 18 B (Bagger) mit einer recht einfachen, hinten auslaufenden Sitzbank auskommen musste, hatte man der Transcontinental ein üppiges Zweipersonen-Tourensofa inklusive Topcase mit Rücken- und Armlehnen verpasst. 26.600 bzw. 27.650 Euro waren die Einstandspreise für den Jahrgang 2022. Das Jubiläumsjahr 2023 feierte die R 18-Reihe mit der R 18 Rocktane, erhältlich ab Ende Juli. Sie kostete 25 500 Euro und kombinierte die Bagger-Optik mit Hartschalen-Koffern. BMW wollte sie als »Touren-Cruiser« verstanden wissen. Und auch bei der R NineT-Familie gab es Neuerungen zu vermelden: Die Neuordnung der Modellbezeichnungen führte zur neuen R 12 nineT. Die ersten Bilder tauchten Mitte 2023 auf. Auch wenn das klassische Erscheinungsbild beibehalten worden war, so wies der Basis-Boxer eine Reihe von Detailänderungen auf, erhielt neue Ventildeckel und Doppelzündung, beließ es aber bei der Luftkühlung. Die Upside-down-Gabel lieferte nicht länger Sachs zu, sondern Marzocchi, der Tank bestand nun nicht mehr aus Aluminium, sondern aus Stahlblech und Rahmen sowie Schwinge waren ebenfalls neu. Die Markteinführung der neuen Heritage-BMW erfolgte im Frühjahr 2024.

BMW R 18	**2020–**	
2-Zyl.-4-Takt-Boxer	1802 cm³ dohc	91 PS / 4750 U/min
BMW R 18 Classic	**2021–**	
2-Zyl.-4-Takt-Boxer	1802 cm³ dohc	91 PS / 4750 U/min
BMW R 18 B	**2022–**	
2-Zyl.-4-Takt-Boxer	1802 cm³ dohc	91 PS / 4750 U/min
BMW R 18 Transcontinental	**2022–**	
2-Zyl.-4-Takt-Boxer	1802 cm³ dohc	91 PS / 4750 U/min

> Die R 18 »100 Years« wurde als Sondermodell zum Jubiläum in einer Auflage von 1923 Stück gebaut.

> Wer will denn da noch Harley fahren? Die R 18 B (»Bagger«) für die große Tour alleine...

> ...oder zu zweit auf der üppigen Couch der R 18 Transcontinental.

> Erste Bilder zur R 12 nineT gab es im Frühjahr 2023, fast ein halbes Jahr vor Bekanntgabe der technischen Details. Die Auslieferung der ersten Modelle war sogar erst für das Frühjahr 2024 geplant.

> Die R 18 Rocktane war eine weitere Vertreterin der 1800er-Boxer-Reihe. Sie wurde ab Juli 2023 verkauft.

Horex

Die Horex GmbH in Landsberg am Lech blieb auch in den Jahren nach 2016 eine Manufaktur mit sehr überschaubaren Stückzahlen. Das dürfte so auch beabsichtigt sein, man möchte exklusive Motorräder für ein exklusives Publikum bauen. Und so blieb die Mitarbeiterzahl ebenso bescheiden wie das Händlernetz.

Für den Jahrgang 2019 kündigte Horex eine neue Modellvariante der bisherigen Sechszylinder-Maschinen an. Bei der zunächst auf 99 Exemplare limitierten VR6 RAW war alles, was nur irgendwie möglich war in schwarz lackiert – glänzend oder seidenmatt, je nach Kundenwunsch. Alu-Schmiederäder und das Weglassen diverser Zierteile machten die Maschine vier Kilogramm leichter, das Fahrwerk erhielt eine sportliche Abstimmung. Alle VR6-Modelle erhielten zudem ein neues 7 Zoll-Display mit einer Fülle möglicher Anzeigen. Aber was hieß alle VR6-Modelle? Horex ließ die Versionen Classic und Café Racer 2022 auslaufen

> Lady in Black: Die Horex VR6 RAW war zunächst die dritte im Bunde der Sechszylindermaschinen, ab 2023 hielt sie allein deren Fahne hoch.

und kündigte für das darauffolgende Jahr nochmals eine Auflage von 99 Maschinen des Typs VR6 RAW für 35.500 Euro an. Möglicherweise war dieser Schritt mit Schwierigkeiten begründet, den Sechszylinder Motor für die ab 2021 vorgeschriebene Euro-5-Norm fit zu machen.
Schlagzeilenträchtig war 2022 die Ankündigung von Horex, eine neue »Regina« auf den Markt zu bringen. Retro war in der Motorradszene mehr denn je angesagt und so hätte Horex mit der Einzylinder-Maschine ein echtes Highlight und einen Verkaufsrenner auf die Räder stellen können. Mit rund 30.000 Euro war aber klar, dass diese Maschine auch nur für ein begrenztes Publikum von Interesse war. Der wassergekühlte 600-cm³-Motor, der auf einem Triebwerk des italienischen Herstellers SWM basierte, dürfte für die Preisgestaltung nicht verantwortlich gewesen sein. Bei Horex wurde immerhin der Vierventilkopf neu entwickelt, um den Motor Euro-5-tauglich zu machen. Der Rahmen und viele Anbauteile der neuen »Regina Evo« waren aus Carbon gefertigt, nicht umsonst hieß die in Augsburg sitzende Mutterfirma 3Carbon Group AG. Aus einer Mischung von Designelementen der echten Regina und modernen Motorradkomponenten machte die Firma auf jeden Fall ein sehr schickes Modern-Classic-Bike!

Horex VR6 RAW	**2019–**	
6-Zyl.-4-Takt-Reihe	1218 cm³ tohc	163 PS / 9000 U/min
Horex Regina Evo	**2023–**	
1-Zyl.-4-Takt	600 cm³ dohc	48 PS / 6500 U/min

> Sie hätte das Zeug zum Topseller unter den Retro-Bikes gehabt, doch die Horex Regina Evo blieb ob ihres hohen Preises einem exklusiven Publikum vorbehalten.

Hersteller

von Klein- und Kleinstserien

> **Cityfix VM 100 mit Kickstarter in einer Zeitschriftenwerbung.**

Cityfix

Obwohl sich die Firma Gottfried Delius Kleinkraftfahrzeugbau aus Osnabrück in der recht langen Reihe der Hersteller kleiner Konfektionsmotorräder ab 1949 ziemlich weit hinten einreihte, fielen die kleinen Cityfixe doch irgendwie aus dem Rahmen. Da war zunächst das VM 100 Cityfix mit dem 98er Sachs-Motor, das sowohl ohne Pedale als auch ohne Kickstarter auskommen und nach althergebrachter Art und Weise angeschoben werden musste. Dies war nicht sonderlich verkaufsfördernd und Delius schob schnell die Variante mit Kickstarter, intern VM 100 K genannt, nach. Von großem Interesse war damals der offene Schleifen-Rohrrahmen mit dem an nur zwei Punkten frei aufgehängten Motor.
Zunächst skeptisch beäugt, mussten Tester dem Cityfix dennoch eine ordentliche Stabilität bescheinigen. Zusammen mit der von Anfang an verwendeten Telegabel und der silbernen Lackierung hob sich diese 100er zwar deutlich von der Konkurrenz ab, setzte sich am Markt aber dennoch nicht durch. 196 verkaufte Motorräder in Deutschland in den Jahren 1951 und 52 waren nicht genug, um kostendeckend zu entwickeln und zu fertigen. 1953 stellte Delius die Produktion motorisierter Zweiräder ein.

> **Dieselwiesel DW 406, für Individualisten mit viel Zeit und guter Laune.**

Dieselwiesel

Die Firma Motorrad Leitner (Bernhard Leitner) begann 2004 die Idee eines einfachen und sparsamen Dieselmotorrades in Cruiser-Optik umzusetzen. Dabei wurde letztendlich der Einzylinder-Diesel Yanmar L 100 AE in ein Fahrgestell (inklusive 5-Gang-Getriebe) der 125er Suzuki Marauder gesetzt. Heraus kam ein gemütliches 10-PS-Motorrad mit Elektrostarter und gutem Fahrwerk, das nicht nur wegen seines Klangs eine sehr individuelle Note verleiht. Die Dieselwiesel DW 406 stand 2014 für EUR 7.490 im Motorrad-Katalog.

EURO

Der trialbegeisterte Günter Ruttloff aus Euba in Sachsen begann Ende der 1960er Jahre aus tschechischen Jawa- und ČZ-Importmaschinen wettbewerbsfähige Trialsportler in den Hubraumklassen 175 und 250 cm³ aufzubauen. Dabei wurden selbst hergestellte Kunststofftanks (GfK) zur Gewichtsreduzierung verwendet. Außerdem tauschte Ruttloff die Räder aus, stattete die Maschinen mit Magnetzündung aus, baute Ansaug- und Abgasanlagen um. Von MZ kamen Leichtmetallzylinder, Telegabeln und Getriebeteile. Mit den Modellen EURO 175 und EURO 250 wurden diverse DDR-Meistertitel eingefahren. Rund 50 Maschinen sollen entstanden sein.

> **Eine EURO 250 von 1973, gebaut von Günter Ruttloff aus Sachsen.**

> Haruhschi Speedway von 1975 mit Jawa-Motor.

Haruhschi

1971 tauchte erstmals in Deutschland der Name Haruhschi in Verbindung mit speziellen Bahnsport-Motorrädern auf. Der aus dem Geländesport kommende Privatfahrer und Motorradspezialist Wolfgang G. Uhlig hatte mit zwei Mitstreitern der Bahnsport-Szene in Neumünster eine Firma gegründet, deren Ziel es war, eigene Spezialrennmaschinen für Bahnrennen zu entwickeln und zu bauen. Der Markenname resultierte aus den Anfangsbuchstaben der Familiennamen der drei Beteiligten: Harms-Uhlig-Schimkowski. 1971 wurden zwei Modelle, wahlweise mit tschechischen ESO-(Jawa) oder englischen JAP-Motoren angeboten. Die Einzylinder-Viertaktmotoren leisteten 50 bzw. 45 PS und wurden mit dem damals im Bahnsport üblichen Methanol betrieben. Die Rohrrahmen aus Chrommolybdän, die Getriebe und teilweise auch die Teleskopgabeln fertigte Haruhschi selbst, der große Rest kam von namhaften Zulieferern.

Im Laufe des Jahres 1974 wurden fast nur noch Maschinen mit Jawa-Motoren angeboten, wobei der Hub des Zylinders 82 oder 92 mm (Langhub-Variante) betragen konnte. Die Maschine nannte sich jetzt Haruhschi-Bahnsport. In der Variante Langbahn war die Maschine mit, in der Speedway-Ausführung ohne Hinterradfederung ausgestattet.

> Haruhschi von 1976 mit KTM-Motor für Sandbahnrennen.

Für Interessenten an einer leichten Sandbahnmaschine und vor allem für Anfänger in dieser Sportart kam 1976 die Haruhschi 250 Sandbahn auf den Markt, die wahlweise von einem Einzylinder-Zweitakter von KTM oder Maico angetrieben wurde.

1977/78, der letzten Saison, in der Haruhschi offiziell als Hersteller geführt wurde, waren drei Modelle im Angebot: die Speedway- und Langbahnmodelle mit Jawa-Motor (alternativ mit englischem Weslake-Motor) und die Haruhschi 250 Sandbahn mit KTM- oder Maico-Triebwerk.

Heitmann & Wittler

Die Firma Heitmann & Wittler hatte sich bereits in den dreißiger Jahren an einem kleinen 120-cm³-Motorrad mit Ilo-Motor herangewagt, ohne große Verkaufserfolge damit zu erzielen. Der erneute Versuch des alteingesessenen Steinhagener Maschinenbau-Unternehmens 1950 eine Produktion von 125ern aufzuziehen, endete mit ähnlichem Erfolg. Das reine Konfektionsmotorrad mit dem Ilo-Motor MG 125 E wurde vermutlich nur in 34 Exemplaren gebaut. Danach gab es ab 1953 von Heitmann & Wittler noch ein paar Mopeds, ehe man den Versuch, sich auf dem deutschen Zweiradmarkt zu etablieren, endgültig aufgab.

Heos

Willi Heitmann aus Ostbevern war bereits ausgewiesener Seitenwagen-Spezialist für Geländesport-Motorräder, als er 1985/86 auch zwei Solomodelle unter dem Markennamen Heos (Zusammenziehung von Heitmann und Ostbevern) anbot. Dabei konnte das Enduro- und das Moto-Cross-Modell sowohl als Komplettfahrzeug mit Kfz-Brief oder als Bausatz geliefert werden. Es war auch möglich, nur das Fahrwerk zu erwerben. Dieses bestand aus einem selbstgefertigten Doppelschleifen-Rohrrahmen, einer mittels zwei Federbeinen (Öhlins) abgestützten Hinterradschwinge und einer Telegabel von Maico. Eine Scheibenbremse war gegen Aufpreis möglich. Die Maschinen zeichneten sich durch besonders lange Federwege aus. Angetrieben wurden Enduro und Crosser entweder vom Honda XL 600-Triebwerk oder dem Motor der Yamaha XT/TT 600.

> Heos Viertakt-Enduro mit Yamaha-XT-600-Motor.

Heuser

Peter Heuser aus Troisdorf bei Bonn, von Hause aus eigentlich Trial-Spezialist, baute neben kleinen Trialmaschinen mit 50 und 80 cm³ zu Beginn der achtziger Jahre auch eine eigene 250er Moto-Cross-Maschine auf. Die Rahmen hatte Heuser zwar selbst konstruiert, ließ sie dann aber aus Kostengründen in Italien fertigen. Als Antrieb für die HMT 250 (die drei Buchstaben standen für Heuser Motoren Troisdorf) diente ein serienmäßiger Sachs-Motor, dem Heuser durch eine Nebenstrommembransteuerung, einen speziellen Zylinder und einer auf dem eigenen Prüfstand abgestimmten Auspuffanlage ein sehr gutes Leistungs- und Drehmomentverhalten verlieh. Wilfried Stahl gewann 1980 mit dieser Maschine die DAMCV-Meisterschaft.

> Die Heuser HMT 250 mit modifiziertem Sachs-Motor.

Kosmos

Seit den frühen achtziger Jahren bot die Firma Euroimport Schlich in Mayen (in der Nähe des Nürburgrings) aus überwiegend italienischen Teilen selbstzusammengebaute Enduro- und Motor-Cross-Motorräder unter dem Markennamen »Kosmos« an, ohne freilich Stückzahlen zu benennen. Es handelte sich um die Weiterführung der zuvor im italienischen Liscate unter dem gleichen Namen gebauten Enduros.
Verwirrend waren von Anfang an die Typenbezeichnungen, die allein für die Enduros von 1985 mit den Hubraumgrößen 175 und 250 cm³ zwölf verschiedene Modelle ermöglichten, wobei beide Triebwerke von Moto-Morini aus Italien kamen. Die Typenunterscheidungen ergaben sich meist aus der Differenzierung zwischen normalen Straßenmotorrädern und echten Wettbewerbsmaschinen. So waren die Modelle KSR 175 und KSR 250 als einfache Alltagsenduros mit 10 bzw. 17 PS konzipiert. Die Zusatzbezeichnung E stand für reduzierte Federwege hinten und eine niedrigere Sitzhöhe. Dies war auch bei den Modellen SP und SPE der Fall, die allerdings mit 36 (175 cm³) und 45 PS (250 cm³) schon eher etwas für ambitionierte Sportfahrer waren. Und für Profis gab es schließlich die Modelle SPR und SPRE, die respektable 40 und 50 PS leisteten.

> Kosmos KSR 250 SRE von 1997.

> Kosmos KSR 250 E von 1991.

Für 1986 reduzierte sich das Programm auf nur noch sechs Modelle, wobei die Maschinen der mittleren PS-Klassen nun nicht mehr angeboten wurden. Die KSR 175 E war mit 10 PS etwa 125 km/h schnell und die KSR 175 SE und SRE mit jeweils 40 PS erreichten 140 km/h. Analog zu den 175ern lauteten auch die Bezeichnungen für die drei angebotenen 250er Enduros, wobei hier das Spitzenmodell SRE mit 50 PS 150 km/h schnell war.
Schlich werkelte noch bis in die neunziger Jahre hinein an den Maschinen und versuchte die Leistungscharakteristiken zu optimieren. So wurden die Maschinen ab 1990 leichter, leisteten aber in den echten Sportmodellen 42 und 53 PS. Die Motoren waren inzwischen gute alte Bekannte von Sachs. 1993 gesellte sich zu den sechs bisherigen Typen noch eine KSR 250 R mit etwas anderen Designelementen, die vornehmlich für eine sportliche Nutzung gedacht war. Dazu passend die ebenfalls zu dieser Zeit erschienene KSR 250 MC, eine reinrassige Moto-Cross-Wettbewerbsmaschine, die ebenfalls 53 PS mobilisierte und vollgetankt nur 98 kg wog.
Mitte der neunziger Jahre waren die Maschinen nicht mehr up to date und Schlich versuchte zunächst mit Preissenkungen weiter auf sich aufmerksam zu machen. Außerdem verbesserte er noch einmal die KSR 250 R mittels einer stärkeren Telegabel und nannte sie KSR 250 R-SP.

> Seltene Vögel: Die Kosmos KSR 250 SRE aus dem Jahre 2005.

> Ebenfalls von 2005 stammt diese Kosmos KSR 125 TS.

So hielt sich das Programm von Euroimport Schlich auch über die Jahrtausendwende hinaus weiter auf dem Markt und der Motorrad Katalog sprach von nostalgisch angehauchten Siebziger-Jahre-Enduros.
Richtig nostalgisch wurde es dann, als 1996 noch zwei 125er ins Programm kamen. Während die Enduro-Variante KSR 125 E in etwa der gleichen Verkleidung erschien wie die hubraumgrößeren Modelle, war die KSR 125 TS ein echtes Straßen-Bike wie aus den Siebzigern, das Hercules, Zündapp und Co. nicht schöner hätten bauen können. Angetrieben wurden beide 125er von dem bei Franco Morini in Italien gebauten Zweitaktmotor, der jeweils 11 PS leistete.
Diese Maschinen haben bis heute überlebt, genauso wie die 250er Enduro in den Leistungsklassen 17 und 53 PS. Schlich spricht von alltagstauglichen Geländesport »Hard Enduros« mit Straßenzulassung und konventionellem, robustem Aufbau. »Servicefreundliche Maschinen im Oldtimer-Look.«

Kramer

Fritz Kramer aus Laubus-Eschbach war in den 1960er Jahren aktiver Motocross-Fahrer und Generalvertreter für Maico-Motorräder. Zu Beginn der 1970er Jahre begann er Maicos zu tunen und war mit seinen Kramer-Maicos den Werksmaschinen nicht selten überlegen. Maico sah dieser Konkurrenz nicht lange tatenlos zu und entzog Kramer die Vertretung. Mit dem Auftauchen der starken österreichischen Rotax-Motoren begann nun Fritz Kramer 1980 in Weilmünster zunächst Moto-Cross-Motorräder und dann im Verlauf desselben Jahres auch Enduros sowohl für die Straße wie fürs Gelände in Kleinserie zusammenzubauen und auf dem Markt anzubieten.

> Kramer LR 410 aus dem Jahre 1980.

Gleich in vier Hubraumgrößen traten die Crosser mit Rotax-Einzylinder-Zweitaktmotoren an: 125, 250, 370 und 410 cm^3. Die Moto-Cross-Maschinen erhielten zu ihrer Bezeichnung ein LR vor der Hubraumklasse, die Geländesportmaschinen ein ER und dazu eine leisere Auspuffanlage, Beleuchtung und in einigen Fällen auch versicherungsgünstigere – sprich geringere – Motorleistungen. Zunächst konnten hier die Hubraumklassen 125, 175, 250 und 410 cm^3 bedient werden. Bis 250 cm^3 besorgte ein Drehschieber die Einlasssteuerung, bei den größeren Motoren war eine Membran für den Einlass zuständig.

1981 übernahm Peter Heuser den Geländemaschinen-Hersteller Kramer und baute die Motorräder in Weilmünster zunächst nahezu unverändert weiter. Zum Herbst 1981 gab es dann aber doch einige wesentliche Veränderungen. Bei den Enduros erschien die ER 250 Gritti Replica mit extrem leichtem Chrom-Molybdän-Rahmen, der vier Kilogramm Gewichtsersparnis brachte. Das Sondermodell huldigte dem Italiener Alessandro Gritti, der 1981 mit einer 250er Kramer Geländesport-Weltmeister wurde. Die ER 450 löste dann mit gleichem Hubraum auf Grund internationaler Hubraumreglements die ER 410 ab.

> Die Kramer-Enduro ER 125 von 1981.

Kräftig überarbeitet präsentierten sich die Kramer Moto-Cross-Maschinen ab September 1981. Ganz wesentlich: Die Zentralfederbein-Anlenkung (zwei bei der 500er) erfolgte nun über ein Parallel-Doppelschwingen-System (PDS). Infolgedessen erhielten die Kramer-Fahrwerke dann Bestnoten von allen Seiten. Die Bezeichnung der Crosser änderte sich in EX.

Im Herbst 1983 gab es dann in beiden Modellreihen weiter überarbeitete Maschinen mit neuen Bezeichnungen. Die Crosser mit neuem Design erhielten nun ein MC vor der Hubraumgröße und die 125er mit neuem Rotax-Motor eine Wasserkühlung. Diese konnte dann auch bei der MC 250 wahlweise geliefert werden, während die 450er und 500er weiter mit Fahrtwindkühlung auskamen. Alle Motoren hatten nun eine Membraneinlass-Steuerung. Fahrwerkseitig gab es für alle MC's stärkere Gabelstandrohre (von Paioli), wahlweise hydraulisch betätigte Scheibenbremsen und ein White-Power-Federbein sollte beim PDS-Federungssystem für ein besseres Ansprechverhalten sorgen. Der hintere Federweg wuchs auf 350 mm.

Weiter mit Cantilever-Federung fuhr die Enduro mit der Bezeichnung EP 250. EP stand hierbei für Enduro Professional, wobei es sich dennoch um eine Maschine für Einsteiger mit einem günstigen Preis und einer gegenüber den EC-Modellen (Enduro Competition) niedrigeren Sitzhöhe handelte. Das Triebwerk war mit dem der EC 250 identisch, allerdings gab es eine Kurzhub- und eine Langhub-Version. Das Fahrgestell war bei diesem Modell wie auch bei der größeren EC 450 mit dem der Cross-Maschinen identisch und jetzt also auch mit dem Parallel-Doppelschwingen-System (PDS) für die Hinterradführung ausgerüstet.

1985 endete zunächst der Kramer-Motorradbau in Deutschland, während der italienische Ableger Kram-IT in Gazzaniga (Bergamo) die Fertigung der 250er weiterführte.

Reinhard Hallat aus Salzhemmendorf, seines Zeichens deutscher Rotax-Importeur, übernahm nicht nur den Import der italienischen Kram-IT-Motorräder, sondern auch gleich das ganze Firmeninterieur der ehemaligen Kramer-Manufaktur in Weilmünster, so dass ab 1990 auch wieder Motorräder mit der Bezeichnung Kramer entstanden, die dann als deutsches Fabrikat galten. Zunächst war dies nur die altbewährte 250er Enduro mit dem immer noch 17 PS leistenden Rotax-Motor. Die Ausstattung des Fahrwerks blieb dem Wunsch des Kunden vorbehalten; so waren z. B. ebenso White Power- oder MDS-Upside-down-Gabeln wie auch Marzocchi-Gabeln erhältlich. Die Tank- und Sitzbank-Kombinationen entnahm er seinen Kram-IT (Firma ATK)-Importmodellen. Die Verwendung der Maschinen für Freizeit, Hobby oder Wettbewerb bestimmte der Kunde also ebenso selbst wie den Preis. Das blieb auch so, als mit der GS 250 ab 1996 der Rotax-Zweitakter mit 34 PS zum Zuge kam. Die Maschinen waren hinten übrigens immer noch mit dem bewährten PDS-System ausgestattet.

Ab 1994 bot Hallat dann auch den Einbau des 595 cm^3 großen, luftgekühlten Rotax-Viertaktmotors mit 46 PS an. An der Individualität der Fahrwerkzusammenstellung hielt die kleine Manufaktur dabei weiterhin fest. Ab 1996 kletterte die Leistung auf 49 PS und die Bezeichnung wechselte in ER 600. Gleichzeitig bot Hallat für den steuergünstigen 34-PS-Einstieg in die Viertaktklasse die ER 500 mit dem 505 cm^3 großen Rotax-Triebwerk an. Ab 1998 beschränkte er sich bei der Eigenfertigung dann auf die große 600er, ehe im Jahr 2000 der Markenname Kramer wohl endgültig aus dem deutschen Motorradbau verschwand.

> Diese Kramer-Enduro stammt aus dem Jahre 1991.

Krauser

Bis 1980 war Fabrikant Mike Krauser aus dem bayerischen Meringen als Rennsportmäzen mit eigenem Racing-Team und Motorradzubehör-Spezialist bekannt. Dann präsentierte er Ende des Jahres seine Krauser-MKM 1000 und galt fortan auch als Motorrad-Produzent. Denn die Maschine mit eigenem Gitterrohrrahmen, Vierventiltechnik im auch sonst stark modifizierten BMW-Boxermotor, umgestalteten Federelementen und GFK-Anbauteilen (inklusive einer damals sehr schönen Vollverkleidung) war schon mehr als nur ein Tuning-Bike. Krauser verzichtete bei der Typenbezeichnung auch bewusst auf die BMW-Initialien und in der Regel auch auf das Tankemblem.
Zweifellos war die Krauser eine BMW, wie sie sich viele BMW-Fans wünschten, aber vom Hersteller mit dem blau-weißen Propeller nicht bekamen: 217 kg leicht, 82 PS, richtig schicke Schale und deutlich über 200 km/h schnell. Dafür musste der Kunde aber auch stolze 27.000 Mark hinblättern. Und dabei bekam man für soviel Geld bei Krauser nicht nur Licht, sondern auch Schatten: Der Motor war durch seine Veränderungen recht laut geworden, und stellte seinen Dienst bei 7400 Touren abrupt und mit deutlichen Grüßen vom Ventiltrieb ein. Ansonsten überzeugte er mit einer gleichmäßigen Kraftentfaltung über den gesamten Drehzahlbereich hinweg.
Die MKM 1000 wurde – wie bei einem Tuner üblich – ständig weiterentwickelt und modifiziert. 1984 gab es auch eine nur 145 kg leichte Rennversion mit 110 PS. Ab Mitte der achtziger Jahre kam die Maschine nicht mehr so recht bei der Kundschaft an und wurde nur noch auf Bestellung gefertigt. Der Preis war 1987 sogar auf 24.000 Mark gesunken.

> **Schneller und rassiger als eine BMW R 100 RS: Die Krauser-MKM 1000.**

Münch

Im Sommer 1997 beschlossen Friedel Münch und der Maschinenbau-Ingenieur Thomas Petsch, eine neue Mammut zu bauen. Die Münch Motorrad Technik GmbH wird gegründet und 15 Techniker beginnen mit Konstruktion und Musterbau der Münch Mammut 2000, die dann auch prompt in jenem Jahr erstmals der Öffentlichkeit vorgestellt wurde. Sie machte ihrer Vorgängerin alle Ehre, und das nicht nur, weil man versucht hattte, Designelemente der Urmammut wieder ins Spiel zu bringen. Der Vierzylinder-Viertakt-Reihenmotor mit 1998 cm³ Hubraum, Turbolader und Vierventil-Zylinderkopf von Cosworth leistete gigantische 256 PS, die angesichts eines Trockengewichtes des Motorrades von 390 Kilogramm ebenso notwendig erschienen, wie die gewaltigen Bremsen und die zwei tiefliegenden Öhlins-Federbeine.
Diese Mammut war und ist in der Tat ein gewaltiges, wildes Tier, das nach einem Bändiger sucht, und zwar nach einem sehr finanzkräftigen. Denn angesichts eines Preises von 86.000 Euro schien die Klientel doch mehr als eingeschränkt. Das musste auch die Münch GmbH einsehen, die im Jahre 2000 von einer limitierten Auflage von 250 Exemplaren sprach und fünf Jahre später nicht einmal zehn Prozent dieser Vorgabe erreicht hatte.

> **Eine Wiederbelebung der Münch Mammut scheiterte – nur ganz wenige Exemplare des Hyper-Bikes fanden einen Käufer.**

Reh

Erwin Tragatsch schrieb in seinem Buch über die deutschen Motorräder von 1894 bis 1967 zur Marke Reh aus Hamburg-Fuhlsbüttel nur einen recht knappen Absatz: »Engelbrecht (Richard Engelbrecht – der Firmeninhaber, Anm. d. Autors) bewies, dass auch kleine Produzenten erstklassige Maschinen konfektionieren können. Von 1948 bis 1953 baute er sehr gute Motorräder mit 173, 198, 244 (Zweizylinder) und 248-cm³-Ilo-Zweitaktmotoren, die u. a. mit Rolf Deppe im Sattel, auch gute Erfolge bei Geländefahrten errangen. Der Torschluss bei dieser Firma beruhte auf kommerziellen und keinesfalls technischen Gründen. Die Hauptursache lag auch hier bei den hohen Herstellungskosten handwerksmäßig gebauter Motorräder.«
Bleibt noch anzufügen, dass die Motorräder (es gab auch 125er) auf Kundenbestellung und meist auch nach deren Wünschen gebaut wurden. Für die Reh-Motorräder war eine eigene Hinterrad-Schwingen-Konstruktion entstanden, die sich mittels zweier Schraubenfedern gegen den Rahmen abstützte.

> **Ein Reh-Motorrad von 1950 mit dem 175-cm³-Ilo-Zweitaktmotor.**

Rotax – Hesco / Steinbach / Uno

Zu Beginn der achtziger Jahre waren Viertakt-Singles stark im Kommen und 1982 ging bei der österreichischen Firma Rotax ein neuer Einzylinder-Viertakt-Motor in die Serienproduktion, der durchaus erfolgreich in die Phalanx der Fernost-Eintöpfe einbrechen konnte. Zunächst mit einem Hubraum von 494 cm³ und maximal 44 PS angeboten, variierten diese Daten in den Folgejahren und erreichten für den Einsatz in Sportmotorrädern bis zu 60 PS bei 598 cm³.
Mitte der achtziger Jahre boten drei deutsche Tuning- Sport- und Spezialmotorrad-Firmen den österreichischen Motor in eigenen Fahrwerken und unter eigenen Typenbezeichnungen an. Und obwohl man sicherlich von exotischen Randgruppen sprechen darf, müssen diese Maschinen, wenn auch nur in Kleinstserien gebaut, an dieser Stelle Erwähnung finden.

Hesco

Im Herbst 1984 präsentierte die Firma HS-Metallbau GmbH aus Salzgitter mit der Hesco-Rotax 560 ein ganz exklusives Sportbike für die normale Straße, aber nicht unbedingt für den normalen Geldbeutel. Denn immerhin 22.500 Mark musste 1985 ausgeben, wer den italienisch gestylten Schönling mit rot lackiertem Gitterrohrrahmen aus Chrommolybdänstahl, Yamaha TZ-Speichenräder, Marzocchi-Renngabel und Koni-Zentralfederbein haben wollte. Angetrieben wurde die voll verkleidete Maschine von eben jenem Rotax-Motor, der hier aus 562 cm³ Hubraum 43 PS mobilisierte.

Damit lieferte die niedersächsische Firma ihre Motorräder unter dem eigenen Markennamen aus, warb aber auch dafür, sämtliche Einzylinder-Viertakt-Triebwerke auf Wunsch einbauen zu können. Und bot seinen Fahrwerkkit, auch ohne alles Drumherum, schon ab 3.400 Mark an. Die Nachfrage wird sich in Grenzen gehalten haben, Ende der achtziger Jahre wurde es still um das wohl teuerste Einzylinder-Motorrad dieser Zeit.

> Die Hesco-Rotax galt als Edel-Bike und war nur für wenige, gut betuchte Motorradfahrer, die etwas Exklusives suchten, von Interesse.

Steinbach

Dass es preislich auch anders ging, zeigte etwa zur gleichen Zeit der Saarbrücker Franz-Josef Steinbach mit seiner Steinbach-Rotax, die anfänglich nur mit dem 27 PS starken Einzylinder mit 504 cm³ Hubraum zu haben war. Dazu gab es einen eigenen, stabilen Rückgrat-Rohrrahmen, eine sportliche Verkleidung, eine Marzocchi-Gabel und eine Grimeca-Bremsanlage. Und das alles zusammen und fahrfertig für nur 9.860 Mark!

> Eine Steinbach-Rotax von 1985.

Wie Jahrzehnte zuvor August Wurring, nannte auch Steinbach seine Firma »den kleinsten Motorradhersteller der Welt« und begann schon 1985 sein Angebot auszudehnen. Der 560-cm³-Einzylinder von Rotax kam zum kleineren Bruder dazu und der Kunde konnte entscheiden, ob er nur auf der Landstraße oder (auch) auf der Rennstrecke fahren wollte. Für Letzteres bot Steinbach Ausbau-Kits in mehreren Leistungsstufen für Motor und Fahrwerk an.
Die Firma Steinbach Motorradbau lebte als Tuner zwar noch bis in die neunziger Jahre hinein weiter, von der Steinbach-Rotax hörte man da aber schon längst nichts mehr.

Uno

Etwas länger hielt die Uno-Rotax des Augsburgers Robert Rieder durch. Der startete Ende 1985, ein Jahr nach Erscheinen der Hesco, ebenfalls mit einem selbst konstruierten Gitterrohrrahmen, der ein Gewicht von nur 6,5 kg aufwies. Wie bei den vorgenannten Firmen war auch der Uno-Rahmen für alle Einzylinder-Viertakt-Motoren geeignet, Komplettfahrzeuge lieferte jedoch auch Rieder nur mit dem Rotax-Single mit 560 cm³ Hubraum aus, der hier in der ersten Uno 42 PS leistete. Mit Doppelzündung, Trockenkupplung und einer in Eigenregie hergestellten Auspuffanlage waren auch 52 und später 58 PS drin.
Damit und einem voll auf Rennsport getrimmten Motorrad fuhren die Uno-Rotax in Rennausführung erfolgreich im Wettbewerb »Sound of Singles« (SoS) mit. In den neunziger Jahren wurde die normale Straßenversion mit dem neuen, 541 cm³ großen Rotax-Single angeboten, während der Motor für die Rennmaschine 598 cm³ Hubraum hatte und nun 61 PS leistete.

> Die Uno-Rotax fuhr recht erfolgreich im Wettbewerb »Sound of Singles« mit. Hier ein Modell von 1987.

Schürhoff

Die Schürhoff & Co. GmbH hatte schon zwischen 1923 und 1925 Motorräder in Bielefeld produziert, war dann nach Gevelsberg umgezogen und versuchte dort erst ab 1949 wieder auf dem Markt motorisierter Zweiräder Fuß zu fassen. Neben dem Motorfahrrad MF 301/49 versuchte Schürhoff mit einer eigenwilligen Konstruktion auch die

Hubraumklasse bis 120 cm³ zu besetzen, was aber nicht über das Prototypenstadium hinauskam.
Anders die 1950 nachgereichte MR 123 Z, die sich, abgesehen von der ein wenig ungewöhnlichen Rahmenkonstruktion, eher konventionell gab. Das hieß Telegabel vorn, Jurisch-Federung hinten und mittendrin der 123-cm³-Ilo-Zweitaktmotor mit Doppelport-Auspuffanlage. In der gleichen Ausführung – dazu zählten unter anderem noch ein Tachometer in der Lampe und das Werkzeugfach im Tank – bot Schürhoff 1951 das Modell 175 Z mit dem Ilo-Triebwerk MG 175 F an. Die Verkaufszahlen von Schürhoff-Motorrädern hielten sich so sehr in Grenzen, dass deren Produktion schon zu Beginn des Jahres 1953 eingestellt wurde.

> Die Schürhoff MR 123 Z in einer Zeitungsannonce.

Sommer

Die Firma Sommer Motorradtechnik aus Eppstein widmet sich schon seit einigen Jahren den indischen Dauer-Oldtimern von Royal Enfield und verhilft den Modellen durch Tuning-Eingriffe zu noch mehr Fünfziger-Jahre-Charme.
Um als Hersteller deutscher Motorräder an dieser Stelle Erwähnung zu finden, bedurfte es aber noch eines weiteren Schrittes: Seit 2002 stellt Jochen Sommer mit der »Sommer Diesel 462« auch ein Motorrad unter eigenem Markennamen her. Freilich basiert diese Maschine fahrwerkstechnisch auf der indischen Enfield, wird aber vom bayerischen Hatz-Dieselmotor angetrieben, der aus der Bauwirtschaft (Rüttelplatten) her bekannt ist. Der 462 cm³ große Einzylinder, der an das originale Enfield 4-Gang-Getriebe angeflanscht ist, leistet 11 PS bei 3500 U/min. Eine Ausgleichswelle sorgt für die notwendige – und durchaus vorhandene – Laufruhe im Motorrad-Chassis. Es geht also doch noch langsamer, aber auch sparsamer: ganze 2,2 Liter Diesel auf 100 Kilometer genehmigt sich der Hatz im Mix aus Stadtverkehr und Autobahnfahrt.
Im Frühjahr 2005 konnte die 100. Sommer Diesel an einen gemütlichen Zeitgenossen ausgeliefert werden. Danach ging es gemächlich weiter.

Stellbrink

Der kleine Bielefelder Fahrradproduzent Stellbrink hatte schon 1934 versucht, mit Hilfe des 98er Sachs-Motors ein Motorfahrrad in dem Markt zu etablieren. Es kam allerdings zu keiner Serienfertigung. Erst der erneute Versuch im Jahre 1949 war ein wenig erfolgreicher. Als MF 98 verkaufte Stellbrink 1949 und 1950 ein Mofa, wie es kaum aus der Masse herausstach. Ebenfalls noch 1949 versuchten die Bielefelder ein 125er Motorrad zu lancieren, das von einem Ilo-Motor angetrieben wurde. Die MG 125 E tauchte allerdings in keiner Statistik auf – die Verkaufszahlen dürften sich also sehr in Grenzen gehalten haben. Stellbrink konzentrierte sich in den Jahren nach 1950 dann ausschließlich auf den Fahrradbau.

Van Veen

Der Holländer Hendrik van Veen war ab Mitte der fünfziger Jahre Importeur von Hercules und später auch von Kreidler, deren Fünfziger sich in den Niederlanden ausgezeichnet verkauften. Van Veen übernahm den Kreidler-Rennstall im Jahre 1965 und wurde mit seinem Landsmann Jan de Vries als Fahrer 1971 Weltmeister in der Schnapsglasklasse. Etwa zu dieser Zeit begann van Veen über die Entwicklung eines eigenen Motorrades nachzudenken. Ähnlich wie bei Friedel Münch sollte es etwas Großes und Extravagantes sein und auch van Veen schwebte ein Automobiltriebwerk für den Antrieb vor. Allerdings stand früh fest, dass nur ein Kreiskolbenmotor in Frage kommen konnte, waren diese Motoren doch Ende der sechziger, Anfang der siebziger Jahre in aller Munde.
Fündig wurde van Veen bei der Firma Comotor in der Nähe von Saarlouis, wo die Produktion eines Zweischeiben-Kreiskolbenmotors für den Citroen GS Birotor angelaufen war. Dieser Motor hatte ein Gesamtvolumen von 996 cm³ und leistete in der Motorradversion 100 PS. 1974 stellte van Veen mit der OCR 1000 einen sehr schön gezeichneten Prototypen mit damals noch seltenen Gussspeichenrädern auf der IFMA vor und erntete Beifall und Kritik gleichermaßen. Wer brauchte denn ein Motorrad, das sechseinhalb Zentner wog und mindestens 20.000 Mark kosten sollte? Van Veen ließ sich nicht beirren und wollte das Motorrad unbedingt in eine Serienproduktion überführen.
Am 1. Juni 1975 übernahm er einen Automobilzulieferbetrieb im niedersächsischen Duderstadt, wo die mitübernommenen 34 Mitarbeiter in der Van Veen GmbH künftig die OCR 1000 bauen sollten. Aber dazu kam es trotz zufriedenstellender Tests nicht. Auf der IFMA 1976 erschien ein weiterer Prototyp, der sich vom 74er Modell wenig unterschied. Jetzt wurde schon ein Preis von etwa 25.000 Mark genannt. Im März 1977 begann schließlich doch eine Art Fertigung, die in punkto Stückzahlen aber weit von dem entfernt war, was der Firmengründer einst

> Die Van Veen OCR 1000 in Serienausführung. Mehr als 50 Exemplare entstanden von der zu teuren Maschine nicht.

im Sinn gehabt hatte. Mit der Einstellung der Fertigung der Kreiskolben-Motoren bei Comotor im Jahre 1978 fiel für Van Veen der Triebwerkslieferant weg und die Fertigung der OCR 1000 wurde Ende des Jahres nach gerade mal 50 Exemplaren aufgegeben.

ZPmoto

ZP steht für Zschopau und nach dem endgültigen Aus von MZ begannen fünf Motorradenthusiasten um Geschäftsführer Norbert Vogler und Entwickler Jörg Hübler an traditioneller Stätte unter dieser Bezeichnung mit der Einzelmontage von straßentauglichen, exklusiven Geländesportmaschinen. In der Kombination von Retro-Look und moderner Technik entstanden ab 2012 die ersten Maschinen unter der Bezeichnung ZPsport449. Rahmen, Schwinge und Tank fertigte ZPmoto selbst, Öhlins lieferte die Federbeine, die Telegabel kam vom italienischen Spezialisten Mupo. Als Antriebsaggregat wählten die Sachsen einen Einzylinder-Viertaktmotor des spanischen Herstellers Gas-Gas, der knapp 40 PS leistete. Die Spanier stellten die Lieferung aber im Herbst 2016 ein, was wiederum ZPmoto dazu zwang, die Manufakturfertigung des gut 22.000 Euro teuren Motorrades einzustellen.

> Mit der ZPsport449 endete 2016 möglicherweise endgültig der Versuch, am traditionellen Standort Zschopau Motorräder zu bauen.

> Sommer Diesel 462 mit Hatz-Motor.

Literatur und Quellen

Periodika

Neues Kraftfahrzeug-Fachblatt, diverse Ausgaben 1947–1950
Das Motorrad, diverse Ausgaben seit 1949
Oldtimer Markt, diverse Ausgaben seit 1980
Motorrad-Classic, diverse Ausgaben seit 1987
Oldtimer Praxis, diverse Ausgaben seit 1990
Klassik Motorrad, diverse Ausgaben seit 2003
Motorrad Katalog, diverse Ausgaben seit 1970
Motorrad Aktuell 1979, 1980
Schermers Motorrad Katalog 1989–1999
Motorrad Test 1983–1999

Bücher

Bäumler, Ernst – Fortschritt und Sicherheit – Der Weg des Werkes Fichtel & Sachs, Mercator Verlag, München 1961
Briel, Dorothea – BMW Die Motorräder, Paul Zsolnay Verlag, Wien 1993
Das unschätzbare Motorrad, Jahrbuch Nr. 1–1996
Daum, Norbert – Hercules – Motorräder-Motorfahrräder-Mopeds 1904–1996, Schrader Verlag 1997
Geschichte der Windsbraut – 70 Jahre Motorradbau – 30 Jahre Horex, Horex-Werke 1954
Habermann, Klaus-Jörg – Der Dampfhammer Horex Regina, HS Verlag, Birgel 1977
Habermann, Klaus-Jörg – Der Dampfhammer – Vom Gnom zum Horex Imperator, HS Verlag, Birgel 1991
Härtel, Heinz – BMW-Motorräder – Typen und Technik, Ariel Verlag, Frankfurt/Main 1976
Hercules – 100 Jahre Hercules – Ein Jahrhundert für zwei Räder, Nürnberg 1986
Hertweck, C. – Besser fahren auf NSU – Handbuch für die Fahrer von NSU-Maschinen, NSU-Werke 1949
Ilo-Motor – Werdegang des Ilo-Motors, Ilo-Werke Pinneberg 1962
Jorzick/Kleine Vennekate – Adler Motorräder, Johann Kleine Vennekate Verlag, Lemgo 2000
Keller, Leo – Geländesport-Motorräder – Internationale Klassiker bis 1980, Schrader Verlag, Stuttgart 2003
Kleine Vennekate, Johann – Kleine Maschinen – ganz groß Motorfahrräder, Saxonette, Kleinkrafträder 1930–1955, Schrader Verlag, Stuttgart 1996
Kleine Vennekate, Johann – Deutsche Motorräder der 50er Jahre, Verlag Johann Kleine Vennekate, Lemgo 2002
Kleine Vennekate, Johann – Motorräder aus Bielefeld, Verlag Johann Kleine Vennekate, Lemgo 1998
Knittel, Stefan – BMW Motorräder – 60 Jahre Tradition und Innovation von der R 32 zur K 100, Bleicher Verlag 1984
Knittel, Stefan – Victoria Motorräder 1901-1968, Schrader Verlag, Stuttgart 1995
Kurze/Steiner – Motorräder aus Zschopau, Delius Klasing, Kiel 1999
Leek, Jan – NSU Max, Motorbuch Verlag, Stuttgart 1995
Leek, Jan – Maico Motorräder 1934-1987, Schrader Verlag, Stuttgart 2002
Leek, Jan – Typenkompass BMW Motorräder seit 1945, Motorbuch Verlag, Stuttgart 2003
Leverkus, Ernst – Die tollen Motorräder der 50er Jahre, Motorbuch Verlag 1982
Leverkus, Ernst – Die rasanten Motorräder der 60er Jahre, Motorbuch Verlag, Stuttgart 1983
Leverkus, Ernst – Die faszinierenden Motorräder der 70er Jahre, Motorbuch Verlag, Stuttgart 1985
Murko, Matthias – Motorrad Legenden – Nürnberger Zweiradgeschichte, Nürnberg 1994
Nabinger, Manfred – Die deutschen Motorräder, Mopeds & Mokicks der sechziger Jahre, Podszun Verlag, Brilon 1994
Nordmann/Hahn – Kölsche Zweiradgeschichten – Pioniere, Rennfahrer, Schicksale, Rheinischer Mobilia Verlag, Kleinenbroich 2003
Philipps/Woll – Die Immen kommen wieder..., Immenstadt 1985
Podszun, Brigitte – Die deutschen Motorräder der Wirtschaftswunderzeit, Podszun Verlag, Brilon 1986
Rauch/Sengfelder – Zündapp im Bild – Die Nürnberger Jahre 1922-1958, Motorbuch Verlag, Stuttgart 1998
Reinwald, Thomas – Motorräder aus Nürnberg, Zweirad Verlag, Erlangen 1994
Reinwald, Thomas – Ardie und Dürkopp Motorräder, Johann Kleine Vennekate Verlag, Lemgo 2003
Roediger/Edler – Deutsche Kraftfahrzeuge der Baujahre nach 1945, Verlag Technik Berlin 1955
Rönicke, Frank – Typenkompass DKW Motorräder 1920-1979, Motorbuch Verlag, Stuttgart 2002
Rönicke, Frank – Typenkompass DDR-Motorräder seit 1945, Motorbuch Verlag, Stuttgart 2004
Rönicke, Frank – DDR-Motorräder – Historische Dokumente aus vier Jahrzehnten, Schrader Verlag, Stuttgart 2000
Schneider, Peter – Das Zweirad im Wandel der Zeit, Winkler-Verlag, München 1970
Scharfenberg/Sengfelder – Zündapp im Bild – Die Münchener Jahre 1958-1984, Motorbuch Verlag, Stuttgart 2000
Schneider, Peter – Typenkompass NSU Motorräder 1900–1966, Motorbuch Verlag, Stuttgart 2003
Schrader, Halwart – Kleine deutsche Motorradmarken, Schrader Verlag, Stuttgart 1999
Schwietzer, Andy – BMW – Die Einzylinder, Motorbuch Verlag, Stuttgart 1996
Schwietzer, Andy – Typenkompass Zündapp 1922–1984, Motorbuch Verlag, Stuttgart 2003
Schwietzer, Andy – Typenkompass Hercules/Sachs seit 1948, Motorbuch Verlag, Stuttgart 2002

Schwietzer, Andy – Eisernes aus Eisenach – Die BMW und EMW R 35 Geschichte, Bodensteiner Verlag, Wallmoden 2002

SITTA – Begleitheft zur Ausstellung Sitta, Sittensen 2002

Sprengelmeyer, Jörg – DKW Motorräder aus Ingolstadt 1949–1958, Johann Kleine Vennekate Verlag, Lemgo 2002

Tragatsch, Erwin – Motorräder in Deutschland 1894-1967, Motorbuch Verlag, Suttgart 1967

Tragatsch, Erwin – Motorräder Deutschland Österreich Tschechoslowakei, Motorbuch Verlag, Stuttgart 1971, 1974, 1985

Tragatsch, Erwin – Alle Motorräder 1894 bis heute, Motorbuch Verlag, Stuttgart 1982

Triumph – 50 Jahre Triumph-Motorräder, Triumph-Werke, Nürnberg 1953

Werner, Tilman – Motorradklassiker aus Nürnberg: Von Ardie bis Zündapp, Motorbuch Verlag 1989

Willkommen bei NSU – Bilder aus einem großen Werk, Neckarsulm 1960

Wood/Craig/Farrer/Smith – The German Motor-Cycle Industry, London 1945

Zeyen/Leek – Die Motorräder von BMW, Motorbuch Verlag, Stuttgart 1996

Zweirad-Gesellschaft mbH. – Deutsche Motorräder-Motorroller-Mopeds 1954, Motor-Presse-Verlag Stuttgart 1954

75 Jahre Motorrad- und Motorenbau in Zschopau, Zschopau 1997